网页设计与制作

主　编　穆肇南

副主编　梁　勇

北京理工大学出版社
BEIJING INSTITUTE OF TECHNOLOGY PRESS

内容简介

本书从网页设计与制作的实际需要出发，全面、系统地介绍网页设计与制作的基础知识、网页编辑软件网页三剑客、HTML5、DIV、CSS 等内容。本书适合作为各院校计算机、电子商务等专业的教材，也可作为信息技术培训机构的培训用书，还可作为网页设计与制作人员、网站建设与开发人员、多媒体设计与开发人员的参考书。

图书在版编目（CIP）数据

网页设计与制作/穆肇南主编. —北京：北京理工大学出版社，2016.9（2021.8 重印）
ISBN 978-7-5682-3112-1

Ⅰ. ①网…　Ⅱ. ①穆…　Ⅲ. ①网页制作工具—高等学校—教材　Ⅳ. ①TP393.092.2

中国版本图书馆 CIP 数据核字（2016）第 221873 号

出版发行 / 北京理工大学出版社有限责任公司
社　　址 / 北京市海淀区中关村南大街 5 号
邮　　编 / 100081
电　　话 /（010）68914775（总编室）
（010）82562903（教材售后服务热线）
（010）68944723（其他图书服务热线）
网　　址 / http://www.bitpress.com.cn
经　　销 / 全国各地新华书店
印　　刷 / 北京侨友印刷有限公司
开　　本 / 787 毫米×1092 毫米　1/16
印　　张 / 12.25
字　　数 / 310 千字
版　　次 / 2016 年 9 月第 1 版　2021 年 8 月第 3 次印刷
定　　价 / 48.00 元

责任编辑 / 陆世立
文案编辑 / 赵　轩
责任校对 / 孟祥敬
责任印制 / 李志强

图书出现印装质量问题，请拨打售后服务热线，本社负责调换

前　　言

HTML5 是下一代的 HTML，它将会成为新一代的 Web 语言。HTML5 自推出以来，就被迅速推广，全球各知名浏览器厂商也对 HTML 5 提供了很好的支持。本书从初学者的角度出发，结合网站建设中的实际操作，为想要学习 HTML5 网页制作及使用 HTML5 从事网页开发的初学者精心设计，所讲内容从基本理论出发，结合实际应用进行讲解，以便让想要学习 HTML5 网页开发的人员能够学会网页制作，并能够根据自己的意愿开发出实用的网页。本书按照网站建设的流程和学习 HTML5 的最佳结构来分配章节，共分为 10 章，包括网页设计基础，HTML5 入门，网站建设及站点管理，网页基本元素，网页图像的使用，网页动画与网页多媒体应用，Div+CSS 布局应用，CSS 样式，动态网页基础，网站发布、宣传推广及运行维护。

本书以初学者为对象，结合 Dreamweaver 软件和 Flash 软件的应用，先了解 HTML5 语言和属性的使用，再学习 Dreamweaver 软件网页开发的基础技术和 Flash 软件的应用。然后学习 DIV+CSS 布局应用，CSS 样式制作出符合 Web 标准的网页，了解动态网页制作以及网站发布、宣传推广及运行维护。讲解过程中步骤详尽，让读者在阅读时一目了然，从而能快速掌握书中内容。

本书由贵州商学院穆肇南担任主编，梁勇担任副主编。参加编写的有杨兰燕、周海、卜艳桃、杨磊、杜少波、杨露、秦川广智等。由于作者水平有限，疏漏和不足之处在所难免，欢迎广大读者提出宝贵意见。

CONTENTS 目录

第1章 网页制作基础知识

1.1 网页制作相关术语

1.1.1 网页与网站

网页又称 Web 页面，是构成网站的基本元素，是把文字、图形、声音及动画等多媒体信息相互连接起来而构成的一种信息表达方式。人们在浏览器中输入网址打开的页面，一般称为该网站的首页，可以从中了解网址的有关信息和内容，是用户浏览站点的“入口处”，是整个 Web 站点的起始点和汇总点。网页一般由站标、导航栏、广告栏、信息区和版权区等组成。

网站是在 Internet 上通过超链接的形式构成的相关网页的集合，是一个或多个网页组成的一个完善的整体，人们可以通过浏览器来访问网站，以获得自己需要的资源和享受网络提供的服务。网站按其内容可分为门户网站、个人网站、职能网站等类型。

1.1.2 WWW

WWW（World Wide Web）即环球信息网，又称为万维网、环球网，由遍布世界各地的 Web 服务器组成，通过 HTTP 协议在互联网上提供丰富的服务。利用超链接将服务器中的文档有机地组织起来，成为一个庞大的信息网。

1.1.3 URL、IP 地址、域名

资源定位符 URL（Uniform Resource Locations），用来指定互联网上资源的存放位置，以便人们使用浏览器顺利地找到所要查找的资源，简单地说，就是网络服务器主机的地址，也称为网址，其主要由通信协议、主机名和所要访问的文件路径及文件名组成，如 http://www.sina.com.cn/login.html。

在互联网中，为了定位计算机，需要给每台计算机分配或者指定一个确定的地址（互联网的网络地址），指接入互联网的节点计算机的网络互联地址，即 IP 地址。现用的 IPv4 地址包含 4 个字节、共 32 位的二进制数。

由于 IP 地址是数字型的，表达方式比较抽象，不易记忆，因此人们又发明了另一套字符型的地址方案，即域名地址。每个域名地址与特定的 IP 地址相对应，这样就允许各站点用户为自己的网络地址选择一个字符型名字来命名，这个字符型名字就是域名。域名由若干部分组成，各部分之间用圆点隔开，最右边的是域名。在域名系统中，顶级域名划分为组织模式和地理模式两大类，组织模式如.edu 表示教育机构，.com 表示商业组织；地理模式如 cn 表示中国，us 表示美国等。

1.2 网站制作基本流程

1.2.1 网页设计的基本原则

1．主题鲜明，内容明确

任何网站的设计都要先确定网站的主题，也就是网站的题材，常见的有资讯、教育、邮件、时尚等。主题要小而精，即定位要小，内容要精，有自己的特色；内容要及时更新，符合网络“速度快”的特点，才能吸引用户。

另外，一个贴切主题的名字可以给浏览者深刻的印象，便于宣传和推广网站，所以名称对网站来说很重要，网站名称要合法、合情、合理，简单易记，有特色、有创意。

2．用户导向

网页是为满足用户的使用需求而设计建设的，所以网页设计要坚持用户导向原则，站在用户的观点和立场上来考虑设计网页。要做到这一点，需要和用户保持沟通，了解用户的需求、目标、期望和偏好，尊重用户的阅读习惯。例如针对网站主要用户的色彩偏好、阅读习惯等来设计网站色彩和网页布局，设计中应注意计算机显卡、声卡、操作系统以及浏览器的差别等细节。

3．定期更新

最新的资讯是网站生命力的源泉，定期更改主页的样式和更新页面内容，才能让浏览者能从网站获得最新的有用信息，保持对网站的新鲜感，才能提高浏览率。

4．色彩的搭配和文字的可阅读性

网页设计时要注意色彩、各个要素的搭配、文字与图片平衡、色彩的亮暗、空白的平衡，视觉设计不但要单纯、简练、清晰和精确，而且在强调艺术性的同时，更应该注重通过独特的风格和强烈的视觉冲击力来鲜明地突出设计主题。一般而言，网站的主要色彩不要超过三种，多用于网站的标志、标题、主菜单和主色块，整体感觉要统一。文字是获取信息的主要方式，选择通用的字体是提高文字可读性的一种有效方式。

1.2.2 确定网站主题和布局

经过前期的网站策划，确定网站主题和用户群、形象策划、制作规划等方面的内容之后，就要开始进行网页页面的布局了。首先是页面尺寸要紧跟时下流行的分辨率尺寸，因为页面尺寸和显示器大小及分辨率有关。其次是整体造型，一般可先画出网页的整体设计，确定了布局方案之后进行制作。再次是页眉和页脚，页眉一般用于定义页面的主题，一个网站的名称和标志（Logo）大多数都是显示在这里；页脚和页眉相呼应，一般放置设计者或公司组织的其他信息。最后是文本、图片以及多媒体。文本、图片是网页的两大构成元素，缺一不可，如何处理好两者的位置是整个页面布局的关键。除了文本和图片，声音、视频、动画等多媒体也是扮演越来越重要的角色。

1.2.3 搜集、整理素材

确定了网站的主题和布局，就要开始收集相关材料了。素材是充实网站架构和布局的，没有好的素材，优秀的网站结构和布局也是空的。收集到的素材要归类、整理，尤其是客户提供的或者关于用户的素材，方便后期使用。

1.2.4 规划站点、制作网页

站点是网站中文件与文件夹的集合，是用来管理网站中的所有资源。站点要以字母或字母与数字的组合命名，尽量不使用中文命名，很多操作系统不能对文件名提供很好的支持。规划站点结构是设计站点的必要前提，其操作是将不同的文件分类存放在不同的文件夹中以便设计者管理，合理的组织站点结构可以提高工作效率，加快对站点的设计。

了解用户需求，确定网站主题，明确内容，确定网站 Logo、色彩，规划好页面布局和站点后，就要开始设计网页框架。网页框架指文件系统的组织结构，合理的框架能使网站条理分明，网站主题要分割成若干个小主题，每个网页只有一个主题，提供专而全的信息，方便用户以最快的速度找到自己需要的信息，也方便网站管理者对网站进行管理。网页的制作一般是将网站主题划分为不同的子主题，依次制作每个子主题的网页，分别为主题和子主题划分区域，应科学地安排网站名称、网站 Logo、公共导航等必要内容，合理地使用文本、图像、多媒体及超链接，来丰富网站内容。

1.2.5 网页的测试和发布

网站制作完成后需要进行测试才能发布，测试应该注意如下内容：

1）尽量在多个平台或者浏览器进行测试，以查看网络布局/颜色、字体大小等区别，这些是在目标浏览器检查中无法预见的。

2）检查站点的连接是否正常。由于站点的设计和不断修改，可能引起有些连接删除，或者被转移，导致有的连接无法正常打开，这就需要在测试的时候进行修复。

3）检测网页文件的大小以及下载速度。

4）运行站点报告来测试站点问题，如空标签、无标题空白文档等。

1.3 常用网页设计软件

1.3.1 Photoshop

Photoshop 软件是 Adobe 公司推出的专业图像处理软件，集图像扫描、编辑修改、图像制作、广告创意、图像输入与输出于一体的图形图像处理软件，深受广大平面设计人员和电脑爱好者的喜爱。

1.3.2 Flash 软件

Flash 软件是 Adobe 公司推出的交互式矢量动画制作和编辑软件，与 Dreamweaver、Fireworks 软件并称“网页三剑客”，它们包含丰富的视频、声音、图形和动画。可以在 Flash 中创建原始内容或者从其他应用程序（如 Photoshop 等）导入它们，快速设计简单的动画，可用来制作各种网页标志和网页广告。

1.3.3 Fireworks 软件

Fireworks 软件是 Adobe 公司推出的一款网页制图软件，软件可以加速 Web 设计与开发，是一款创建与优化 Web 图像和快速构建网站与 Web 界面原型的理想工具。Fireworks 不仅具备编辑矢量图形与位图图像的灵活性，还提供了一个预先构建资源的公用库，并可与 Photoshop、Dreamweaver 和 Flash 软件集成。在 Fireworks 中将设计迅速转变为模型，或利用来自 Photoshop 和 Flash 的其他资源，然后直接置入 Dreamweaver 软件中轻松地进行开发与部署。

1.4 Dreamweaver CS6 的工作环境

1.4.1 Dreamweaver CS6 工作区

启动 Dreamweaver CS6 之后，即可进入其工作界面，该界面主要由标题栏、菜单栏、文档编辑窗口、欢迎屏幕、属性面板和浮动面板组成，如图 1-1 所示。

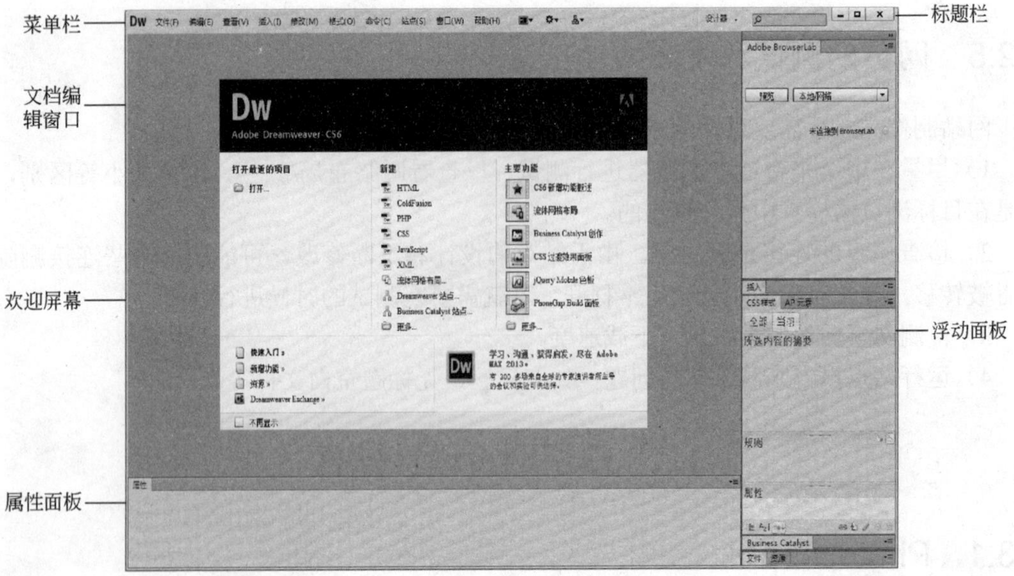

图 1-1

1.4.2 Dreamweaver CS6 菜单栏

1. 文件菜单

文件菜单包括“文件”菜单的标准菜单项，如打开、关闭、新建、保存、另存为、导入、导出、转换、多屏预览、验证等。

2. 编辑菜单

编辑菜单包括“编辑”菜单的标准菜单项，如剪切、复制、粘贴、撤销、重做、查找/替换、代码提示、标签库等。

3. 查看菜单

查看菜单里可以查看代码和设计，设置文档的各种视图、样式呈现类型，以及窗口大小、缩放比例、标尺等的显示和隐藏等。

4. 插入菜单

用于文档插入对象，如图像、表格、媒体、表单、超链接等。

5. 修改菜单

可以修改项目属性，如页面属性、表格属性、图像属性等，还可以修改 CSS 样式、字体、标签，进行元素的排列对齐，并为库和模板执行不同的操作。

6. 格式菜单

格式菜单用于文本的格式，包括缩进、凸出、段落、对齐、列表、CSS 样式等设置选项。

7. 命令菜单

命令菜单提供对各种命令的访问，如开始录制、播放录制命令、清理 HTML、扩展管理、优化图像等。

8. 站点菜单

站点菜单用于新建、管理和上传站点等。

9. 窗口菜单

窗口菜单提供对 Dreamweaver 中的所有面板、检查器和窗口的访问。可以在窗口菜单中设置版面为打开或者关闭。

10. 帮助菜单

帮助菜单提供对 Dreamweaver 文档访问的帮助信息，在 Dreamweaver 中遇到的问题可从帮助菜单寻找解决方法。

1.4.3 属性面板

“属性”面板是网页中非常重要的面板，用于显示在文件窗口中所选定对象的属性，并且可以对选定对象的属性进行修改，改面板中的内容会因选定的内容的不同而显示不同的内容。文本属性的面板如图 1-2 所示。

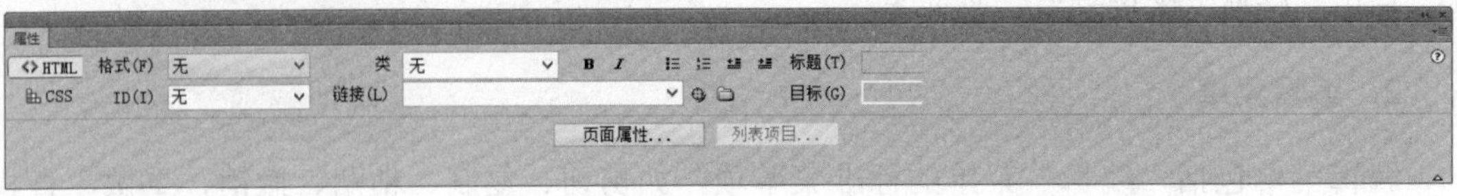

图 1-2

1.4.4 插入栏

网页中的各种元素可以通过“插入”面板插入到文件中，选择浮动面板上的“插入”面板，即可打开插入面板，如图 1-3 所示。“插入”面板包括“常用”插入面板、“布局”插入面板、“表单”插入面板、“数据”插入面板、“Spry”插入面板、“文本”插入面板、“收藏夹”插入面板等面板。

图 1-3

1）常用选项卡：包括常用的对象插入，如超级链接、表格、图像、日期等，如图 1-4 所示。

2）布局选项卡：用于插入 Div 标签，绘制 AP Div 和插入 Spry 菜单栏，可插入标签、表格等，如图 1-5 所示。

图 1-4

图 1-5

3）表单选项卡：用于创建表单和插入表单元素，还可以设置图像域或文件域以及 Spry 验证选项，如图 1-6 所示。

4）数据选项卡：用于导入表格式数据，Spry 数据集、区域、重复项等选项卡，记录集、动态数据以及记录等，如图 1-7 所示。

5）Spry 选项卡：包括 Spry 的数据集、区域、重复列表、相关验证以及面板等设置选项卡，如图 1-8 所示。

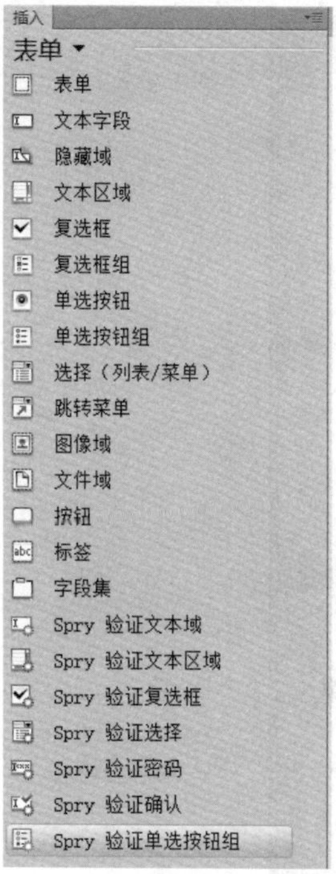

图 1-6

图 1-7

6）文本选项卡：包括字体、段落、标题、项目列表、定义等设置选项，如图 1-9 所示。

图 1-8

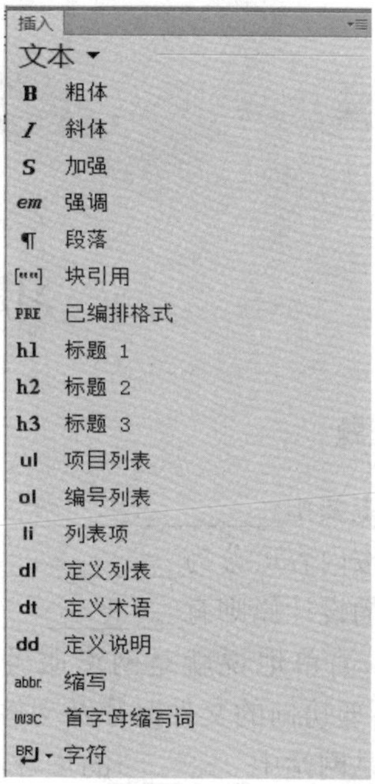

图 1-9

1.4.5 Dreamweaver CS6 的面板组

面板组位于工作窗口的右侧，用于帮助用户监测和修改工作，其中包括“插入”面板、“CSS 样式”面板、“AP 元素”面板和“文件”等面板。

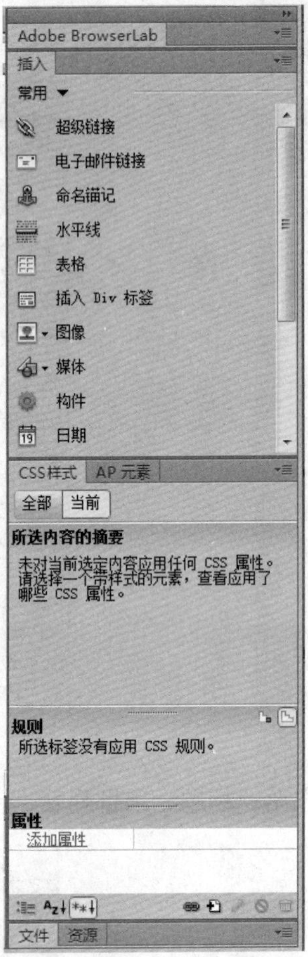

图 1-10

习题与操作练习

一、填空题

1．网页主要由________、________、________、________、________几大部分组成。

2．网页按内容可分为________、________、________。

3．网页的设计原则有________、________、________、________。

4．URL 简单地说就是网络服务器主机的地址，也称为网址，其主要由________、________和所要访问的文件路径及文件名组成。

5．站点是网站中________的集合，合理的组织站点结构可以________。

二、操作题

1．申请一个域名。

2．利用 Dreamweaver 新建一个网页并保存。

第2章 HTML5入门

2.1 HTML简介

HTML（Hypertext Markup Language）全称是“超文本标记语言”，通过使用标记来描述文档结构和表现形式的一种语言，由浏览器阅读网页后对网页后台代码也称源码进行逐行解析，然后把解析结果在网页上进行显示组合。所谓超文本，因为它可以加入图片、声音、动画、影视等内容，因为它可以从一个文件跳转到另一个文件，与互联网上的服务器的网页文件链接。形成 Internet 网络中基本服务之一的——万维网。HTML 是构成网页的基础，用户打开所有网页都离不开 HTML，所以学习 HTML 是学习网页制作、网站建设的基础。

1. 什么是 HTML

HTML 是用来制作网页的标记语言：

1）HTML 是 Hypertext Markup Language 英文的缩写，即超文本标记语言。

2）HTML 语言是一种标记语言，不需要编译，直接由浏览器解析执行。

3）HTML 文件是一个文本字符文件，包含 HTML 元素、标签、属性、属性值等。

4）HTML 文件必须使用 html 或 htm 为文件名扩展名。

5）HTML 是大小写不敏感的，HTML 与 html 作用是相同的。

2. 学习 HTML 困难吗

读者初学网页制作可能以为制作一个网页很难，的确做一个功能强、页面美观的网页确实需要很多技术。但事实并非如此，制作一个能在网上阅读的网页其实是很简单的事情，就像编辑 Word 文档，文字加粗，文字改变颜色，添加背景，文字居中，插入图片等，在网页上只不过是把这些操作使用 HTML 语言来表示。但是网页和网站是两个截然不同的概念。网站的定义为：网站（Website）开始是指在因特网上根据一定的规则，使用 HTML 等工具制作的用于展示特定内容相关网页的集合。浏览者可以通过网页浏览器来访问网站，获取自己需要的资讯或者享受网络服务。衡量一个网站的性能通常从网站空间大小、网站位置、网站连接速度（俗称“网速”）、网站软件配置、网站提供服务等几方面考虑，最直接的衡量标准是网站的真实流量。

3. HTML 和 CSS 的关系

学习 Web 前端开发基础技术需要掌握：HTML、CSS、JavaScript 语言。下面就来了解下这三门技术都是用来实现什么的：

1）HTML 是网页内容的载体。内容就是网页制作者放在页面上想要让用户浏览的信息，可以包含文字、图片、视频等。

2）CSS 样式是表现（外观控制），就像网页的外衣，如标题字体、颜色变化，或为标题加入背景图片、边框等。所有这些用来改变内容外观的东西称之为表现。

3）JavaScript 是用来实现网页上的特效效果，如鼠标滑过弹出下拉菜单，或鼠标滑过表格的背景颜色改变，还有焦点新闻（新闻图片）的轮换。有动画的，有交互的一般都是用 JavaScript 来实现的。

4. 关于 HTML 文档的扩展名

人们知道 HTML 文件的扩展名有.htm 和.html，出现两个扩展名的原因是过去的旧版软件只支持 3 个字母的扩展名，所以.html 的文件只能写成.htm，使用哪种扩展名看读者的喜好。

5. 显示计算机扩展名

1）在 Windows 7 系统中，双击打开桌面上的“计算机”；在 Windows XP 系统双击打开桌面上的“我的电脑”。

2）单击菜单的“工具”按钮打开“文件夹选项”，如图 2-1 所示。

3）单击“查看”按钮，取消选择“隐藏已知文件类型的扩展名”选项，如图 2-2 所示。

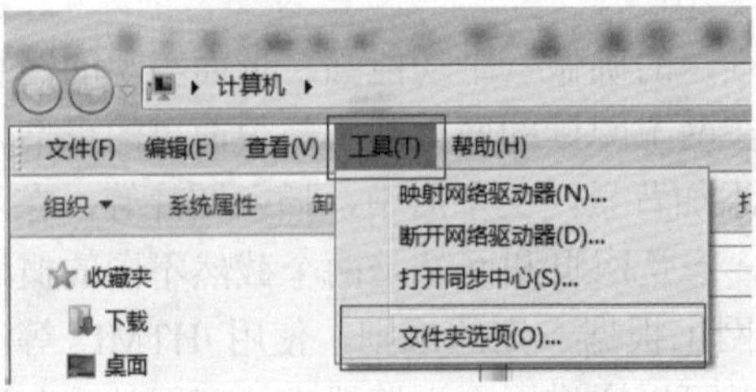

图 2-1

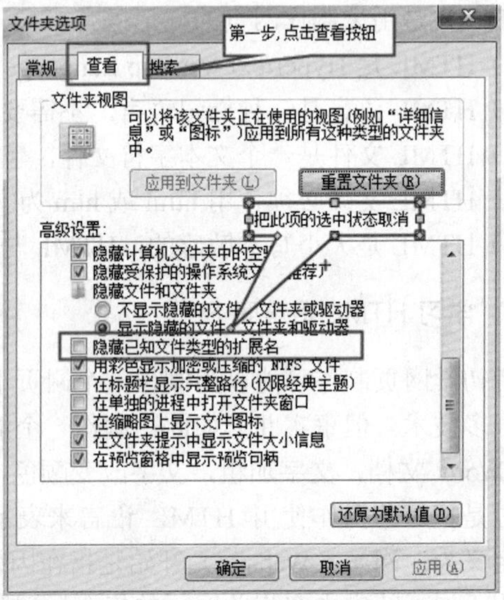

图 2-2

6. 第一个 HTML

打开 Windows 的记事本，粘贴以下代码：

```
<html>
<head>
    <title>网页标题</title>
</head>
<body>
    <p>第一个 HTML 文件</p>
  </body>
<html>
```

单击记事本菜单的“文件”按钮打开“另存为”对话框，填写文件名为“First.html”，如图 2-3 所示。

图 2-3

打开这个 HTML 文件，显示结果如图 2-4 所示。

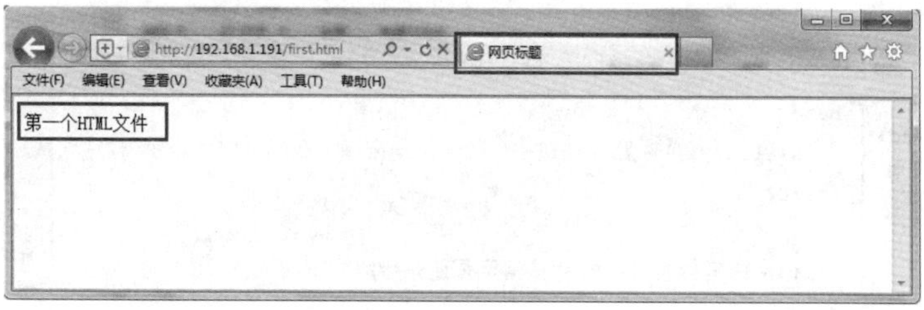

图 2-4

1）<html></html>。

<html>标志用于 HTML 文档的最前边，用来标识 HTML 文档的开始。而</html>标志恰恰相反，它放在 HTML 文档的最后边，用来标识 HTML 文档的结束，两个标志必须一块使用。

2）<head></head>。

<head>和</head>构成 HTML 文档的开头部分，在此标志对之间可以使用<title></title>、<script></script>等标志对，这些标志对都是描述 HTML 文档相关信息的标志对，<head></head>标志对之间的内容是不会在浏览器的框内显示出来的。两个标志必须一块使用。

3）<title></title>。

使用过浏览器的人可能都会注意到浏览器窗口最上边蓝色部分显示的文本信息，那些信息一般是网页的“主题”，要将网页的主题显示到浏览器的顶部其实很简单，只要在<title></title>标志对之间加入要显示的文本即可。

注意：<title></title>标志对只能放在<head></head>标志对之间。

4）<body></body>。

<body></body>是 HTML 文档的主体部分，在此标志对之间可包含<p>、</p>、<h1>、</h1>、
、<hr>等众多的标志，它们所定义的文本、图像等将会在浏览器的框内显示出来。两个标志必须一块使用。

2.2 HTML 开发工具

浏览器（Browser）它是用于浏览网站的程序。关于浏览器有很多可供选择，最普及的浏览器当属微软（Microsoft）公司的 Internet Explorer（IE），其他的一些浏览器包括 Chrome（谷歌）、Firefox（火狐）等。

编写 HTML 文档的工具很多，如 Windows 自带的记事本程序、Notepad++、EditPlus 等文本编辑器。

2.3 HTML 标签

HTML 是由各种各样的标签组成，学习 HTML 就是学习使用这些标签，本节讨论 HTML 结构。

1. HTML 文档结构（图 2-5）

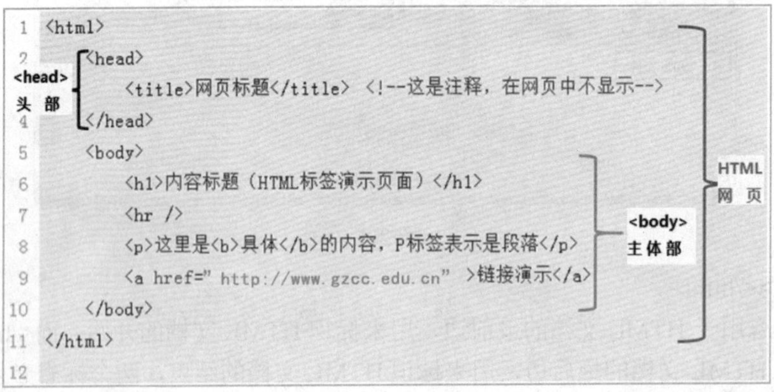

图 2-5

html 标签：称为根标签，所有的网页标签都在<html></html>中。

head 标签：代表 HTML 文档的头信息，以<head>开始，</head>结束，它是所有头部元素的容器。头部元素有<title>、<script>、<style>、<link>、<meta>等标签。

body 标签：在<body>和</body>标签之间的内容代表 HTML 文档的主体。包括如<h1>、<p>、<a>、<img>等网页内容标签。

body 标签中的内容直接在网页的内容区显示，head 标签的内容不显示网页内容区，以上 HTML 代码运行结果在浏览器中显示如图 2-6 所示：

图 2-6

请读者把源码和显示效果图进行对比，熟悉下基本 HTML 文档结构，关于具体的 HTML 标签，在本书后面会详细讨论。

HTML 标签是 HTML 文档的基本元素，它一般是成对出现的，即有开始标签和对应的结束标签构成，如<p></p><body></body><head></head>等，但有些是特殊的单标签，如
<hr/>等。HTML 语言是弱类型语言，标签不区分大小写<P>和<p>显示结果是相同的，但是标准推荐使用小写。

标签是 HTML 中最基本单位，也是最重要组成部分。

- HTML 标签由开始标签和结束标签组成。
- 某些 HTML 元素没有结束标签，如
。
- 标签是大小写无关的，<body>跟<BODY>表示意思是相同的，标准推荐使用小写。
- 所有的标签之间可以嵌套，如<head><title>标签嵌套演示</title></head>。

2. 常用 HTML 标签表（图 2-7）

标签	定义	标签	定义
html	定义html文档	body	定义文档体body
head	定义文档头信息	title	定义文档的标题title
a	html链接标签	img	html图像标签img
div	html层div	table	定义html表格table
tr	定义表格行	tr td	定义表格列td
form	html表单标签	input	定义表单的输入域input

图 2-7

2.4 HTML 标签属性

大部分 HTML 标签都可以添加属性，常见的属性有宽度、高度、颜色、背景、字体等。

- HTML 属性一般都出现在 HTML 标签中，是 HTML 标签的一部分。
- 标签可以有属性，它包含了额外的信息，属性的值一定要在双引号中。
- 标签可以拥有多个属性。标签可以拥有多个属性。
- 属性由属性名和值成对出现。

语法格式

```
<标签名属性名 1="属性值"属性名 2="属性值"..."">.....</标签名>
```

示例：

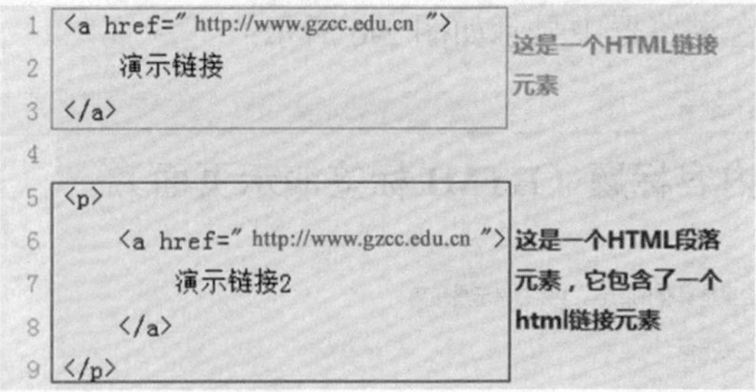

图 2-8

1．HTML 文档

HTML 文档就是 HTML 页面，也就是网页，是由 HTML 元素组成的，互联网的所有内容都是由一个个 HTML 文档体现的，如图 2-9 所示。

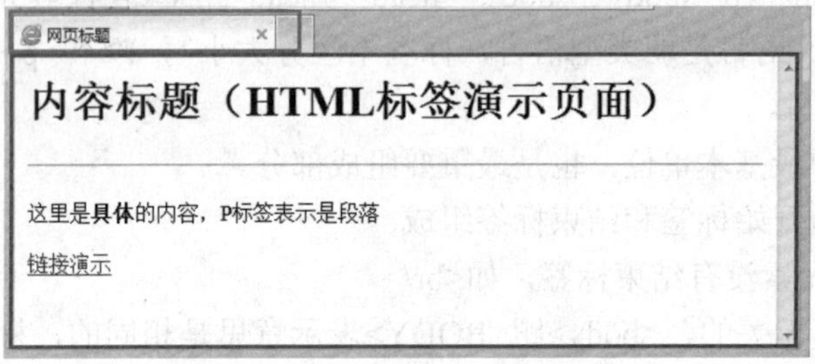

图 2-9

上图红色边框内的是主体，<body>与</body>之间的文本是可见的页面内容，蓝色边框是网页标题，是<head>标签中<title>标签中的内容。

整个网页就是 HTML 文档。Web 浏览器的作用是读取 HTML 文档，并以网页的形式显示出它们。浏览器不会显示 HTML 标签，而是使用标签来解释页面的内容

2．HTML 注释

在实际开发中需要在要在一些代码段做 HTML 注释，这样做有很多好处，如方便查找，方便比对，方便项目组里的其他程序员了解其他人的代码，而且可以方便对代码的理解与修改等等。

语法格式（图 2-10）：

<!–这里写注释内容-->

注释：开始括号之后（左边的括号）需要紧跟一个叹号，结束括号之前（右边的括号）不需要。

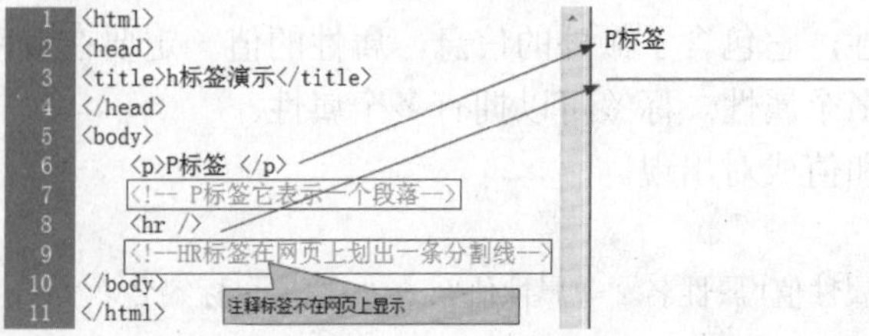

图 2-10

3．字的字体（font）和颜色（color）

定义文字大小和颜色使用 font 标签对。

基本语法：

```
<font>……</font>
```

它的属性值有：face（字体）color（颜色）等

示例（图 2-11）：

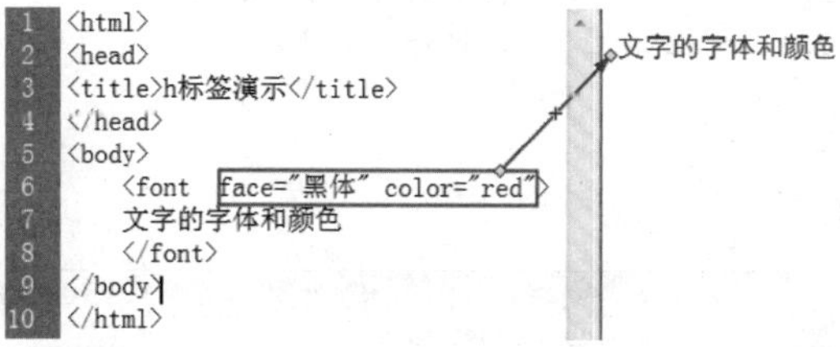

图 2-11

4．文章标题（h 标签）

在浏览网页中最先关注地是文章的标题，字体很大很突出。通常使用<h1></h1>对标签.h 标签分为 6 种，分别是<h1>-<h6>，字体从大到小。

示例（图 2-12）：

```
<html>
<head>
    <title>h 标签演示</title>
</head>
<body>
    <h1>我是 h1 标签</h1>
    <h2>我是 h2 标签</h2>
    <h3>我是 h3 标签</h3>
    <h4>我是 h4 标签</h4>
    <h5>我是 h5 标签</h5>
    <h6>我是 h6 标签</h6>
</body>
<html>
```

运行结果：

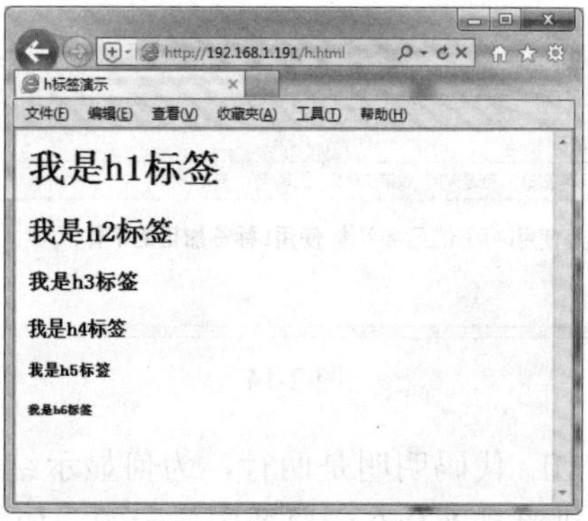

图 2-12

5. 标题字的对齐属性（align）

```
<html>
<head>
    <title>标题字的对齐属性（align）</title>
</head>
<body>
    < h2 align = left >左对齐< / h2 >
    < h2 align = center >居中对齐< / h2 >
    < h2 align = right > 右对齐< / h2 >
</body>
</html>
```

运行结果（图 2-13）：

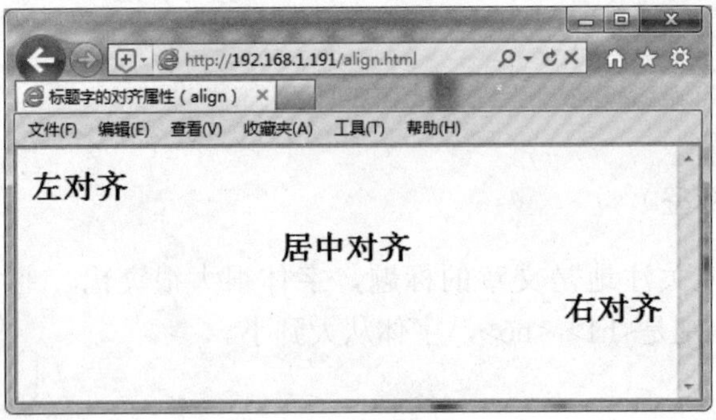

图 2-13

6. 字体加粗（b 标签）

```
<html>
<head>
    <title>B 标签演示</title>
</head>
<body>
    这是没有使用 b 标签的正常字体
    <b>使用 b 标签加粗的字体</b>
</body>
<html>
```

运行结果（图 2-14）：

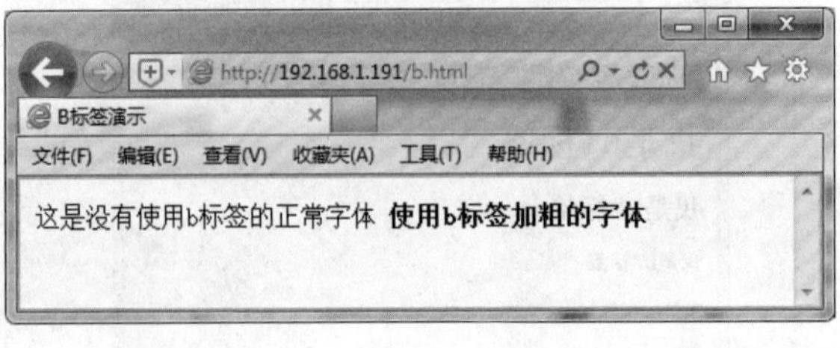

图 2-14

可能读者会有疑问，HTML 代码明明是两行，为何显示结果是一行。这是因为 HTML 代码中的换行、空格、tab 缩进等是不会在浏览器中显示的，如图 2-15 所示。

示例：

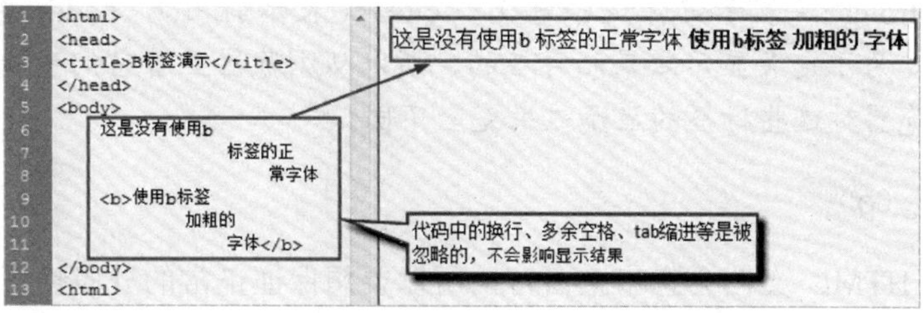

图 2-15

那么在 HTML 如何实现换行？只需要在源码中需要加上一个换行
标签，如图 2-16 所示。

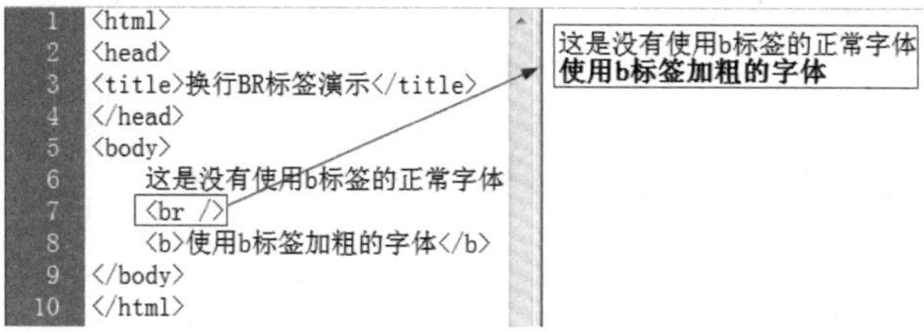

图 2-16

7．斜体标记<i>,<em>,<cite>

基本语法：

```
<i> ……</i>
<em> ……</em>
<cite> ……</cite>
```

示例：

```
<html>
<head>
    <title>斜体标记 i，em，cite 标签</title>
</head>
<body>
    <i>斜体标记 i 演示</i>
    <em>斜体标记 em 演示</em>
    <cite>斜体标记 cite 演示</cite>
</body>
</html>
```

运行结果（图 2-17）：

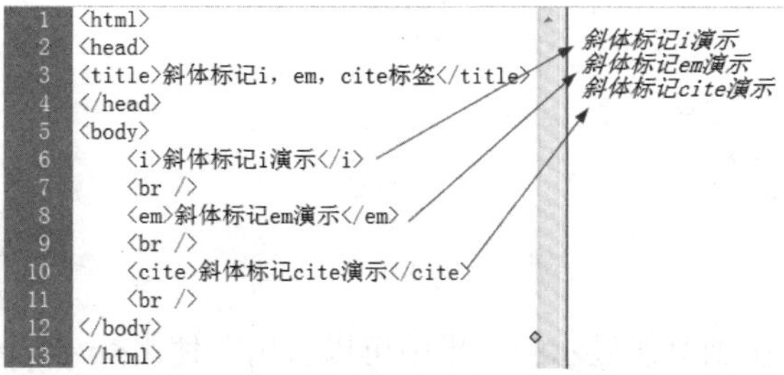

图 2-17

说明：有一些标签用来指出包含的文本有特殊的意义，如<abbr>（表示缩写），<em>（表示强调），<strong>（表示更强地强调），<cite>（表示引用），<address>（表示地址）等。这些标签不是为了定义显示效果而存在的，所以从浏览器里看它们可能没有任何效果，也可能不同的浏览器对这些标签的显示效果完全不同。

8. 段落标记（p）

浏览器解析 HTML 文档会忽略空白符，所以要想保证正常的分段换行的话，必须指出哪些文字是属于同一段落的，这就用到了标签<p>。<p>标签式段落标记，浏览器会自动地在段落的前后添加空行。

基本语法：

```
<p>......</p>
```

示例：

```
<html>
<head>
    <title>p标签示例</title>
</head>
<body>
    <p>这是第一个段</p>
    <p>这是第二个段</p>
</body>
</html>
```

显示结果（图 2-18）：

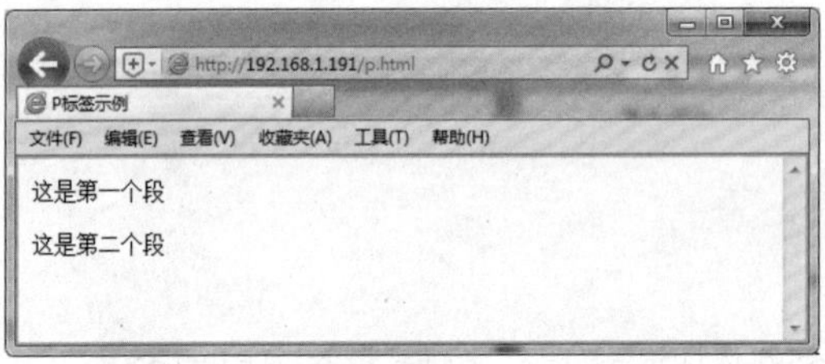

图 2-18

9. 换行标签

只表示换行，不表示段落的开始或结束，所以通常没有结束标签。

```
<html>
<head>
    <title>BR标记示例</title>
</head>
<body>
    这是第一段<br />
    这是第二段
</body>
</html>
```

显示结果（图 2-19）：

从 p 标签和 br 标签在浏览器显示的结果中可以看出，使用<p></p>标签换行上下文有间距（浏览器会自动地在段落的前后添加空行），而
标签换行是软换行，上下文没有间距。

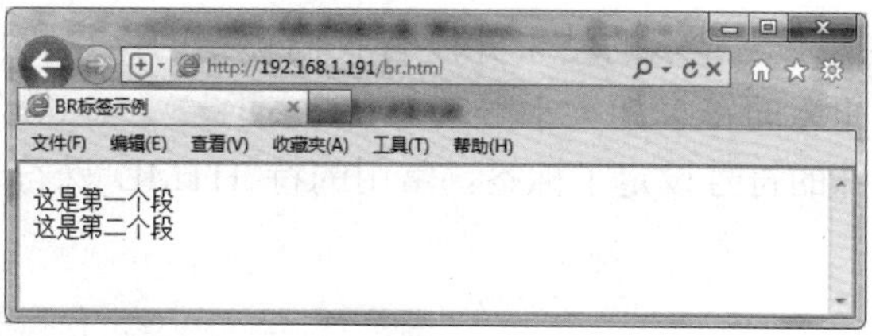

图 2-19

关于
标签的使用，读者可能会发现有的网页
没有/符号，浏览器也能正常显示。那么
和
的区别是什么呢？

HTML 升级版也就是 HTML5 标准规定，不允许使用没有结束标签（闭合标签）的 HTML 元素。虽然现在
在所有浏览器中的显示都没有问题，标准推荐使用有闭合标签的

10．水平线标记（hr）

<hr/>标签在 HTML 页面中创建水平线，hr 元素可用于分隔内容。它的属性有：

- width（水平线的宽度标记）
- size（水平线的高度）
- color（水平线的颜色）
- noshade 水平线去掉阴影属性标记
- align：水平线对齐属性

前面已经简单的用过了 hr 标签，这次为其添加上属性。

示例（图 2-20）：

```
<html>
    <head> <title>HR 标签演示</title></head>
<body>
    <h1>带属性值的 HR 标签演示</h1>
    <hr width=70% size=3 color="green" alingn="center" >
</body>
</html>
```

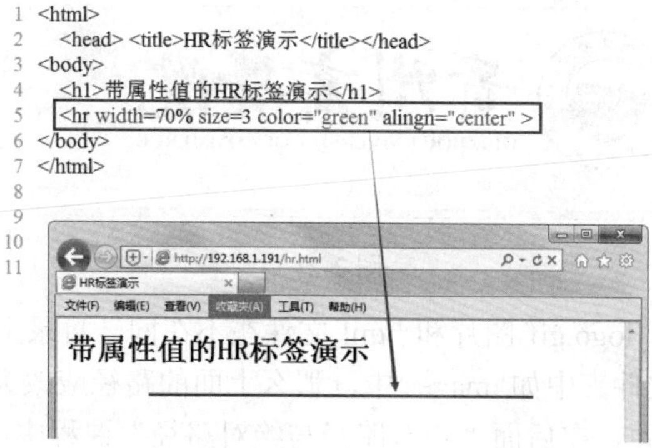

图 2-20

11．输入特殊符号

基本语法： ；&quot &amp

如果想在网页显示多个空格，可是在源代码中无论你敲多少空格，实际的显示页面只能显示一个如图 2-21 所示，显示的结果并没有我们预期的结果，同样的我们想在网页上显示和 HTML 代码有冲突的符合如大于号（>）或小于号（<）等怎么办呢?在 HTML 语言中专门为显示这些特殊的符号设定了标签。常用的特 HTML 殊符号对应代码的如图 2-22 所示。

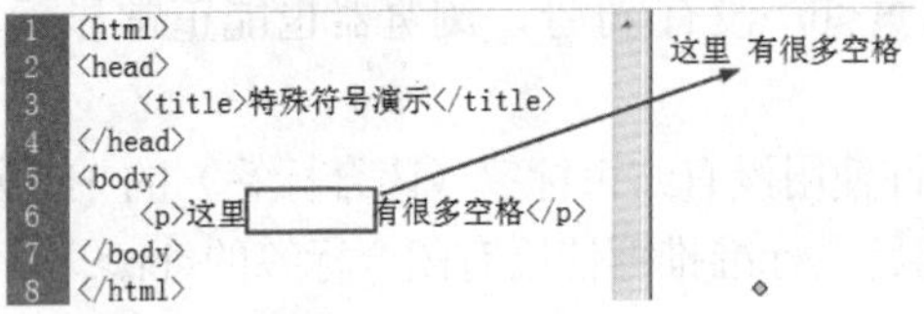

图 2-21

符号	对应代码	显示结果
空格		
小于	<	<
大于	>	>
&符号	&	&
双引号	"	"
版权	©	©
商标	®	®
乘号	×	×
除号	÷	÷

图 2-22

12. 插入图片

网页中常用的图片格式有 jpg、gif、png 等。HTML 中插入图片使用<img>标签

基本语法：

```
<img  src="图片路径" width=宽度 height=高度>
```

语法解释：宽度和高度的单位都是像素，<img>是插入图片的 HTML 标签，src 是描述图片路径的属性，它的值表示图片的路径。

示例（图 2-23）：

```
<html>
<head>
  <title>网页图片</title>
</head>
<body>
  <img src="images/gzcc-logo.gif" width="580px" height="155px">
  </body>
<html>

```

图 2-23

这里的图片路径表示 logo.gif 图片和 html 文件在不在同一目录下。如果图片则可把所有的图片放在图像专有子文件夹中如 images 中，那么上面的路径应改为<img src="images/gzcc-logo.jpg"/>，关于路径问题，在后面“相对路径与绝对路径”课程中详细讲解。

<img>标签除了 src 属性，外还包括的属性有：

- alt：设定图像的提示文字属性。
- width、height：设定图像的宽度和高度。
- border：设定图片的边框。
- align：设定图像的排列属性。

13．设定图片的提示文字（alt）

基本语法：

```
<img  src="图片路径" alt="提示文字">
```

示例（图 2-24）：

IMG 标签的 alt 属性是指鼠标放在网页的图片上没弹出一行提示性的文字。

```
<html>
<head>
  <title>网页图片</title>
</head>
<body>
  <img src="images/gzcc-logo.gif" alt="贵州商学院" width="580px" height="155px">
 </body>
<html>
```

图 2-24

14．设定图片的边框 border

基本语法：

```
<img  src="图片路径" border=边框宽度>
```

示例（图 2-25）：

```
<html>
<head>
  <title>网页图片</title>
</head>
<body>
  <img src="images/gzcc-logo.gif" width="580px" height="155px" border=5>
 </body>
<html>
```

图 2-25

图片的超链接：

图片的超链接就是在图片上建立链接。和文字的链接相同，就是单击过链接的图片或文字后就会跳到对应的目标地址上。

图片的超链接与文字相同都是<a>标记。

基本语法：

```
<a href="目标地址"><img src="图片路径" /> </a>
```

示例（图 2-26）：

```
    <a href="http://www.gzcc.edu.cn"><img src="gzcc-logo.gif.jpg">贵州商
1学院</a>
```

```
<html>
<head>
  <title>网页图片</title>
</head>
<body>
  <a href="http://www.gzcc.edu.cn"> <img  src="images/gzcc-logo.gif"  width="580px" height="155px" ></a>
  </body>
<html>
```

图 2-26

15. HTML 链接（Link）

超链接：从一个页面指向另一个目的端的链接，超级链接可以使用<a>标签定义，其链接文档的地址在属性“href”中指定。链接分为内部链接：链接指向站点文件夹之内的文件（如<a href="html / index.php">）和外部链接：链接指向站点文件夹之外的文件（如 target index.php">）。<a>标签又叫做锚标签，用来建立一个指向其他文档的链接。锚可以连接到网络上任一文档：一个 html 页面，一张图片，一个音频或者视频文件等。

语法格式：

```
<a href="URL">链接文字</a>
```

url 是需要链接文档的地址，<a>开始标签和结束标签包围的文本是作为超链接显示的文本。

a 标签的属性包括：

- href：链接地址。
- target：指定链接的目标窗口。
- name：给链接命名。
- title：给链接提示文字。

16. 设定链接的目标窗口（target 属性）

基本语法：

```
<a href ="文件名"  target ="属性值"> 链接文字</a>
```

target 属性用来定义被链接的文档在何处显示（在新的出口打开，还是在原有的窗口打开）。默认的被链接文档是在原有的窗口中打开的。如果将 target 属性设为“_blank”文档就会在新窗口打开，例如：

```
<a href = "www.gzcc.edu.cn" target = "_blank">贵州商学院</a>
```

target 属性的值及含义：

- _parent：在上一级窗口中打开。
- _blank：在新窗口中打开。
- _self：在同一窗口中打开（默认）。
- _top：在浏览器的整个窗口中打开，忽略任何框架。

在实际应用中 target 属性值最常用的是_blank，这个要重点掌握，其他的只需要了解就可以。但是现在主流的浏览器是使用选项卡打开方式，并且可以在选项中设定链接的打开方式。因此 target 属性实际应用中并无突出的应用。

17. 书签链接（name 属性）

1）建立书签。

基本语法：

```
<a  name="name" >文字</a>
```

示例：

```
<a name = "head">文章的开始</a>
```

2）建立指向该锚的链接。

基本语法：

```
<a href="#书签名">文字</a>
```

示例：

```
<a href = "#start">文章的开始</a>
```

完整示例：

```
<html>
<head>
    <title>锚点链接演示</title>
</head>
<body>
    <a  href = "#title1">转到《静夜思》标题所在行</a>
<br /><br /><br /><br /><br /><br /><br /><br /><br /><br /><br /><
br /><br /><br /><br /><br /><br /><br /><br /><br /><br /><br /><br /
><br /><br /><br /><br /><br />
    <a name="title1">《静夜思》</a>
    <br />
    窗前明月光，<br />
    疑似地上霜。<br />
    举头望明月，<br />
    低头思故乡。
</body>
</html>
```

3）链接到其他页面中的书签。

基本语法：

```
<a href="文件名#书签名">文字</a>
```

示例：

```
<a  href = "http://baike.baidu.com/view/383720.htm#发展历史">HTML 发展历史</a>
```

18. 文件下载链接

基本语法：

```
<a href=" file_url">链接文字</a>
```

“file_url”表示文件所在的路径。

有两种方式：

第一种是网站内部的相对路径，用“路径/完整文件名（主文件名.扩展名）”表示；

第二种是使用互联网上的绝对路径“http://网站域名/目录/完整文件名”。

示例：

```
<a href="http://softdown/图片素材.rar">文件下载演示</a>
```

19. E-mail 链接

发送 E-mail（建立 e-mail 链接），实际制作中使用的频率很低，读者只需了解基本用法即可。

基本语法：

```
<a href=" mailto:/电子邮件地址 " >链接文字</a>
```

邮件地址：

```
<a href="mailto://admin@gzcc.edu.cn>联系管理员</a>
<!--解析：发送邮件给 admin@gzcc.edu.cn-->
```

20. 空链接

空链接：指指向链接后，鼠标变成手形，单击后无任何链接效果仍停留在当前页面。空连接的使用是网页前端开发布局时，临时加的空链接，主要为了能让鼠标动作引发的行为结果。

基本语法：

```
<a href=" # ">链接文字</a>
```

其中“#”表示空链接。

示例：

```
<a href="#">空连接演示</a>
```

2.5 HTML 绝对路径和相对路径

在实际 Web 开发中，插入图片、包含 CSS 文件等都需要有路径，如果文件路径的添加错误，就会导致引用失效（无法浏览链接文件，或无法显示插入的图片等）。很多初学者感到困惑，相对路径与绝对路径区别用法如下。

1. HTML 相对路径

指由这个文件所在的路径引起的跟其他文件（或文件夹）的路径关系。

例如：

文件 index.html 存放在 D 盘 www 目录下，它的绝对路径是：d:/www/index.html

文件 aboutus.html 存放在 D 盘 www 目录下，它的绝对路径是：d:/www/aboutus.htm

那么：index.html 相对于 aboutus.html 的路径就是：当前目录下的 index.html 文件。在超链接中写为：<a href="index.html">返回首页</a>

也就是说不加绝对盘符号或者网络上完整路径如：http://www.gzcc.edu.cn/index.html http://url/相对位置写清楚相对于文档的目录路径即可。

2. 相对路径的使用方法

如果链接到同一目录下，则只需输入要链接文档的名称，例如：

```
<a href ="1 htm">网页链接 </a>
<img src="bg.jpg" />
```

如果链接到下一级目录，则需要先输入目录名，然后加“/”，再输入文件名，例如：

```
<a href ="html/ next.htm">
<img src="images/bg.jpg" />
```

如果连接到上一级目录，则需要先输入“../”，然后再输入目录名、文件名；../也称为父路径，例如：

```
<a href = ".. / www/index.htm">
```

3. HTML 绝对路径

网页文件或者网页上图形、声音、视频等元素在本地或者网络中的完整路径：包括适用的协议或盘符。也就是网页文件在 http 协议下的 url 路径或者是硬盘上网页完整的路径。例如：

```
http://www.gzcc.edu.cn/index.htm
d:/ www /html/images/logo.jpg
```

一般来说网站内文件引用和链接使用相对地址，网站外文件引用和链接使用绝对地址。

2.6 HTML5 基础

1. HTML5 的概述

HTML 标准自 1999 年 12 月发布的 HTML4.01 后，后继的 HTML5 和其他标准被束之高阁，为了推动 Web 标准化运动的发展，一些公司联合起来，成立了一个叫做 Web Hypertext Application Technology Working Group（Web 超文本应用技术工作组，WHATWG）的组织。WHATWG 致力于 Web 表单和应用程序，而 W3C（World Wide Web Consortium，万维网联盟）专注于 XHTML2.0。在 2006 年，双方决定进行合作，来创建一个新版本的 HTML。

HTML5 是 HTML 下一个主要的修订版本，现在仍处于发展阶段。目标是取代 1999 年所制定的 HTML 4.01 和 XHTML 1.0 标准，以期能在互联网应用迅速发展的时候，使网络标准达到符合当代的网络需求。

广义论及 HTML5 时，实际指的是包括 HTML、CSS 和 JavaScript 在内的一套技术组合。它希望能够减少浏览器对于需要插件的丰富性网络应用服务（Plug-in-based rich Internet Application，RIA），如 Adobe Flash、Microsoft Silverlight，与 Oracle JavaFX 的需求，并且提供更多能有效增强网络应用的标准集。

2．HTML5 的特性

1）除了原先的 DOM 接口，HTML5 增加了更多样化的 API，如实时二维绘图。

2）Canvas API：有关动态产出与渲染图形、图表、图像和动画的 API。如：定时媒体播放 HTML5 音频与视频：HTML5 里新增的元素，它们为开发者提供了一套通用的、集成的、脚本式的处理音频与视频的 API，而无需安装任何插件。

3）离线存储数据库（离线网络应用程序）

4）Communication APIs：构建实时和跨源（cross-origin）通信的两大基础：跨文档通信（Cross Document Messaging）与 XMLHttpRequest Level 2。

5）浏览历史管理

6）MIME 和协议处理程序时表头登记。

7）微数据。

8）Web SQL Database，一个本地的 SQL 数据库。

9）索引数据库 API（Indexed Database API，以前为 WebSimpleDB）。

10）文件 API：处理文件上传和操纵文件。

目录和文件系统：这个 API 是为了满足客户端在没有好的数据库支持情况下存储要求。

11）文件写入：从网络应用程序向文件里写内容。

说明：一个普遍的误解是 HTML5 能够在网页中提供动画效果，这是不对的。动画效果是由 JavaScript 和 CSS 达成的。

3．HTML5 与 HTML4 的不同之处

- 新的解析顺序：不再基于 SGML。
- 新的元素：section, video, progress, nav, meter, time, aside, canvas, command, datalist, details, embed, figcaption, figure, footer, header, hgroup, keygen, mark, output, rp, rt, ruby, source, summary, wbr。
- input 元素的新属性：date, email, url。
- 新的通用属性：ping（用于 a 与 area），charset（用于 meta），async（用于 script）。
- 全局属性：id, tabindex, repeat。
- 移除元素：acronym, applet, basefont, big, center, dir, font, frame, frameset, isindex, noframes, s, strike, tt, u。

4．HTML5 的优缺点

（1）功能及技术层面的优缺点

优点：

- 影片播放、图形呈现等功能内建于浏览器内，不需要 Plug-in 就能执行。
- 标准开放，不需要购买 Flash 等工具。

缺点：

- 尚未定案。例如 SVG 向量图形，目前各家浏览器支持性不一。
- 普及性低。例如 IE 尚未支持，要到 IE9 才会支持；但 IE9 仅支持 Vista 以上的 Windows。

- 性能低下，容易造成浏览器假死甚至崩溃。（HTML5 是浏览器驱动的程序，而浏览器又是在底层硬件驱动上工作的。普通的 App 是直接在底层硬件驱动上进行的）。
- 不支持离线应用，数据流量资费过高。

（2）它新并不表示它安全

网络应用开发工程师们在学习新技术的同时需要时刻记住网络安全。HTML5 所购建的网页和其他语言编写的网页一样容易泄露一些敏感数据。欧洲网络信息安全机构（European Network and Information Security Agency，ENISA）已经警告说 HTML5 可能并不够安全。

（3）它可能会消灭 Flash 但不是现在

许多业内人士表示，HTML 将会最终代替多媒体框架，如 Adobe 的 Flash，但是短期看来还不是现在。HTML5 估计到 2014 年才能逐步成熟，而且将现有应用 Flash 的网络开发完全转向 HTML5 还需要一段时间。尽管 HTML5 提出了许多优点，但是还可能有某些应用更适合于更灵活的框架。现在，一些主流的大公司都逐步转向使用 HTML5，但是这个转变的过程也不是一蹴而就的。

（4）它将会变得很移动化

现在几乎所有人都热衷于开发独立的移动应用，但是 HTML5 很可能会是独立移动应用的终结者。由于 HTML5 将应用的功能直接加入其内核，这很可能引导移动技术潮流重新回到浏览器时代。HTML5 允许开发者在（移动）浏览器内开发应用，所以如果你正在制定一项桌面或者移动应用的长期发展策略，你可能需要考虑这一点。

（5）它承诺带来一个无缝的网络

HTML5 会带来一个统一的网络，无论是笔记本、台式机还是智能手机都应该很方便地浏览基于 HTML5 的网站。因此在设计网站的时候，开发者需要重新考虑用户体验、网站浏览、网站结构等因素使得这个网站对任何硬件设备都通用。

5. HTML5 在移动互联网如何应用

目标：Web 技术将成为移动设备上的开发平台，只是目前该技术可能尚未成熟。

基于 HTML5 的开发方式有两种：一种是混合式开发，一种是移动网页应用。以上两种开发都需要强大的具有 HTML 渲染的浏览器。

6. 混合式开发

1）目前主流的都是混合开发，所以对团队、技术人员的要求比较高，需要掌握多种不同的技术（JAVA、Obejective-c、HTML5、JAVASCRIPT、CSS/CSS3），这种混合的开发模式。

2）混合应用是一种需要下载，但有部分或者所有用户界面植入了浏览器元素的应用程序。对用户来说，混合应用与原生应用并无二致——它们都需要通过应用商店渠道下载，都可以保存的在手机，运行方式与原生应用并无差别。但对开发者来说，这其中的差异却不容忽视，因为这意味着无需针对各个手机操作系统重新编写应用，而是可以选择用 HTML、CSS 和 JavaScript 编写其中一部分代码，并在多个平台上运行应用程序。

3）混合应用的 HTML 页面可通过网络服务器传送，但这一点并非必备条件。如果要提高运行性能，混合应用还可以植入一个包含其所需的网页资源（例如 HTML、JavaScript、CSS 和图像）的副本，以便用户快速访问内容，而不必等待网络服务器将内容传送过来。

4）混合应用必须通过应用商店下载。

支持混合开发的 javascript 框架：Sencha Touch、jQuery Mobile 和 dojox.mobile 等 JavaScript 工具包。

从商业角度来看，尽早采用 HTML5 技术是最明智的做法。有些企业已经将 HTML 当作唯一可行的跨平台开发技术。

但在混合应用领域，PhoneGap 库等开源框架却可以让 JavaScript 代码访问手机的罗盘、照相等功能成为可能，甚至可以搜索或创建联系人列表、约会安排等其他多种网页应用无法接入的手机功能。

7. 移动网页应用

- 移动中断必须在连网状态。
- 使用浏览器运行时，用户不需要下载安装就可以。
- 用户需要等待网络服务器将内容传送到手机才可以使用

2.7 HTML5 与 HTML4 比较

1. 语法的改变

（1）HTMl5 中的标记方法

- 内容类型

文件扩展符不变，仍为.htm 或.htm，内容类型为“text/html”

- DOCTYPE 的声明

```
<! DOCTYPE HTML>
```

- 指定字符的编码

```
<meta charset = "utf-8">(推荐使用 utf-8)
```

（2）HTML 确保了与之前的 HTML 版本的兼容性

- 可以省略标记的元素

不允许使用结束标记的元素有：area、base、br、col、command、embed、hr、img、input、keygen、link、meta、param、sourse、track、wbr。

可以省略结束的标记元素有：li、dt、dd、p、rt、rp、optgroup、option、colgroup、thread、tbody、tfoot、tr、td、th。

可以省略的全部标记的元素有：html、head、body、colgroup、tbody。

- 具有 boolean 的属性

参考代码示例：

```
<!—只写属性不写属性值代表属性为 true-->
<input type = "checkbox" checked>
<!—属性值= 属性名，代表属性为 true-->
<input type = "checkbox"checked = "checked">
```

- 省略引号

当属性值不包括空字符串、“<”、“>”、“=”、单引号、双引号等字符时，属性的两边的符号可以省略。

```
<input type = text>
```

（3）标记示例

代码如下：

```
<!DOCTYPE HTML>
<meta charset = "utf-8">
<title>HTML5 标记示例</title>
<p>这段代码是 HTML5
<br>语法编写的
```

可以看到可以省略掉的标记如<html>、<head>、<body>。可以省略结束标记如</p>的也省略掉了。

2. HTML5 中的新增的元素和废除的元素

（1）与结构相关的元素

1）section 元素。

表示页面中的一个内容区块，比如章节、页眉、页脚或页面中的其他部分。它与 h1、h2…等元素结合起来使用标示文档结构。

```
<section>..</section>
```

2）article 元素。

表示页面中的一块与上下文不相关的独立内容，例如博客的一篇文章。

```
<article>..<article>
```

3）aside 元素。

表示 article 元素之外的、与 article 元素内容相关的辅助信息。

```
<aside>..</aside>
```

4）header 元素。

表示页面中的一个内容区块或整个页面的标题。

```
<header>..</header>
```

5）hgroup 元素。

用于对整个页面或页面中的一个内容去快的标题进行组合。

```
<hgroup>..</hgroup>
```

6）footer 元素。

表示整个页面或页面中的一个内容区块的标注。

```
<footer>..</footer>
```

7）nav 元素。

表示页面中的导航的链接部分。

```
<nav>..</nav>
```

8）figure 元素

表示一段独立的内容，一般表示文档主题流内容中的一个独立单元。使用 figcaption 元素为 figure 添加标题，如：

```
<figure>
<figcaption>PRC</figcaption>
<p>Hello World!</p>
</figure>
```

（2）新增的其他元素

1）Video 元素。

HTML5 中的代码示例：

```
<video src = "movie.ogg"controls = "controls">video 元素</video>
```

HTML4 中的代码示例：

```
<object type = "video/ogg" data = "movie.ogv">
  <param name = "src" value = "movie.ogv">
</object>
```

2）Audio 元素。

Audio 元素定义音频。

HTML5 中的代码示例：

```
<audio src = "someaudio.wav">audio 元素</audio>
```

HTML4 中的代码示例：

```
<object type = "application/ogg" data = "someaudio.wav">
  <param name = "src" value = "someaudio.wav">
</object>
```

3）Embed 元素。

用于插入各种多媒体。

HTML5 中的代码示例：

```
<embed src = "horse.wav"/>
```

HTML4 中的代码示例：

```
<object data = "flash.swf"type = "application/x-shockwave-flash">
</object>
```

4）Mark 元素。

主要用来在视觉上向用户呈现那些需要突出显示或高亮显示的文字。Mark 元素是一个比较典型的应用就是在搜索结果中向用户高亮显示搜索的关键词。

HTML5 中的代码示例：

```
<mark>..</mark>
```

HTML4 中的代码示例：

```
<span>..</span>
```

5）Progress 元素。

表示在运行中的进程，可以使用 progress 元素来显示 javascript 中耗费时间函数的进程。

HTML5 中的代码示例：

```
<mark>..</mark>
```

HTML4 中的代码示例：

```
<span>..</span>
```

6）Meter 元素。

表示度量衡仅用于已知最大值和最小值的度量。必须定义度量的范围，既可以在元素的文本中也可以在 min/max 属性中定义。

HTML5 中的代码示例：

```
<meter>..</meter>
```

7）Time 元素。

表示时间或日期，也可以同时表示两者。

HTML5 中的代码示例：

```
<time>..</time>
```

8）Ruby 元素。

表示 ruby 注释。（中文注音或字符）

9）Rt 元素。

表示字符的发音或解释。

10）Rp 元素。

在 ruby 注释中使用，以定义不支持 ruby 元素浏览器所显示的内容。

（3）全局属性

使用 contentEditable 属性，当列表元素被加上 contentEditable 元素之后，该元素变成可编辑。

属性示例：

```
<!DOCTYPE HTML>
<head>
<meta charset =  "utf-8">
<title>contentEditable 属性示例</title>
</head>
<h2>可编辑列表</h2>
<ul contentEditable = "true">
<li>列表元素 1</li>
<li>列表元素 2</li>
<li>列表元素 3</li>
</ul>
```

习题与操作练习

一、单项选择题

1．下边关于 HTML 的说法是不正确的?（　　）

A．HTML 语言是描述文档结构的语言

B．HTML 文档显示一个图像时，文档包含这个图像文件的二进制信息

C．HTML 文档使用标签规定信息的显示格式

D．HTML 语言是标记语言

2．HTML 文档结构由（　　）组成。

A．<html>...</html>、<title>…</title> <body>...</body>

B．<body>、</body><h1></h1> <html>、</html>

C．<html>...</html>、<head>...</head>、<body>...</body>

D．<head>…</head><meta>…</meta><title>…</title>

3．下述哪个不是文档标签?（　　）

A．<html>　　B．<body>　　C．<title>　　D．<td>

4．HTML 不包括下述哪类标签?（　　）

A．文档标签　　B．图形标签　　C．Java 标签　　D．框架标签

5．关于标签，下面说法正确的是（　　）

A．标签的属性必须加在起始标签里

B．标签必须有起始标签和结束标签

C．<img>这个标签是个正确的标签

D．<title></title>这对标签是放在文件体里的

6．下面关于网页上图形的描述不正确的是（　　）

A．网页上的图形文件必须放在与网页文件同一个服务器上
B．网页上的图形可以作为链接
C．JPEG 格式的图片可以在网页上使用
D．在网页制作时可以调整图形在网页显示的大小

7．关于 HTML5 说法正确的是：（　　）
A．HTML5 只是对 HTML4 的一个简单升级
B．所有主流浏览器都支持 HTML5
C．HTML5 新增了离线缓存机制
D．HTML5 主要是针对移动端进行了优化

8．HTML5 不支持的视频格式是：（　　）
A．ogg　　B．mp4　　C．flv　　D．WebM

9．以下不是 HTML5 新特性的是：（　　）
A．新的@font-face 字体设置　　B．新的离线存储
C．新的音频、视频 API　　D．新的内容标签

10．关于 HTML5 说法正确的是：（　　）
A．HTML5 是在原有 HTML 上的升级版
B．HTML5 可以不需要 DTD
C．没有<!DOCTYPE html>，HTML5 可以正常工作
D．<output>是 HTML5 的新标签

二、操作题

使用记事本等文本编辑器新建一个 html 文件保存为 index.html，输入下列代码后使用浏览器预览网页文件。

```
<html>
<head>
<title>链接类型</title>
</head>
<body>
<p>链接</p>
<p>1 外链接</p>
<p><a href="http://www.gzcc.edu.cn" target="_blank">www.gzcc.edu.cn</a></p>
<p>2 内链接</p>
<p><a href="aboutus.html">点击打开站内网页</a></p>
<p>3 ftp 链接</p>
<p><a href="ftp://10.176.10.19">点击打开 ftp 链接</a></p>
<p>4 Email 链接</p>
<p><a href="mailto:8053328@qq.com">邮箱</a>：8053328#qq.com</p>
<p>5 文件下载链接</p>
<p><a href="soft/PSPad Editor_4.6.0.2658.zip">点击下载文件</a></p>
<p>6 空链接</p>
<p><a href="#">点击打开</a></p>
</body>
</html>
```

第3章 网站建设及站点管理

3.1 域名、网址、网站和网页的关系、区别

人们每天利用电脑、智能设备输入一个域名找到一个网站的网址单击打开其中我们感兴趣的网页。在这个过程中有如下概念需要了解：

1. 域名

域名（Domain Name），是由一串用点分隔的名字组成的Internet上某一台计算机或计算机组的名称，用于在数据传输时标识计算机的电子方位（有时也指地理位置，地理上的域名，指代有行政自主权的一个地方区域）。域名是一个 IP 地址上有“面具”。一个域名的目的是便于记忆和沟通的一组服务器的地址（网站、电子邮件、FTP 等）。

网络是基于 TCP/IP 协议进行通信和连接的，每一台主机都有一个唯一的标识固定的 IP 地址，以区别在网络上成千上万个用户和计算机。IP 地址用二进制数来表示，每个 IP 地址长 32 比特，由 4 个小于 256 的数字组成，数字之间用点间隔。由于 IP 地址是数字标识，使用时难以记忆和书写，因此在 IP 地址的基础上又发展出一种符号化的地址方案，来代替数字型的 IP 地址。每一个符号化的地址都与特定的 IP 地址对应，这样网络上的资源访问起来就容易得多了。这个与网络上的数字型 IP 地址相对应的字符型地址，就被称为域名。目前互联网使用 DNS（域名解析系统）来确定 IP 地址和域名的对应关系

可见域名就是网站的在公网上名称，是网站在公网上的对外合法名称地址。一个公司如果希望在网络上建立自己的网站，就必须先申请一个域名，域名也是由若干部分组成，包括数字和字母。域名注意事项

说明：英文域名格式如下：域名由各国文字的特定字符集、英文字母、数字及“-”（即连字符或减号）任意组合而成，但开头及结尾均不能含有“-”。域名中字母不分大小写。域名最长可达 67 个字节（包括后缀.com、.net、.org；国家顶级域名例如中国是.cn、美国是.us 等）。

中文域名格式如下：各级域名长度限制在 26 个合法字符（汉字，英文 a-z，A-Z，数字 0-9 和-等均算一个字符）；不能是纯英文或数字域名，应至少有一个汉字。“-”不能连续出现。

域名的注册遵循先申请先注册原则，管理机构对申请人提出的域名是否违反了第三方的权利不进行任何实质审查。同时，每一个域名注册查询都是独一无二的、不可重复的。因

此，在网络上，域名是一种相对有限的资源，它的价值将随着注册企业的增多而逐步为人们所重视。

域名是上网单位和个人在网络上的重要标识，起着识别作用，便于他人识别和检索某一企业、组织或个人的信息资源，从而更好地实现网络上的资源共享。除了识别功能外，在虚拟环境下，域名还可以起到引导、宣传、代表等作用。

通俗地说，域名就相当于一个网站在网络上的门牌号码，别人通过这个号码可以很容易地找到。

域名的注册遵循先申请先注册原则，管理机构对申请人提出的域名是否违反了第三方的权利不进行任何实质审查。同时，每一个域名注册查询都是独一无二的、不可重复的。因此，在网络上，域名是一种相对有限的资源，它的价值将随着注册企业的增多而逐步为人们所重视。

网上注册域名机构以阿里云为例（图 3-1）：

图 3-1

基本流程是：输入欲注册的域名->选择欲注册域名类型例如.com->查询结果为未注册进入注册资料填写流程反之重新确定域名再次查询

以注册贵州电子商务学习网站 gzecedu.com 为例（图 3-2）。

通过查询可以看到结果是未注册，因此可以单击加入清单进入注册资料填写环节。再向注册结构缴纳每年的使用费后可以拥有 gzecedu.com 这个域名。

2．网址

网址通常指网页在因特网上的地址。每个网站中的每一个网页都有一个相应的地址，以便其他用户访询而获取信息资料，网页的地址叫做网址。网址和域名的在于域名指的是一个网站的入口地址。网址指的是每一个页面和资源的确切地址。

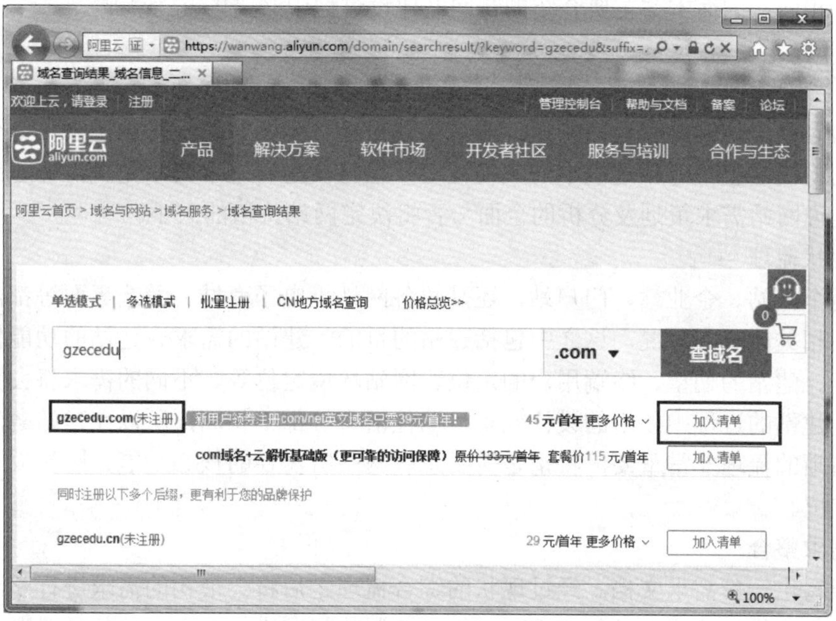

图 3-2

3．网站

网站（Website）是指在因特网发布使用 HTML 等工具制作的用于展示特定内容相关网页的集合。在世界各地只要能拥有互联网的公网 IP 地址的主机都可以作为网页服务器（Web server）发布网站。浏览者通过网页浏览器来访问网站，获取自己需要的资讯或者享受网络服务。衡量一个网站的性能通常从网站空间大小、网站位置、网站连接响应速度、网站软件配置、网站提供服务等几方面考虑，最直接的衡量标准是网站的真实 IP 流量。

4．网页

网页是构成网站的基本元素，是承载各种网站应用的页面平台。一般而言，一个网站就是由一个或多个网页组成，如果只有域名和虚拟主机而没有制作任何网页的话，浏览者仍旧无法访问的网站。网页是一个包含 HTML 标签等网页语言所编写的纯文本文件，可以包含文字和引用图像、音视频、动画文件。网页文件通过浏览器访问对应网址来打开网页，在浏览器中呈现网页内容。

3.2　网站建设流程

网站建设（Website Construction）是一个广义的术语，其狭义概念是指使用标识语言（Markup Language），通过一系列策划、设计、建模、然后到执行的过程，在其中要做到将电子格式的信息通过互联网传输，最终以图形用户界面（Graphical User Interface）的形式即网页为终端用户所浏览。

因建站时所使用编程语言的不同、功能需求的不同、开发者行业领域的不同、终端用户的市场需求的不同、被使用于的途径不同等，导致了网站建设在建站、运营和维护过程中的步骤也不尽相同。因而本文主要介绍的是网站建设过程中必需的几个步骤。

1．需求策划

需求策划是一切网站建设的开始，需求策划得是否全面、逻辑是否清晰、是否为未来留有发展空间将决定整个建站过程中的顺畅程度，也将决定着这个网站是否能够起到预期的作用。也就是说网站需求策划及分析的全面与否将决定网站价值的大小。

（1）现状梳理

不管是个人站、企业站、门户站，还是政务网站、电子商城、游戏界面等都需要先理清楚与这网站相关的现实状况，这之中包括建站的目的、建站的需求、建站的功能构想、建站的内容框架、建站的期望、终端用户的定位、网站环境定位等，不同的需求将会导致在进行网站设计及建站的过程中使用的设计元素、编程语言等都不相同，所以在建站之前对现状做一个合理清晰的梳理非常重要，特别是需要想好网站所需要的核心功能、网站板式类型和终端用户的定位。

（2）需求整合

相当于写出一份需求文档。经过现状的综合梳理之后将会最初的需求进行整改，对一部分不合理或者待优化的需求进行改进，也将对遗漏的问题进行补充，也就是对网站建设整体做一个统筹规划，查缺补漏。然后将所有的需求都合理的整理出来，也对对应已经出现的或将要出现的问题提出相应解决方案，可以比较详细地列出每一条需求，但是要求一定要做好分类和要具有一定逻辑性。需求文档的核心部分有三个，一个是网站框架图的确定，一个是网站功能的确定，还有就是网站设计风格的确定，不管是对页面的要求还是对交互上的要求，都最好能够有一个比较明确的方向。

2．设计

网页设计（Web Design）是指根据开发者希望向终端用户传递的信息（包括产品、服务、理念、文化等）从而进行网站功能页面策划，然后进行用户页面（User Interface）设计的工作，即是对网站的人机交互、操作逻辑、界面美观的整体设计。

网页设计的目的是通过使用更合理的颜色、字体、图片、样式进行页面设计美化，在功能限定的情况下，尽可能给予用户完美的视觉体验。高级的网页设计甚至会考虑到通过声光、交互等来实现更好的试听感受。而好的网页设计不仅可以让网站变得有个性有品位，还可以让网站的操作变得舒适简单、自由，能够充分体现出网站的定位和特点。

网页设计的内容主要包括两个方面，一是图形设计，即对网站页面的美化，也就是“外形”设计，这要求设计师要充分了解网站的相关需求信息（包括产品、理念、期望等）；二是交互设计，一个网站一定要在编码之前做交互设计，并且确定交互模型和交互规范，其主要是网站的操作流程、树状结构、操作规范等，这要求设计师要充分了解网站需求和终端用户心理和操作习惯。

比较专业的网页设计，则需要具备以下几个步骤：

1）需要根据消费者的需求、市场的状况、企业自身的情况等进行综合分析，从而确立交互模型和交互规范。

2）以业务目标为中心进行功能策划，制作出栏目结构关系图，即在网站框架图的基础上对各个栏目进行整合及操作流程。

3）以用户为中心设计（User-centered Design），以满足用户体验设计为目标，使用axurerp或同类软件进行页面策划，制作出交互用例。

4）以页面精美化设计为目标，使用Photoshop、Computer Aided Design、Adobe Illustrator等软件对页面颜色、字体、图片、样式进行设计美化。

5）根据设计稿提出相应反馈信息，然后对页面设计进行调整，以达到最优效果。

3. 建站

这里的建站指的是网站开发（Website Development），是开发基于B/S（IE浏览器）的网页开发，具有互动性。网站是由若干个页面组成的有联系的集合，所以这一步骤要做地是根据之前规划好的网站框架和需求，将网站所需功能建立出来，并能够一一与网页设计的页面对应，要保证网站功能使用性与美观性。

网站开发一定要符合标准，这里的符合标准是一个术语，指网站和用户代理（通常是Web浏览器）要相对符合Web标准，即万维网联盟（W3C）建议，要保证网站建设过程中不使用专有的方法或功能，确保在大多浏览器（如Mozilla的火狐、Google Chrome、遨游等）均可使用和操作（有特殊要求的除外）。

网站开发包含两个部分，一是Web前端开发，包括Web页面的结构、Web的外观视觉表现以及Web层面的交互实现，其主要职能就是把网站的界面更好地呈现给用户。前端技术包括前端效果、浏览器兼容、CSS以及HTML等方面。一是后端开发，包括即数据库交互以及相应的业务逻辑处理等，后端开发需要考虑的是功能实现、数据存取、平台的稳定性与性能等问题。本书主要介绍前端开发的内容。

4. 一般网站建站步骤

1）申请域名，网站后缀一般为“.com”和“.cn”，“.com”是国际域名后缀，“.cn”是中国域名后缀，域名的主体一般与网站主题相同。

2）申请空间，即访问域名时可以访问到的地方，也就是将网站数据放入的地方，空间一般分为虚拟主机和独立服务器两种。

3）网站开发，包含前端开发与后端开发两个部分，开发语言主要包括ASP、FSO、CGI、PHP、JSP、SQL几种。

4）网站测试，即对开发出来的网站进行一系列测试、发现BUG后再不断进行调试，直至网站最优化的一个过程。

5）FTP上传网站，即网站上线。

6）完善资料。

7）网站维护。

4. 运营

网站运营（Website Operation）是指一切为了提升网站服务于终端用户效率而从事的与网站后期运作、经营有关的工作。其范畴通常包括网站内容更新

以网络公司开发网站建设的基本流程为例，如图3-3所示。

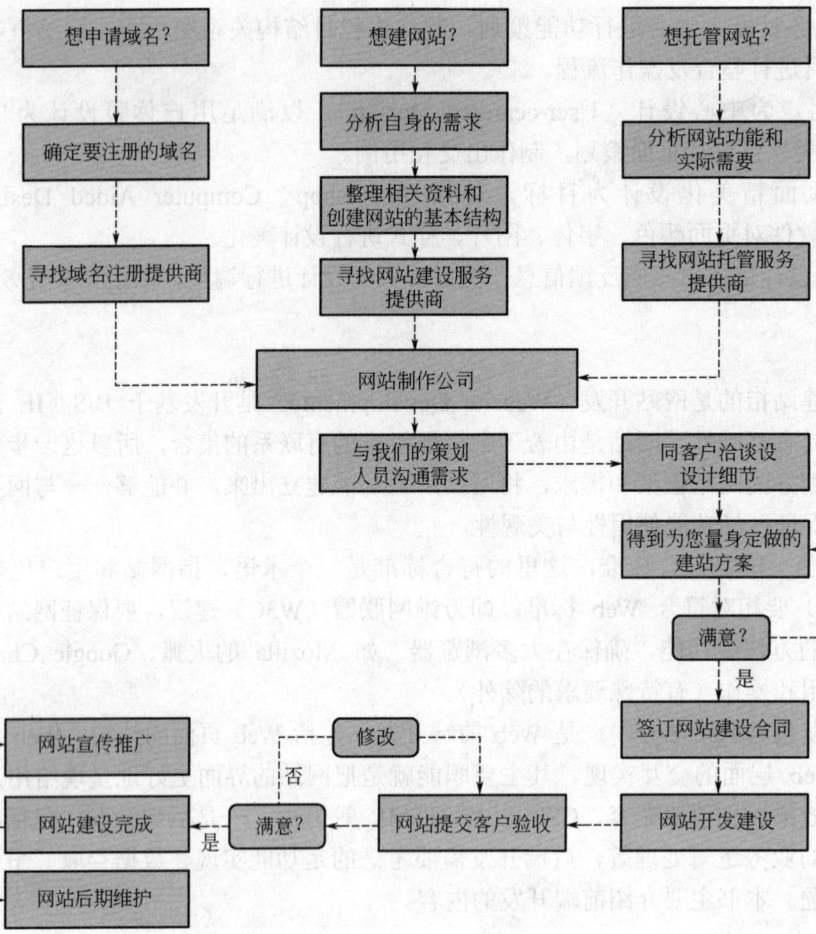

图 3-3

1）与客户沟通网站制作意向。

通过当面交谈、电话、电子邮件或在线订单方式了解客户的网站制作意向。

2）为客户制作网站规划方案。

根据企业业务与网站建设目的，分析确定网站形象、网站功能、网站结构、栏目设置、页面量、图片量、动画量等内容，形成完整的《网站建设方案书》双方确定建设方案具体细节及价格。

3）与客户洽谈设计细节。

双方就网站建设内容进行协商，修改、补充，以达成共识。

4）签定协议并交预付款。

双方以面谈、电话或电子邮件等方式，针对项目内容和具体需求进行协商，产生合同主体及细节。双方认可后，签署“网站建设合同”。合同附件中包含“网站制作需求书”。并根据合同协议，客户支付第一期网站建设费用。

5）客户提交网站相关资料。

客户收集和提供网站所需文字资料（电子稿）与图片素材。

6）设计主页方案。

我方按照需求书进行网站整体风格及布局设计，并出具设计稿。制作首页及内容页的模板文件。

7）用户审核。

通过电话或其他方式与客户沟通交流。审核确定设计稿及方案。

8）用户确认。

客户签字确定设计和策划方案。

9）整体制作。

我们根据客户确定的方案和策划进行开发和制作。

10）向客户提交完成稿。

将设计完成的整体网站提交客户验收。验收项目包括链接的准确性和有效性、页面是否真实还原设计稿、浏览器的兼容性、文字内容的正确性（以客户提供的电子文档为依据）、功能模块的有效性等；

11）用户最终确认。

验收合格，由客户签发“网站建设验收确认书”。

12）上传网站及收尾款。

应客户委托将网站直接上传到指定服务器上。客户验收后支付尾款。我方在收到尾款后将所有网站文件及一份书面的《网站维护手册》一同递交给客户。至此，网站建设过程结束。

3.3 网站服务器的搭建

1. 本地搭建测试服务器-IIS

如果读者现在正在设计网站，为了测试，要在自己的电脑上通过 IP 访问本地站点才能达到最佳的测试效果。因此会涉及安装 IIS 的相关内容。但是，Windows 7 系统默认是没有安装 IIS 管理工具的，需要调用 IIS 的安装程序进行安装。

（1）首先确认本地计算机是否安装 IIS

打开控制面板找到管理工具，如图 3-4 所示。

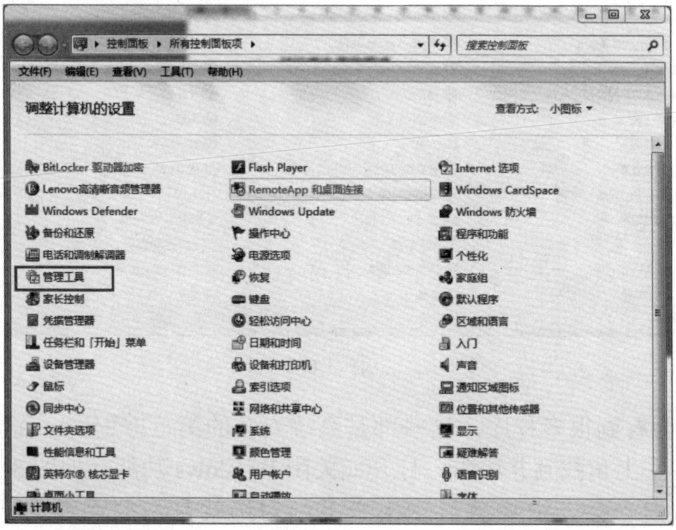

图 3-4

确认管理工具列表里面没有 IIS，然后进入 IIS 安装的步骤，如图 3-5 所示。

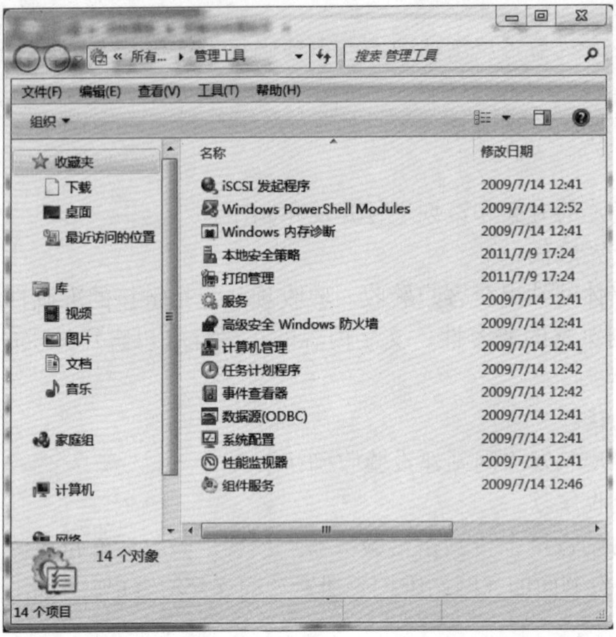

图 3-5

1）首先，单击开始→控制面板。

2）在控制面板里找到并单击：程序和功能，如果你找不到的话，可以更改一个查看方式，如图 3-6 所示。

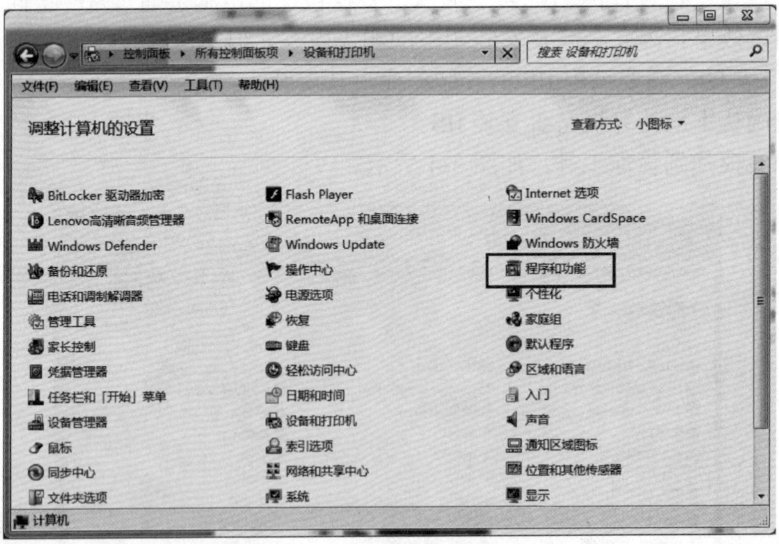

图 3-6

3）打开后，会看到很多程序，这些都是系统安装的第三方程序，而要添加系统自带的功能程序，所以在左上角找到并单击：打开或关闭 Windows 功能，如图 3-7 所示。

4）系统会检索一会，很快就显示出来了，勾选就是系统已经打开的功能了，找到 Internet 信息服务，并在其前面的复选框打钩，这个钩是灰色的，是因为默认情况下 Internet

信息服务里面的功能并没有全部选择上的意思，当然，可以单击其前面的+号细看里面的各个子功能，如图 3-8 所示。

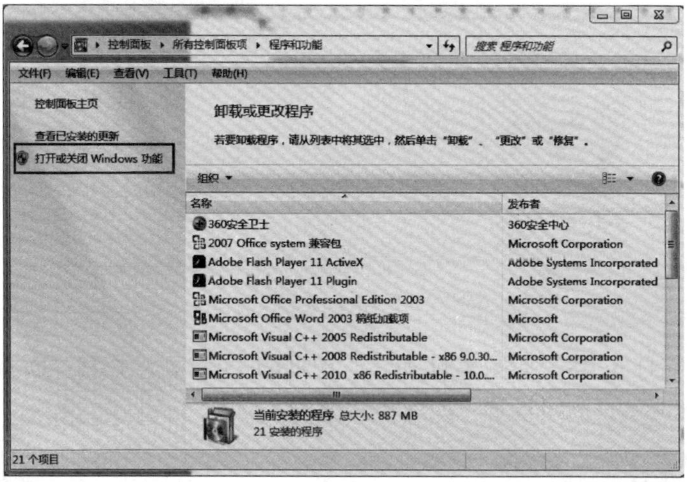

图 3-7

5）单击“确定”按钮后，系统就会配置并添加该功能，如图 3-9 所示。

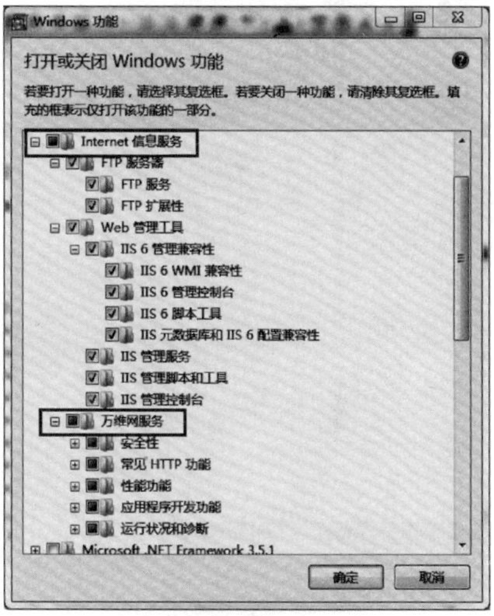

图 3-8

图 3-9

6）完成之后是没有提示的，返回程序和功能界面。

下面来看看是否添加了该功能，如图 3-10 所示。

执行：开始→管理工具，找到 Internet 信息服务（IIS）管理器，就证明已经添加了该功能了。

配置 IIS：

1）安装好了后，当然还要做些设置的，为了以后更方便使用，主要修改三个地方：

① 网站名称。

② 物理路径。

③ 端口。

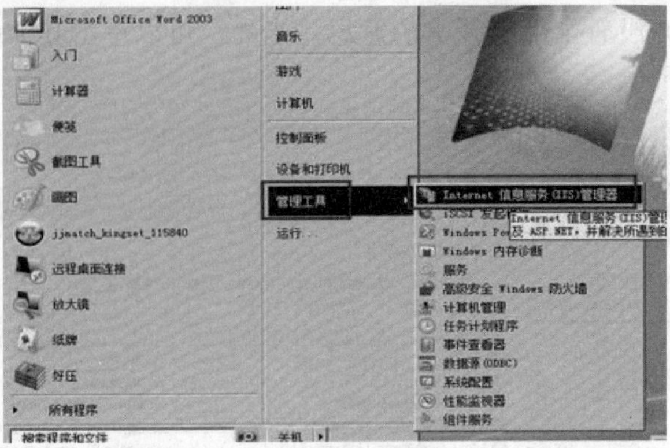

图 3-10

2）首先，我们打开 IIS，如图 3-11 所示。边框的+号点开。找到：Default Web Site，单击右键。执行管理网站→高级设置，如图 3-12 所示。

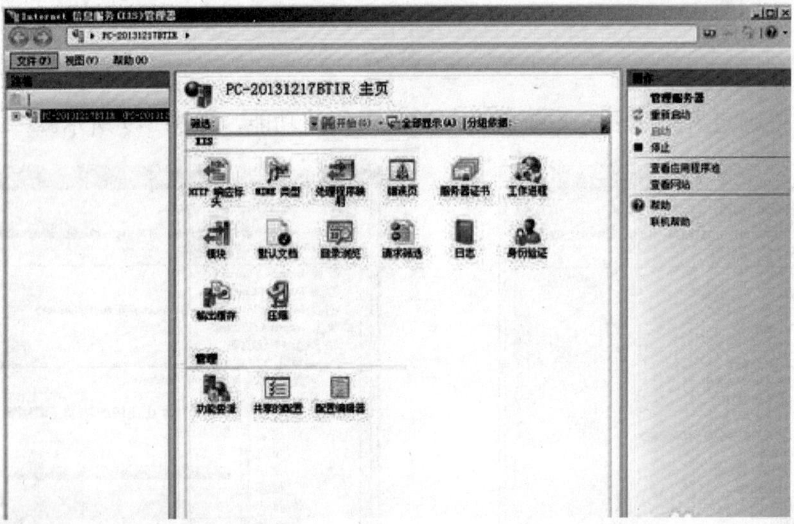

图 3-11

图 3-12

3）在高级设置里，网站名称和 IP 端口都是灰色的，无法更改。我们先来修改网站的物理路径吧，如图 3-13 所示。

4）选择好要设置的路径后，再确定，会返回上一层，如图 3-14 所示。

图 3-13

图 3-14

5）现在再来修改网站名称，在 Default Web Site 处单击右键，选择：重命名。输入要用的名字，如图 3-15 所示。

图 3-15

6）网站名称也可以是中文的，如图 3-16 所示。

7）最后，来修改 IP 地址和端口，先说明两点：

① 网站的默认端口是：80，如果不是有特别要求的话，可以选择默认即可。

② IP 地址，如果服务器是通过防火墙（或者路由器）直接发布到外网给客户访问的话，也是不用在这里设置 IP 地址都可以的。但我们现在是在内网测试，同事之间访问（即

没有做商品映射）的，所以这里应该要设置一下 IP 地址。

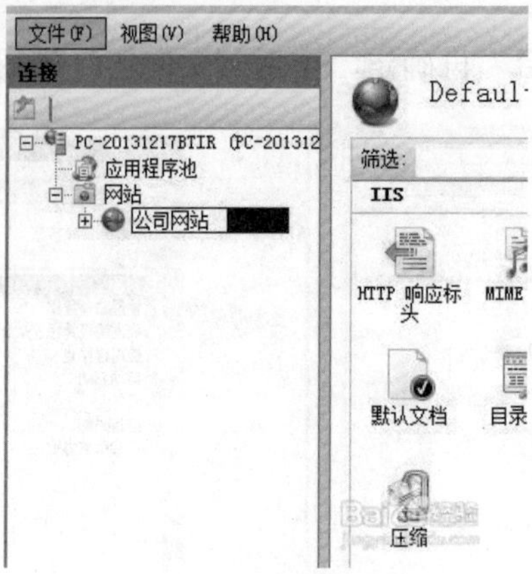

图 3-16

操作，在网站名称那单击右键，选择：编辑绑定，如图 3-17 所示。

图 3-17

8）然后选中并编辑（图 3-18）。

9）编辑的内容不多，单击“全部未分配”右边的下拉三角形。并选择本地计算机的 IP 地址，在本例中为：192.168.0.178，如图 3-19 所示。

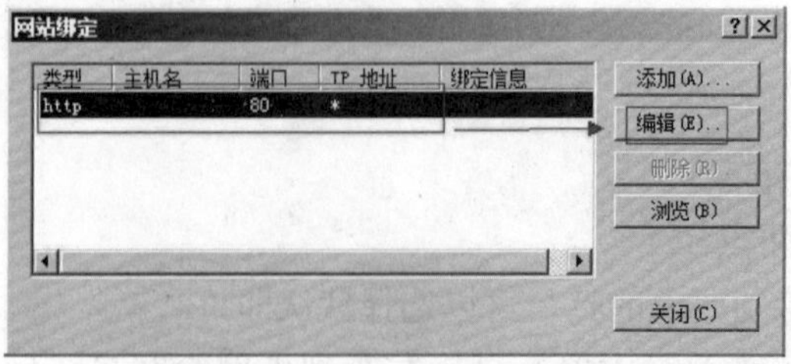

图 3-18

图 3-19

3．申请网站公网空间服务器

给网站申请完地址和名称后，就需要为网站在网络上申请出相应的空间。网站是建立在网络服务器上的一组电脑文件，它需要占据一定的硬盘空间，这就是一个网站所需的网站空间。一般来说，一个企业网站的基本网页文件和网页图片大概需要 100Mb 空间，加上产品照片和各种介绍性页面，一般在 500Mb 以下。另外，企业需要存放反馈信息和备用文件的空间。所以企业网站总共需要 500Mb～1000Mb 的网站空间（即虚拟主机空间）。

想建立一个网站，就要选择适合自身条件的网站空间。目前主流的有 4 种网站空间选择形式。

1）购买个人服务器：服务器空间大小可根据需要增减服务器硬盘空间，然后选择好 ISP 商，将服务器接入 Internet，将网页内容上传到服务器中，这样就可以访问网站了。服务器管理一般有两种办法，即服务器托管和专线接入维护。

2）租用专用服务器：就是建立一个专用的服务器，该服务器只为用户使用，用户有完全的管理权和控制权。中小企业用户适合于这种 vps 服务器，但个人用户一般不适合这种服务，因为其费用很高。

3）使用虚拟主机：这种技术的目的是让多个用户共用一个服务器，但是对于每一个用户而言，感觉不到其他用户的存在。在此情况下该服务器要为每一个用户建立一个域名、一个 IP 地址、一定大小的硬盘空间、各自独立的服务。这一技术参考了操作系统中虚拟内存的思想，使得有限的资源可以满足较多的需求，且使需求各自独立，互不影响。由于这种方式中多个用户共同使用一个服务器，所以价格是租用专用服务器的十几分之一，而且可以让用户有很大的管理权和控制权。可以建立邮件系统的（数量上有限制）个人 FTP、WWW 站点、提供 CGI 支持等。

4）免费网站空间：这种服务是免费的。用户加入该 ISP 后，该 ISP 商会为用户提供相应的免费服务，不过权限会受到很大限制，很多操作都不能够使用。

用户可以根据需要来选择正确的方式。如果想架构 WWW 网站，那么只要加入一个 ISP 就可以得到一个 WWW 网站。如果想尝试做网管，则可以考虑申请虚拟主机服务，而且现在租用虚拟主机的费用并不高。如果想建立很专业的商业网站，建议最好租用服务器或购买自己的服务器。

下面以阿里云为例讲解怎么购买网络主机空间。

在地址栏输入：https://wanwang.aliyun.com/hosting/打开后如图 3-20 所示，选择相应的服务如图 3-21 所示。

选择好后可以看到服务器具体参数（图 3-22、图 3-23）。

确认购买此款主机，单击立即购买。进入网络付款的状态。网络付款方式可以选择支付宝和各家银行的网银等方式进行网站。

网站空间成功拿到以后，如何把文件传上去。让网页文件正确的显示在远程主机上。这个一般使用 FTP 上传方式实现。

4．使用 FTP 工具上传网页

购买了虚拟主机后，可以从主机商那边获得主机空间的 FTP 地址、用户名和密码。通过 FTP 地址和密码，就可以开始上传网站了。FTP 上传工具可使用 Flash FXP 工具。

图 3-20

图 3-21

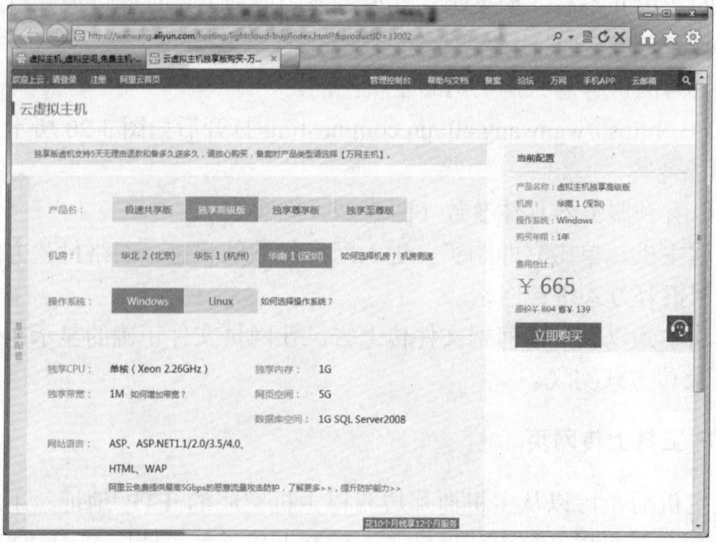

图 3-22

图 3-23

下载解压后并打开后，出现界面如图 3-24 所示：

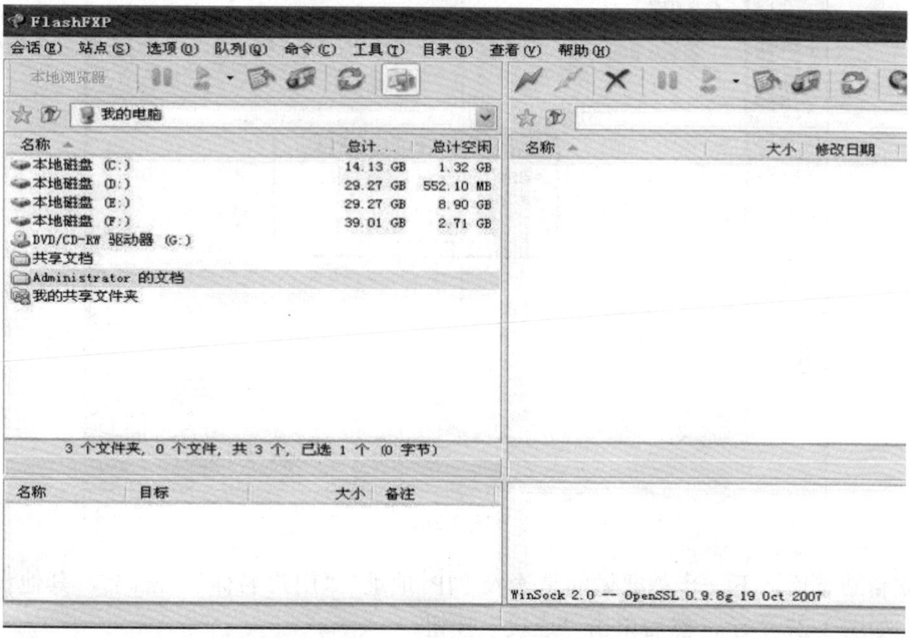

图 3-24

选择菜单上的“站点”->“站点管理器”，如图 3-25 所示：

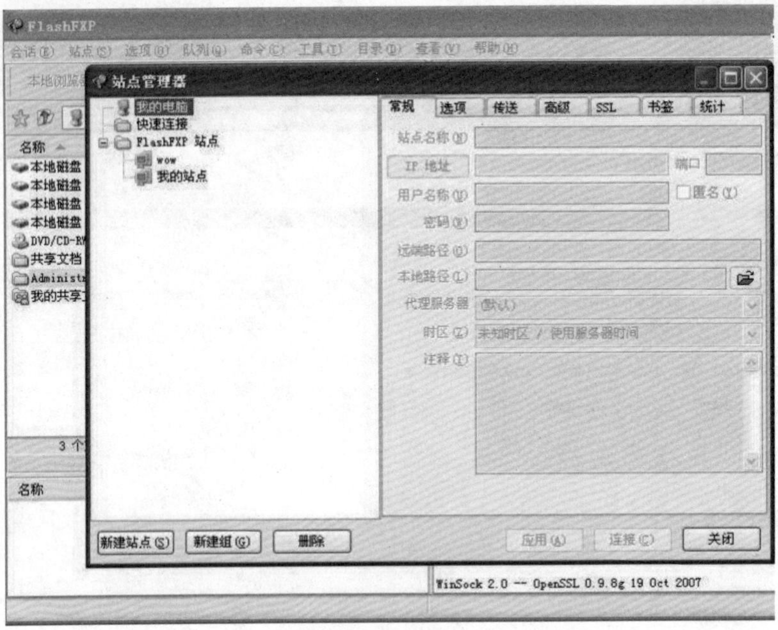

图 3-25

单击“新建站点”按钮，在新出的窗口输入网站名称，如输入“我的网站”，单击“确定”按钮，如图 3-26 所示。

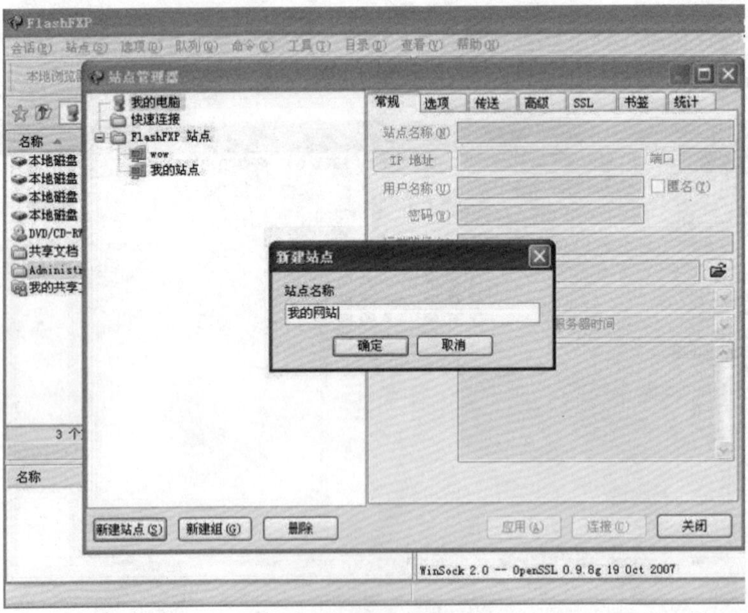

图 3-26

建立新站点后，下一步需要做的是输入“IP 地址”“用户名称”“密码”，其他设置不需要填写，如图 3-27 所示，然后单击“连接”按钮。

IP 地址、用户名称、密码正确的话，就可以连接到网站空间了，参考如图 3-28 所示：

传送完毕后可以再浏览器上进行页面刷新，即可看到打开的页面或者进行内容更新的页面。

图 3-27

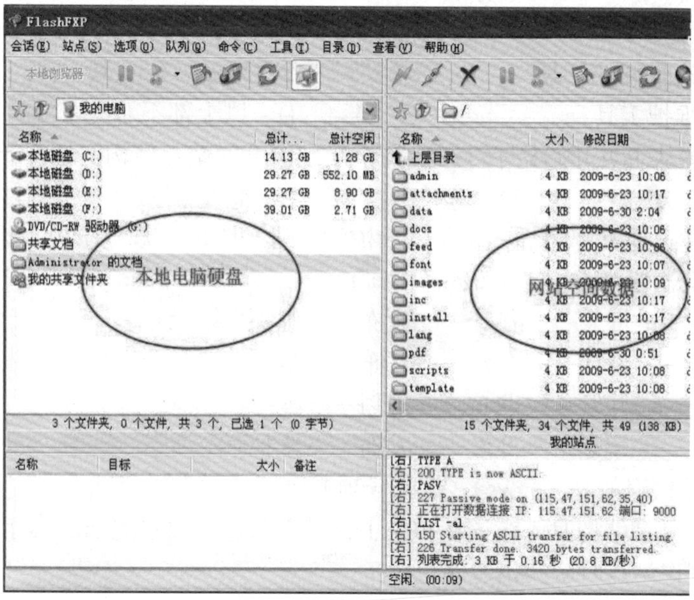

图 3-28

习题与操作练习

一、单项选择题

1．现有某个网站地址的最后一段是 gov，那么一般情况下它属于什么机构?（　　）

A．教育机构　　B．网络中心　　C．商业机构　　D．政府机构

2．在设计网站的目录结构时要（　　）

A．把所有文件都放在根目录下，这样一目了然

B．尽量使用中文名，方便查看

C．在每个目录下都建立 images 子目录用来存放图片

D．把所有栏目内容都放在同一个根目录下

3．URL 是指（　　）

A．网址　　B．网页　　C．域名　　D．环球信息网

4．一个网站有（　　）个首页

A．1 个　　B．2 个　　C．3 个　　D．不确定

5．CuteFTP 是（　　）工具

A．网站上传　　B．后台开发　　C．版面设计　　D．动画制作

6．以下不是网站尾部内容的是（　　）

A．版权声明　　B．管理入口　　C．联系方式　　D．导航栏

7．网站目录的层级一般不得超过（　　）层

A．1　　B．3　　C．5　　D．10

8．网站合法运营必须先备案，备案的部门（　　）

A．财政部　　B．国务院　　C．工业和信息化部　　D．商务部

9．站长统计是一种（　　）工具

A．网站流量统计工具　　B．网站广告工具

C．网站维护工具　　D．以上都不对

10．站点地图从主页开始显示（　　）个级别深度的站点结构（选择一项）A

A．2　　B．3　　C．4　　D．任意

11．网站的建设通常都遵循一个基本的流程：维护阶段、规划阶段、设计阶段、开发阶段、发布阶段，其次序为（　　）（选择一项）

A．规划——开发——设计——发布——维护

B．规划——设计——开发——发布——维护

C．设计——开发——发布——规划——维护

D．设计——规划——开发——发布——维护

12．下面说法错误的是（　　）（选择一项）

A．规划目录结构时，应该在每个主目录下都建立独立的 images 目录

B．在制作站点时应突出主题色

C．网站名可以包含数字或下划线

D．为了使站点目录明确，应该采用中文目录

二、操作题

使用 Windows 系统安装 IIS 服务架设网站。操作点如下：

1．使用 Windows 7 或者 Windows 10 系统添加 IIS 服务

2．设置首页名称为 index.html，使用本机 IP 地址作为服务器地址。

3．本机非系统盘符建立网站根目录 WWW 使用第二章操作题生成的网页文件作为网站首页文件

4．设置完毕后使用浏览器输入本机 IP 或者 Localhost 打开网站首页文件

第4章 网页基本元素的创建

4.1　网页文本的输入及属性设置

文本是网页制作的核心，是最常见、运用最广泛的网页元素之一，Dreamweaver 提供了多种向网页中添加文本的方法，可以设置文本字体类型、大小、颜色和对齐属性，可以直接插入文本，插入特殊字符民，也可以从其他文档中复制或者导入文本。

4.1.1　插入文本

Dreamweaver 允许通过几种方式在网页中添加文本，即直接将文本输入到网页文档中、从其他文档复制和粘贴文本或导入文本。

1. 直接输入文本

启动 Dreamweaver CS6 后，进入 Dreamweaver 工作界面，在网页编辑窗口单击需要输入文本的区域，光标闪烁提示输入文本的位置，然后选择适当的输入法即可直接输入文本，如图 4-1 所示。

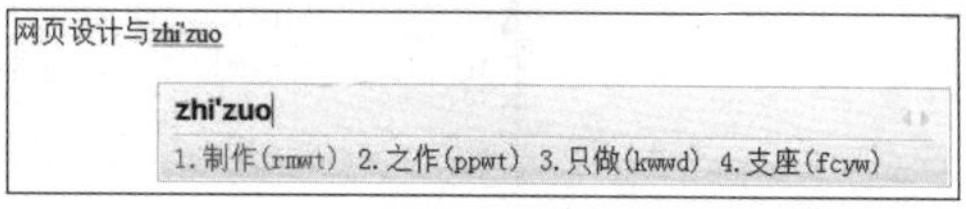

图 4-1

2. 从其他文档复制和粘贴文本

通过使用复制和粘贴操作，文本可以从一个地方移动到另一个地方，或者在 Web 文档之间移动，首先选中所需复制的文本内容，单击鼠标右键，在弹出的快捷菜单中选择“复制”命令，然后将鼠标光标定位到网页中需插入文本的位置，单击鼠标右键，在弹出的快捷菜单中选择“粘贴”命令完成文本的插入，如图 4-2 和图 4-3 所示。

3. 从外部导入文本

除了在网页中直接输入文本外，Dreamweaver 还可以直接将外部导入文本如 Word、Excel 中的内容导入到网页中，下面介绍如何将 Word 文档导入到网页中，操作步骤如下。

① 选择“文件/导入/Word 文档”命令。

② 弹出“导入 Word 文档”对话框，在“查找范围”下拉列表框中选择 Word 或 Excel

文档的位置，打开要导入的 Word 文档，单击“确定”按钮，完成设置。

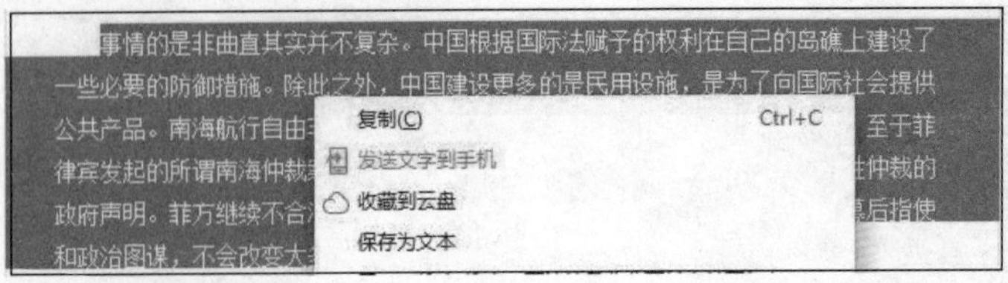

图 4-2

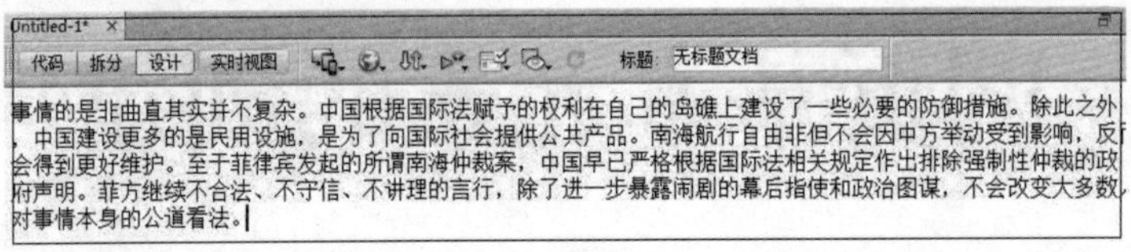

图 4-3

③ 单击“打开”按钮，将 Word 文档导入到网页中，如图 4-4 所示。

图 4-4

Excel 文档导入方法同上，另外，还可以直接将文档直接拖曳到网页上。

4.1.2 设置本文的属性

合理设置网页文本的属性，如字体、颜色、大小、对齐方式等可使网页更加美观，层次更分明，在“属性”面板中可进行字体、大小、颜色、对齐方式和粗体或斜体设置。

对网页中的文本进行字体、颜色、大小设置的具体步骤如下。

① 选中要设置字体的文本，文本将以白字黑底显示，单击属性面板左下侧 CSS 如图 4-5 所示。

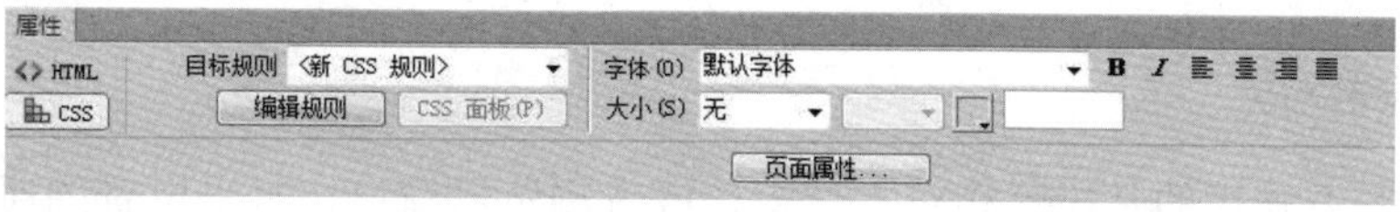

图 4-5

② 在属性面板的“字体”下拉列表框中选择选择一种字体，打开“新建 CSS 规则”对话框，在“选择或输入选择器名称”下拉列表框中输入任意规则名称，单击“确定”按钮，如图 4-6 所示。

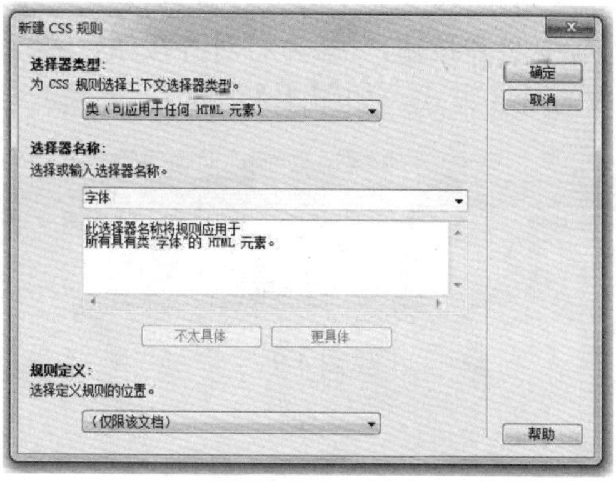

图 4-6

③ 单击“字体”下拉列表框右侧的“斜体”按钮 *I*，设置文本倾斜，然后在“大小”下拉列表框中选择“36”选项。

④ 选择下方的说明文本，使用同样的方法设置文本字体，字体大小为“24”，然后单击“文本颜色”按钮，在弹出的颜色框中选择一种文本颜色，如图 4-7 所示。

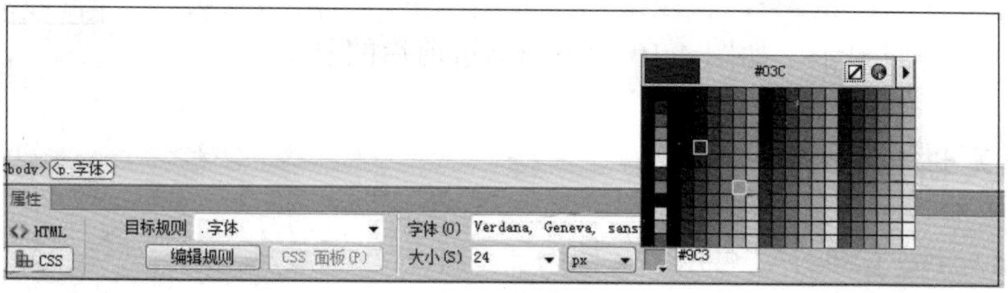

图 4-7

⑤ 设置完成后保存文档，然后按〈F12〉键预览即可。

我们还可以对网页中的段落文本进行对齐、缩进等属性设置，使用“属性”面板中的“格式”下拉列表，或选择“格式”/“段落格式”菜单命令，可以将段落格式设置为一级标题、二级标题、三级标题等标题样式，其中标题号越小，字体越大。

1．设置段落标题

将鼠标光标定位到要设置标题样式的段落文本中，在“属性”面板中单击 HTML 按钮，然后在“格式”下拉列表框中即可选择相对应的选项，如图 4-8 所示。

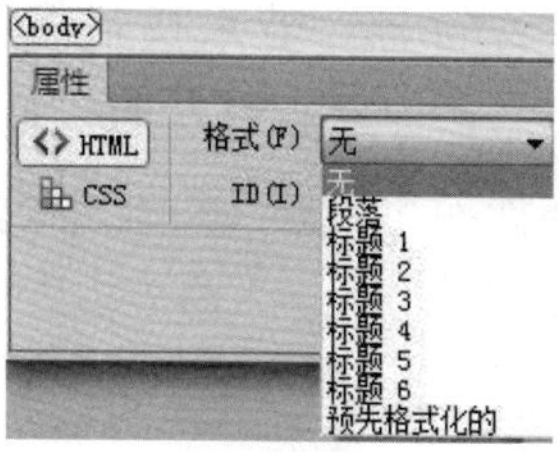

图 4-8

2. 设置段落对齐

段落的对齐方式指的是段落相对文件窗口或者浏览器窗口在水平位置的对齐方式，有四种对齐方式：左对齐、右对齐、居中对齐和两端对齐。具体操作步骤如下。

① 将光标放置在要设置对齐方式的段落中，如果要设置多个段落的对齐方式，则选择多个段落。

② 选择“格式”/“对齐”菜单命令，然后从子菜单中选择相应的对齐方式。

③ 单击“属性”面板“CSS”选项卡中的对齐方式按钮。可供选择的按钮有 4 个，其中为左对齐按钮，为居中对齐按钮，为右对齐按钮，为两端对齐按钮，单击其中某一个按钮，可设置相对应的对齐方式，如图 4-9 所示。

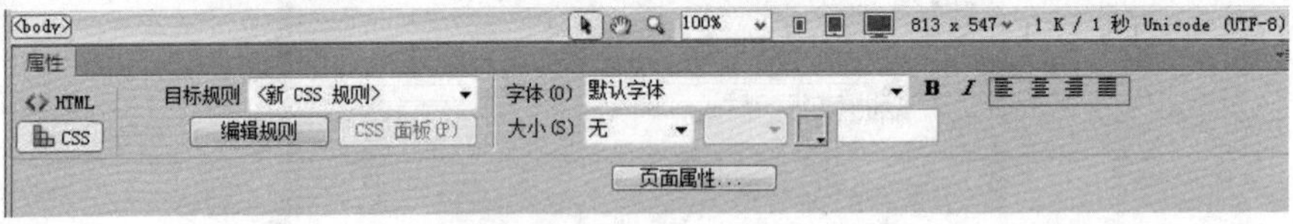

图 4-9

3. 设置段落缩进

在强调一段文字或引用其他来源的文字时，需要对文字进行缩进，以表示和普通段落之间的区别，是指段落缩进可以将整个文本进行凸出或缩进显示，段落缩进的具体操作步骤如下。

① 将光标放置在要设置段落缩进的段落中，如要缩进多个段落，则选择多个段落。

② 选择“格式”/“缩进”菜单命令，或是单击“属性”面板中的“删除内缩区块”按钮，将段落凸出显示，单击“内缩区块”按钮可将段落缩进显示，如图 4-10 所示为缩进前后的显示效果。

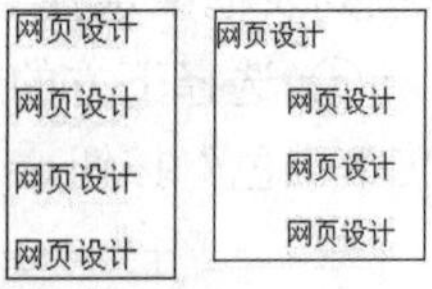

图 4-10

4.1.3 插入特殊字符

在 Dreamweaver CS6 中，可以为文档添加多种特殊符号，如版权符号、注册商标符号等，具体操作步骤如下。

将鼠标光标定位到要添加特殊符号的位置，选择“插入”/“HTML”/“特殊符号”命令，在弹出的子菜单中选择相应的命令，可快速添加特定的特殊符号。若未找到需要的符号，选择“其他字符”命令，在打开的“插入其他字符”对话框中可选择更多的选项，如图 4-11 所示。

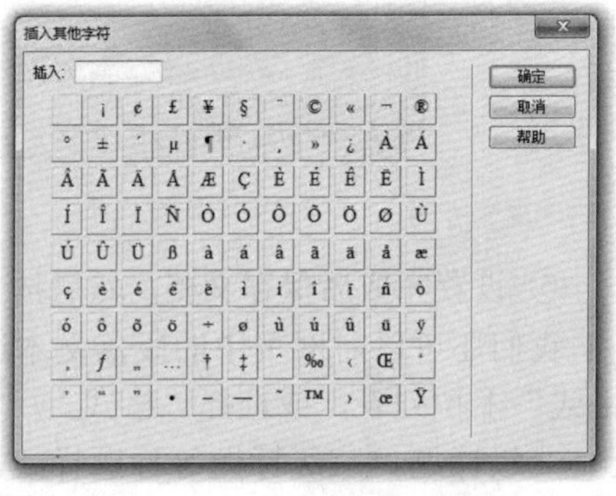

图 4-11

4.2 在网页中插入图像

图像是网页的重要组成部分，一个漂亮的网页通常是图文并茂的，精美的图像和漂亮的按钮不但使网页更加美观、形象和生动，而且使网页中的内容更加丰富多彩，在 Dreamweaver CS6 中可为网页添加图像或图像占位符来布局和美化网页。

网页图像对图像的格式有一定的要求，目前网页中通常使用的图像格式为 GIF、JPEG 和 PNG 3 种，各种图像格式的特点如下：

- ✧ GIF：图像交换格式。GIF 图像是网页中最常用的图像格式之一，其特点是图像文件占用磁盘空间小，支持透明背景和动画，多数用于图标、按钮、滚动条和背景等。
- ✧ JPEG：图像压缩格式，主要用于摄影图片的存储和显示，文件的扩展名为.jpg 或.jpeg，这种格式的图像可以高效的压缩，图像文件变小的同时基本不失真，因为其丢失的内容是人眼不易察觉的部分，因此，常用来显示颜色丰富的精美图像。
- ✧ PNG：PNG 格式汲取了 GIF 格式和 JPEG 格式的优点，存储形式丰富，兼有 GIF 格式的 JPEG 格式的色彩模式，采用无损压缩方式来减小文件的大小。

4.2.1 直接插入图像

网页中的图像并不是直接粘贴在文档中的，它是以一种文件链接方式插入的，所以网页中显示的是保存在链接文件夹中的图片文档。在网页中直接插入图片的步骤如下。

① 打开网页文档，将鼠标光标定位到网页中需要插入图像的位置，选择“插入”/“图像”命令，打开“选择图像源文件”对话框，在其中选择需要插入的图像后，单击“确定”按钮，如图 4-12 所示。

图 4-12

② 在打开的“图像标签辅助功能属性”对话框中设置替换文本，也可以直接单击“确定”按钮，直接将图像插入到网页文档中，如图 4-13 所示。

4.2.2 设置图像属性

在页面中插入图像后单击选定图像，此时图像的周围会出现边框，表示图像正处于选中状态，可对其高度、宽度等属性进行设置，使其在网页中的显示效果达到最佳。

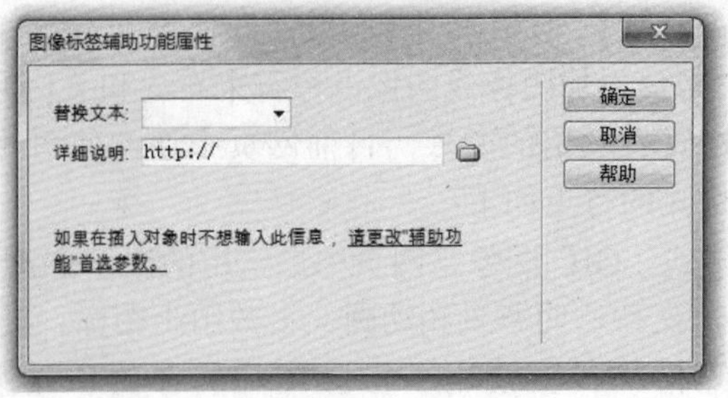

图 4-13

图 4-14

图像的“属性”面板中部分参数的含义如下。

- ✧ 源文件：设置图像文件的位置，如果要用新图像替换原始图像，在“源文件”文本框中输入要插入图像的位置或单击其后的按钮，在打开的“选择图像源文件”对话框中重新选择其他图像即可。
- ✧ ID 文本框：用于为图像进行命名，以便使用脚本时对其进行控制或通过定义 CSS 样式来改变图像的显示。
- ✧ 宽和高文本框：用于设置图像的大小，默认度量单位为像素。单击右侧的按钮，使其变为状态，将约束图像的宽和高的比例，当编辑窗口中的图像大小与原始图像不一致时，将在文本框右侧显示图标，单击该图标将恢复图像的原始大小。
- ✧ 替换：用于设置图像的简短描述文本，在浏览该网页时，当鼠标指针移动到图像上，或不正常显示图像时会显示该文本。
- ✧ 按钮：用于调整图像的明暗度，单击该按钮，将打开“亮度/对比度”对话框。拖动“亮度”滑块可以调整图像的明暗度，拖动“对比度”滑块可以调整图像的对比度。
- ✧ 按钮：用于进行图像裁切。选中需裁切的图像后，单击“属性”面板中按钮，图像将出现阴影边框。将鼠标指针移至图像边缘，拖动鼠标，阴影部分的面积将会增大，拖动至合适大小时释放鼠标，完成裁切。

4.2.3 创建鼠标经过的图像

在浏览器中查看网页时，当鼠标经过某些图像时图像会发生变化，移开鼠标指针后，图像又还原到原始图像，这种效果是由原始图像和鼠标经过图像组成。

插入鼠标经过图像的具体操作步骤如下。

① 打开网页文档，将光标定位到要插入鼠标经过图像的位置。

② 选择“插入”/“图像对象”/“鼠标经过图像”命令，打开“插入鼠标经过图像”对话框，在“图像名称”文本框中输入图像名称，单击“原始图像”文本框后的“浏览”按钮，选择一张图作为原始图像，单击“鼠标经过图像”文本框后的“浏览”按钮，选择一张图作为鼠标经过时的图像，然后单击“确定”按钮，如图 4-15 所示。

图 4-15

③ 完成鼠标经过图像的创建后，保存网页并预览。当鼠标指针放到图像上时，将显示鼠标经过图像，如图 4-16 所示。

图 4-16

4.3 创建网页链接

链接是互联网的桥梁，是网页的核心与灵魂，互联网上的各种信息都是通过链接联系在一起的，它将网页文件和其他资源连接在成一个无边无际的网络，链接可以是文本、图像或是其他的网页元素。

超链接，也称为网页链接，可以看作是文件指针，利用相关联文件的路径，以指向本地网络驱动器或互联网存储的文件，同时可以跳转到相应的文件，也可以在超链接中指定跳转到文件中的一个上体位置。超链接由源端点和目标端点两部分组成，超级链接中有链接的一端称为链接的源端点（即单击的文本或图像），跳转到的页面称为链接的目标端点。

每一个文件都有自己的存放位置和路径，一个文件要链接的另一个文件二者之间的路径关系是创建链接的根本。

链接路径主要可以分为相对路径，绝对路径和根路径三种。

绝对路径是指包括服务器协议在内的完全路径，如 http://www.wangyesheji/dreamweaver/index.html，使用绝对路径与链接的源端点无关，只要目标站点地址不变，无论文件在站点中如何移动，都可以正常实跳转而不会发生错误，如果所需链接当前站点之外的网页或网站就必须使用绝对路径。

相对路径是指以当前文件所在位置为起点到被链接文件经由的路径，它是站点内最常用的链接形式，如 dreamweaver/main.html 就是一个文件的相对路径。

根路径是站点内常用的一种链接形式，不过它的参照物是站点根目录，如“D:\mysite\wangye\wangye.html”。

4.3.1 创建文本链接

文本链接是最常见的超级的链接之一，它是通过文本作为源端点，达到链接的目的。创建文本超级链接的步骤如下。

① 在需要插入超级链接的位置选择“插入/超级链接”命令，在打开的“超级链接”对话框中进行链接文本、链接文件和目标打开方式设置，如图 4-17 所示。

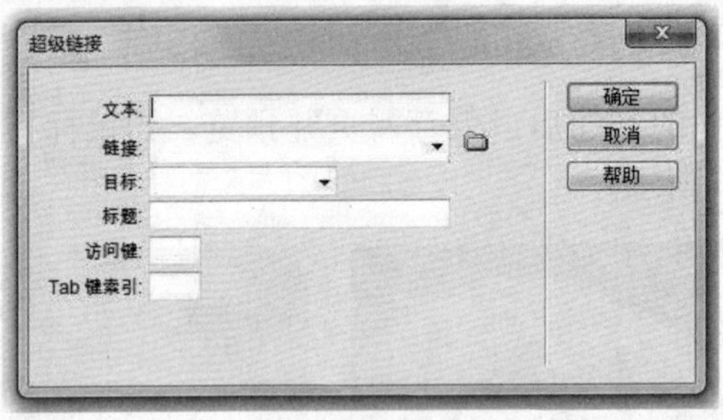

图 4-17

② 在网页中选中要创建超级链接的文本，在“属性”面板的“链接”下拉列表框中直接输入链接的 URL 地址或完整的路径和文件名。

③ 单击“链接”下拉列表框后的 按钮，在打开的“选择文件”对话框中选择所需要链接的文件，单击“确定”按钮即可链接。

④ 按住“链接”下拉列表框后的 按钮，拖动到右侧的“文件”面板，并指向所需要链接的文件。

创建超级链接后，还需要在“目标”下拉列表框中选择链接文件的打开方式，其中有 5 个选项，如图 4-18 所示，其含义分别如下。

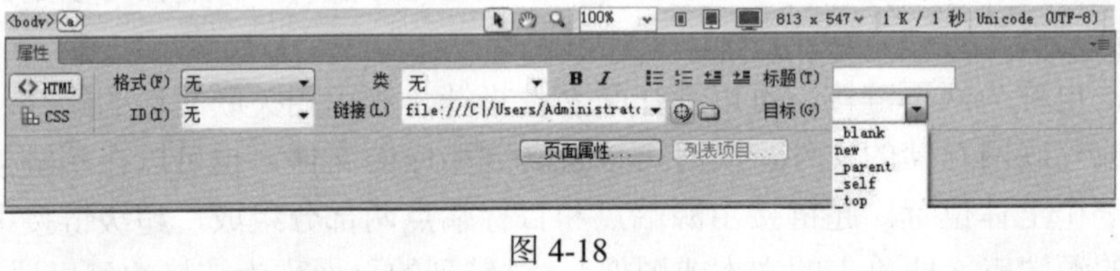

图 4-18

- ✧ _blank：单击超链接文本后，目标端点网页会在一个新窗口中打开。
- ✧ new：单击超链接文本后，将新打开一个浏览器窗口并显示链接文件，它与_blank 的区别只有在某些浏览器中才会体现出来。
- ✧ _parent：单击超链接文本后，在上一级浏览器窗口中显示目标端点网页。
- ✧ _self：单击超链接文本后，在当前浏览器窗口中显示目标端点网页，即替换掉原来的网页。这是 Dreamweaver 的默认设置，当不进行选择设置时，将以该方式打开链接文件。
- ✧ _top：单击超链接文本后，在最顶层的浏览器窗口中显示目标端点网页。

4.3.2 创建图像链接

创建图像超级链接有两种类型，一种与文本的超级链接基本相同，选择图像后在“属性”面板的“链接”文本框中进行超级链接设置即可；另一种是在同一张图像上创建多个热点区域，然后分别选中这些热点区域，在“属性”面板的“链接”文本框中进行超级链接设置，当用户单击某个热点时，会自动链接到相应的网页。

要创建图像热点区域，在选中图像后，使用“属性面板”左下角的热点创建工具进行热点区域的创建，如图 4-19 所示。

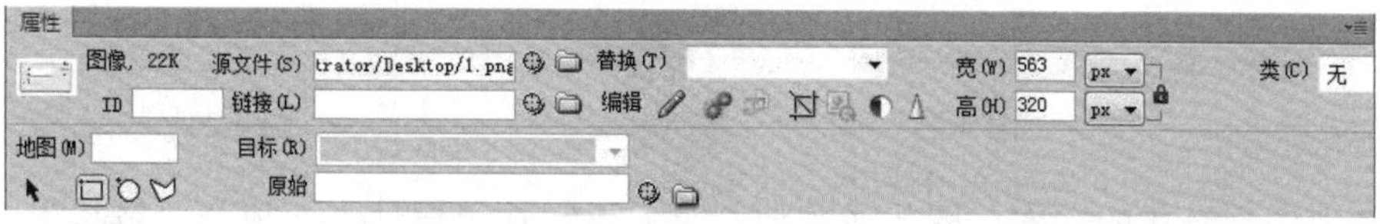

图 4-19

下面介绍热点工具及其使用方法。

✧ 指针热点工具：该工具用于对热点进行操作，如选择、移动、调整图像热点区域范围等。

✧ 矩形热点工具：用于创建规则的矩形或正方形热点区域。选择该工具后，将鼠标指针移动到选中图像上要创建矩形热点区域的左上角位置，按住鼠标左键不放，向右下角拖动覆盖整个需要的热点区域范围后释放鼠标，完成矩形热点区域的创建，如图 4-20 所示。

✧ 圆形热点工具：用于绘制圆形热点区域，其使用方法与矩形热点工具的使用方法相同，如图 4-21 所示为创建的圆形热点区域。

✧ 多边形热点工具：用于绘制不规则的热点区域。选择该工具后，将鼠标光标定位到选中图像上要绘制的区域的某一个位置单击，然后将鼠标光标定位到另一位置后再单击，重复确定热点区域的各个关键点，最后回到第一个关键点上单击，以形成一个封闭的区域，完成多边形热点区域的绘制，如图 4-22 所示为绘制的多边形热点区域。

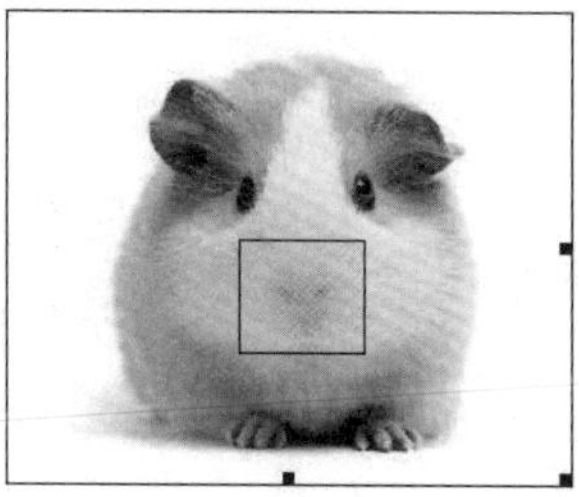

图 4-20

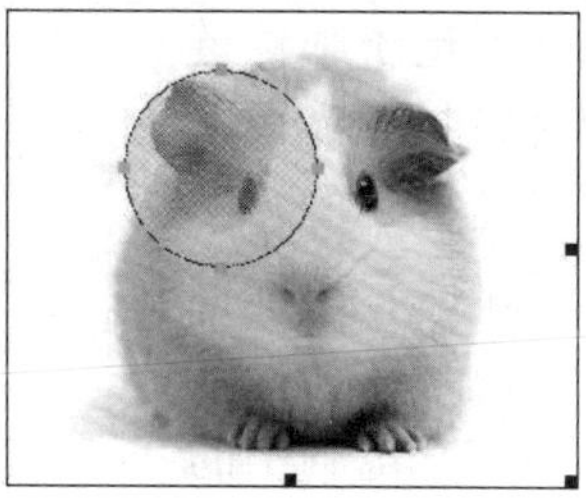

图 4-21

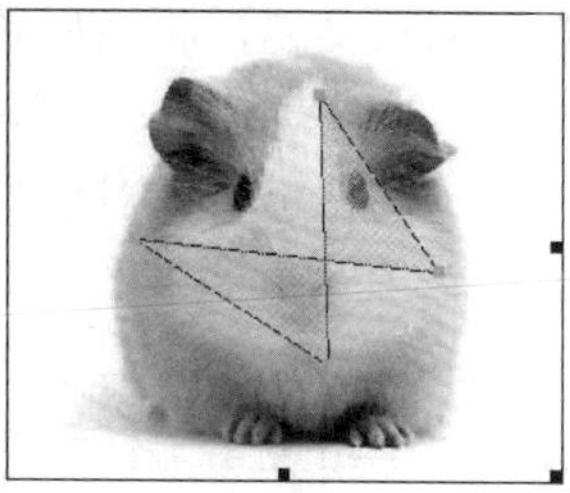

图 4-22

4.3.3 创建锚点链接

有时候网页很长，为了找到其中的目标，不得不上下拖动滚动条将整个文档内容浏览一遍，这样就浪费了很多时间。利用锚点链接可以精确地控制访问者在单击超链接之后到达的位置，使访问者能够快速浏览到指定的位置。

锚点链接的创建分为创建锚点和创建链接两部分。具体操作步骤如下。

① 打开网页文档，将光标置于要插入锚点的位置，然后选择“插入”/“命名锚记”，

在打开的“命名锚记”对话框中输入锚记名称后单击“确定”按钮即可，如图4-23所示。

创建锚记后将在锚记位置显示一个标记，如图4-24所示。

图4-23

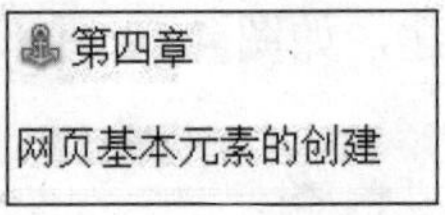

图4-24

② 选中作为链接的文本、图像或其他网页元素，在“属性”面板的“链接”下拉列表框中输入“#”及锚点名称，如“#m01”。如果源端点与锚记不在同一个网页中，则应先写上网页的路径及名称，再加上前缀“#”和锚记名称，如“info.html# m01”，然后在“目标”下拉列表框中选择打开网页的方式，如图4-25所示。完成锚记链接后在网页中单击链接的源端点，即可立即跳转到相应的命名锚点处。

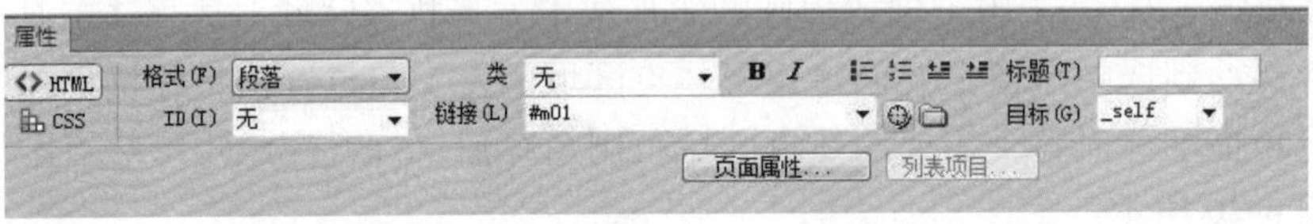

图4-25

4.3.4 创建电子邮件链接

电子邮件链接可让浏览者启动电子邮件客户端，向指定邮箱发送邮件，当用户在浏览器上单击指向邮件地址的超级链接时，将会打开默认的邮件管理器的新邮件窗口，其中会提示用户输入信息并将该信息传送给指定的E-mail地址。

创建电子邮件链接的具体操作步骤如下：

打开网页文档，将光标置于要插入电子邮件链接的位置，选择“插入”/“电子邮件链接”命令，打开“电子邮件链接”对话框，在对话框中的“文本”框中输入“联系我”，在“电子邮件”文本框中输入“abc@sina.com”，如图4-26所示。

图4-26

当用户单击电子邮件链接时，将打开电脑中的默认邮件客户端，在其客户端窗口中，将自动填写收件人为链接中指定的地址。

4.4 插入多媒体元素

多媒体元素是一种重要的网页元素，在Dreamweaver中使用多媒体元素能让网页更动感，更鲜活，Dreamweaver不仅与Flash之间有较强的兼容性，而且在Dreamweaver中也可以直接插入Flash文件，因此，Flash被广泛应用于网页中。

4.4.1 插入 Flash 动画

Flash 文件主要有.fla、.swf、.swt 和.flv 等几种格式，常用于网页中的是.swf 格式。

插入 Flash 动画的具体操作步骤如下：

① 打开网页文档，将鼠标光标定位到需插入 Flash 动画的位置，选择“插入”/“多媒体”/“swf”命令，打开“选择 SWF”对话框。

② 在“查找范围”下拉列表框中选择 Flash 动画文件所在的位置，然后选中所需的 Flash 动画文件，如图 4-27 所示。

③ 单击“确定”按钮，在打开的“对象标签辅助功能属性”对话框中直接单击“确定”按钮，如图 4-28 所示，完成 Flash 动画的插入。

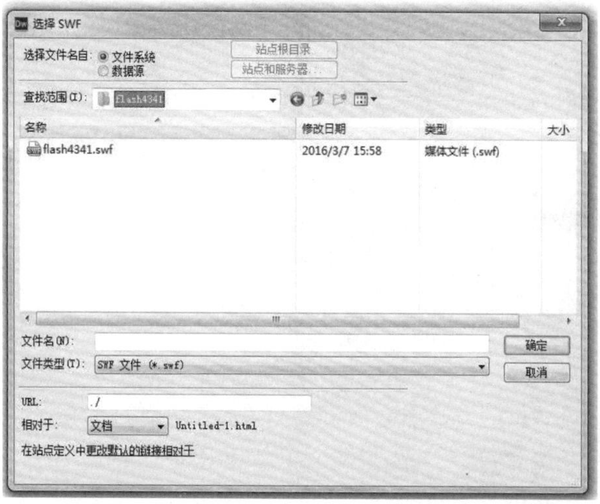

图 4-27

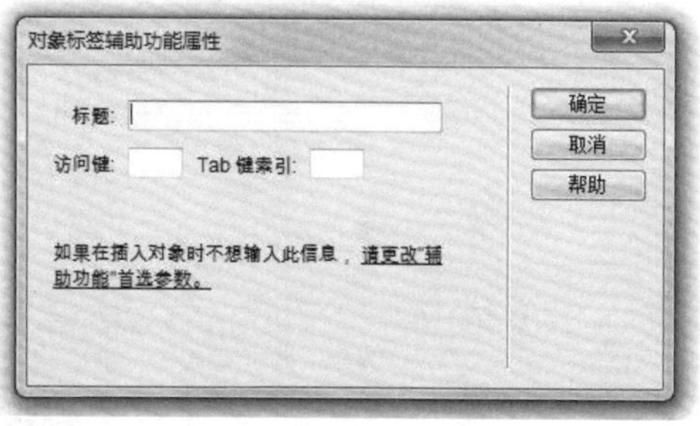

图 4-28

④ 单击选中插入的 Flash 动画，单击其“属性”面板右下角的展开按钮展开更多的属性选项，如图 4-29 所示。

图 4-29

⑤ 在“属性”面板中单击“播放”按钮，可在编辑窗口中播放插入的 Flash 动画，单击“停止”按钮可停止播放动画，保存文档后预览，可查看动画播放效果，如图 4-30 所示。

4.4.2 插入 Flash 视频

Flash 视频即扩展名为.FLV 的 Flash 文件，在网页中插入 Flash 视频的操作同插入 Flash 动画的方法类似，插入 Flash 视频后还可以通过设置控制按钮来控制视频的播放。

在网页中插入 Flash 视频的步骤如下：

图 4-30

① 将光标置于要插入 Flash 视频的位置，选择“插入”/“媒体”/“FLV”命令，打开“插入 FLV”对话框，如图 4-31 所示。

图 4-31

② 在“视频类型”下拉列表框中选择视频的类型，这里保持默认值，在“URL”文本框中输入 Flash 视频文件的路径及名称，或者单击“浏览”按钮，在打开的“选择 FLV”对话框中选择视频文件。

③ 在“外观”下拉列表框中选择视频播放哭的外观界面，选择“halo skin 2（最小宽度：180）”选项。

④ 在“宽度”和“高度”文本框中输入视频画面的宽度和高度，选中“自动播放”复选框将在网页加载后立即自动播放 Flash 视频。

⑤ 完成 Flash 视频参数设置后单击“确定”按钮插入 FLV。

⑥ 按〈F12〉键保存网页并在浏览器中预览即可。

4.4.3 利用插件插入背景音乐

在网页中插入声音文件可使浏览者更加愉悦和轻松，声音文件的格式常见的有如下几种：mp3、wma、wav、midi、ram、ra 等，可以根据不同的需求选择不同格式的声音文件添加到网页中。

将声音插入到网页中有多种方式，下面介绍在网页中如何利用插件插入背景音乐，步骤如下。

① 新建一个网页，将鼠标光标定位到需嵌入音乐的位置，选择“插入”/“媒体”/“插件”命令，打开“选择文件”对话框。

② 在该对话框中选择并双击需要嵌入的音乐文件，单击“确定”按钮，完成音乐文件的嵌入，如图 4-32 所示。

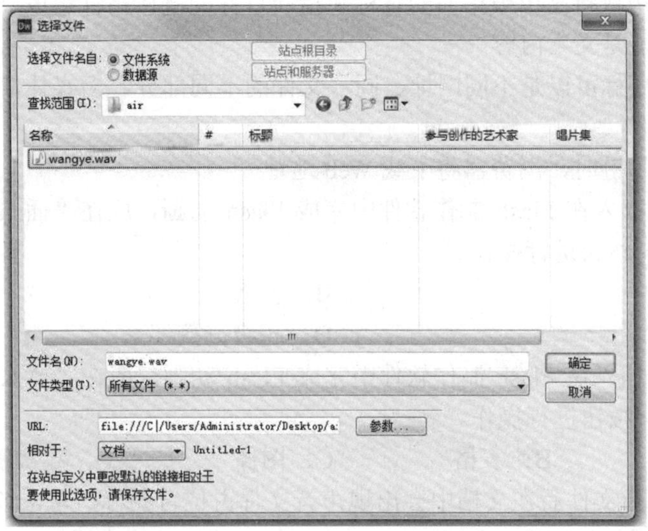

图 4-32

③ 保持插入的音乐图标的选中状态，在“属性”面板中设置插件的“宽”和“高”分别为“300”和“80”，保存网页并在浏览器中预览，效果图如图 4-33 所示。

图 4-33

习题与操作练习

一、选择题

1．下列哪一项是在新窗口中打开网页文档（　　）

A．_self　　B．_blank　　C．_top　　D．_parent

2．网页文件中，能起到动画效果的图形格式是（　　）

A．JPEG　　B．GIF　　C．TIF　　D．BMP

3．常用的网页图像格式有（　　）和（　　）

A．gif，tiff　　B．tiff，jpg　　C．gif，jpg　　D．tiff，png

4．在图片中设置超链接的说法中正确的是（　　）

A．图片上不能设置超链接

B．一个图片上只能设置一个超链接

C．鼠标移动到带超链接的图片上仍然显示箭头形状

D．一个图片上能设置多个超链接

5．关于超级链接的说法正确的一项是（　　）

A．一个超级链接是由被指向的目标和指向目标的链接指针组成

B．超链只能是文本内容

C．超链的目标可以是不同网址、同一文件的不同部分、多媒体信息，但不能是应用程序

D．当单击超链时，浏览器将下载 Web 地址

6．在网页中要插入在 Flash 制作软件中完成 Flash 动画，应在“插入栏”的“常用”选项卡中单击（　　）按钮进行操作。

A．媒体　　B．表格

C．图像　　D．超级链接

7．在网页中要插入在 Flash 制作软件中完成 Flash 动画，应在“插入栏”的“常用”选项卡中单击（　　）按钮进行操作。

A．媒体　　B．表格　　C．图像　　D．超级链接

8．执行插入声音文件后在文档中会出现声音文件占位符图标，单击该图标会（　　）。

A．打开要播放的声音文件　　B．打开“属性检查器”对话框

C．直接播放该声音文件　　D．以上都不对

9．Shockwave 是一种经压缩的格式，其扩展名为（　　）。

A．.dcr　　B．.wav　　C．.dcr　　D．.dcr

10．创建图像热点链接要利用（　　）将一个图像划分为多个热点作为链接点。

A．自带的图形切割工具　　B．Flash 中的热点工具

C．自带的热点工具　　D．Fireworks 中的热点工具

二、操作题

利用本章所学的知识制作一个简单的图文混排网页，要求网页中有文字、图片、超级链接、动画、背景音乐等基本元素。

第5章

Fireworks 基础介绍

在绘图方面，Fireworks 结合了位图以及矢量图处理的特点，不仅具备复杂的图像处理功能，并且还能轻松地把图形输出到 Flash，Dreamweaver 以及第三方的应用程序。

在网页制作方面 Fireworks 能快速地为图形创建各种交互式动感效果，不论在图像制作或是在网页支持上都有着出色的表现。

随着版本的不断升级，功能的不断加强，Fireworks 受到越来越多图像网页制作者的青睐。目前的最新版本 Fireworks MX 中文版更是以它方便快捷的操作模式，和在位图编辑、矢量图形处理与 GIF 动画制作功能上的多方面优秀整合，赢得诸多好评。

为了使更多的初学者能够尽快掌握 Fireworks，编者选用了 Fireworks MX 中文版为蓝本进行系列教程讲解，希望能为大家学习 Fireworks 带来帮助。

5.1 Fireworks MX 中文版的操作界面

1. 创建新文档

在启动 Fireworks MX 中文版时，会出现一个初始页面窗口，在这里可以快速访问最近编辑过的文档或创建一个新文档，也可以访问帮助文件或网页。

当选择“创建一个新文档”后，就会弹出“新建文档”的对话框，如图 5-1。

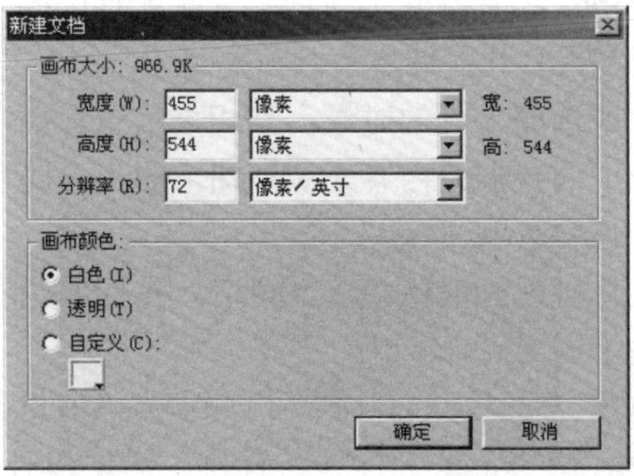

图 5-1

画布大小：设置文件画布的宽度、高度，可以用像素、英寸或厘米为单位。

分辨率：文件的分辨率越高，图像越精细，但同时文件也会越大。

画布颜色：文档画布颜色有三个选项，依次为白色、透明和自定义颜色。在自定义颜色下方的色彩选择框中，可以自行选择一种颜色。

单击“确定”按钮后，新的文件就创建完成了。

2. Fireworks 的工作界面

新建文档完成后就可以进入 Fireworks 的工作界面了，如图 5-2 所示。Fireworks 的工作界面由“菜单栏”“工具栏”“工作区”“工具条”“组合面板”和“属性框”六个部分组成，如图 5-2 所示。

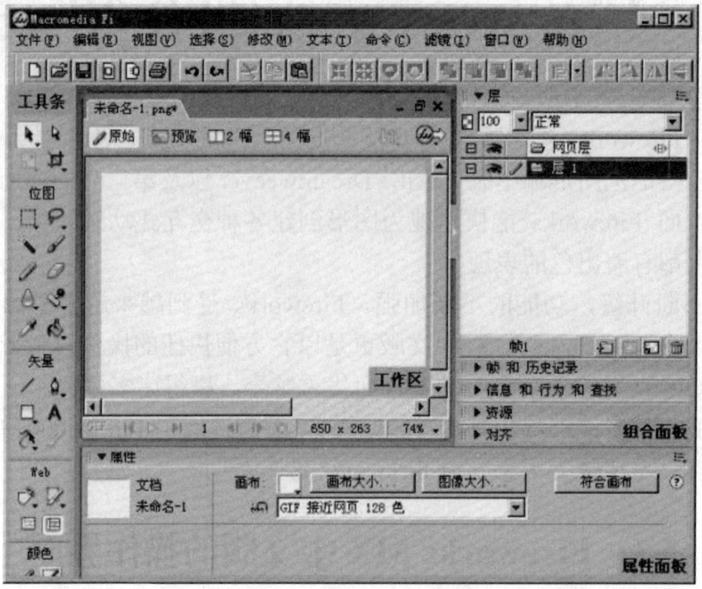

图 5-2

工作区：在工作区上不仅可以绘制矢量图，也可以直接处理点阵图（位图）。工作区上有四个选项卡，当前是“原始”选项窗，也就是工作区，只有在此窗口中才能编辑图像文件。而在“预览”选项窗中则可以模拟浏览器预览制作好的图像。“2 幅”和“4 幅”选项卡则分别是在两个和四个窗口中显示图像的制作内容。

工具条：新版的 Fireworks 工具条除了新增了一些工具以外，还与原有的工具重新进行优化组合，使其更加的直观和人性化。

属性面板：当选择对象或选取工具的时候，其相关信息都会在属性面板中显示出来。同时也可以通过修改属性面板中的数据或内容来调整图像的相关属性。例如图像的大小、位置及色彩等。

单击窗口标题的“属性”可展开或折叠属性窗口。在标题栏右边的下拉列表中可以设置窗口只显示一半的高度和关闭该窗口。

组合面板：Fireworks 的组合面板共有 14 个，分别为“信息、层、混色器、颜色样本、样式、URL、库、形状、帧、历史记录、行为、查找、优化和对齐面板”。每个面板即可相互独立进行排列又可与其他面板组合成一个新面板。但各面板的功能依然相互独立。单击面板上的名称可展开或折叠该面板，如图 5-3 和图 5-4 所示。

动画播放按钮：对于制作的动画文件可以用这些按钮进行播放、停止、到最后一帧、显示当前帧数等操作。

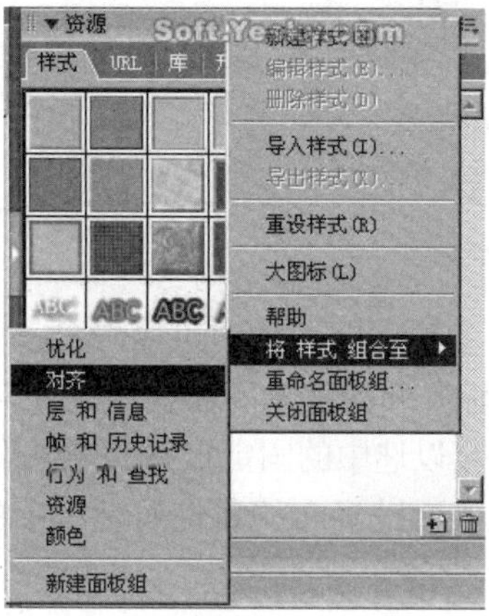

图 5-3

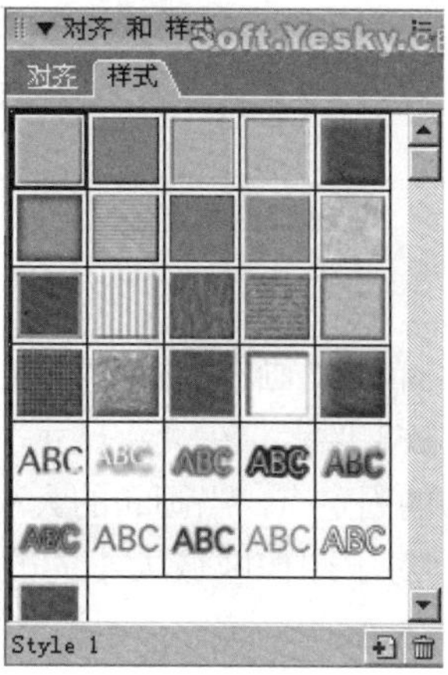

图 5-4

取消 BMP 模式：在引入了 BMP 格式的图形文件时，单击红色小叉就可以取消 BMP 模式，进入矢量编辑。

工作区的显示比例：在这里可以更改工作区的显示比例，以方便相关操作，但却不会更改图像的实际大小。

3. 图像文件的导入

通过菜单栏上的“文件—打开”或工具栏上的“打开”按钮即可启动打开文件对话框，如图 5-5 所示。

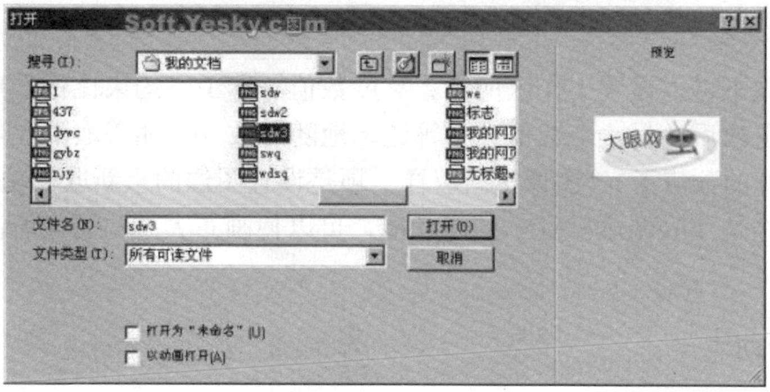

图 5-5

选中要导入的图形文件后在右边的预览框内会显示该文件的预览图。选中“打开为未命名”项是把选中的文件作为无名的文件打开。选中“以动画打开”项是把选中的文件作为动画打开。Fireworks 还支持一次性同时打开多个相邻或不相邻的文件，也可以直接打开或导入 Photoshop 制作的 PSD 格式文件进行编辑处理。

4. 修改画布

Fireworks 中的画布也就相当于图像的背景，在绘图的过程中为了使画布的大小或色彩能够和前景的图像保持协调，我们经常要修改画布的相关属性。方法是用鼠标单击画布，或在画布的工作区外单击一下，从而在属性栏中调出画布的属性对话框，如图 5-6 所示。

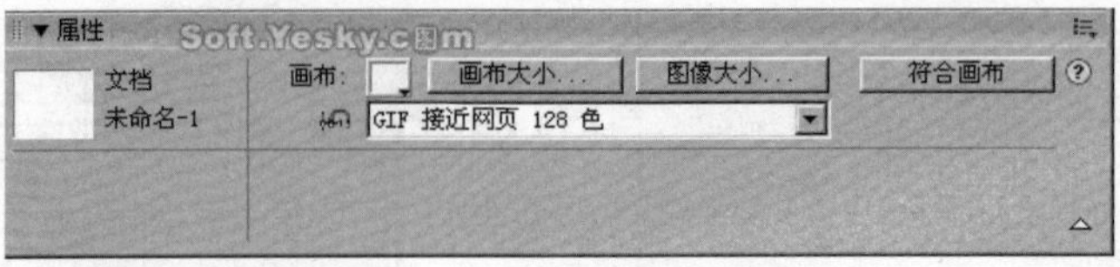

图 5-6

画布大小：单击“画布大小”按钮将弹出设置对话框，从中可以看到，当前画布的宽为 650 像素，高是 263 像素。在“新尺寸”项内可以输入新的宽、高像素，如图 5-7 所示。在“锚定”右边是画布的固定点，当画布的大小被改变时会以选中的固定点不变来更改画布的大小。

图像大小：对于图像区域大小的改变，也可以通过画布的属性对话框中的“图像大小”进行修改，如图 5-8。

图 5-7

图 5-8

在像素尺寸项下可以设置工作区的宽、高度数值。选中“约束比例”项后，当宽度或高度中某一数值被更改后，另一个数值也会等比例地随着改变。如果取消此项选择，就可以单独改变宽度或高度的数值了。“图像重新取样”项是设置图像的重新取样功能。

符合画布：这是 Fireworks MX 的新功能，可以使画布大小与图像所占用的位置大小相一致。

5. 网格与辅助线

网格与辅助线经常用于在绘画过程中，对图像的摆放位置、角度、大小等进行辅助参考，从而为图像制作带来方便。单击“视图”菜单，从中即可启动“网格”与“辅助线”功能，如图 5-9 所示。

网格：在网格的下级菜单中，当选择“对齐网格”时，可使绘图对象边缘与网格进行对齐。而“编辑网格”则可重新设置网格线的颜色及排列密度等，如图 5-9 所示。

辅助线：在启动标尺后，从上边或左边的标尺刻度中按下鼠标不放，并向画布方向进行拖拽，即可拉出一条辅助线出来，如图 5-10 所示。

Fireworks MX 的“工具条”中增加了不少新工具，并与原有的工具在一起被编排为六个类别：选择区、位图、矢量、Web、颜色和视图区。有些工具按钮的右下角有一个小三角，说明这个工具包含有其他几种不同的工具，按住这个工具按钮不放就能显示其他的工具。我们先来介绍位图区的绘图工具。

图 5-9

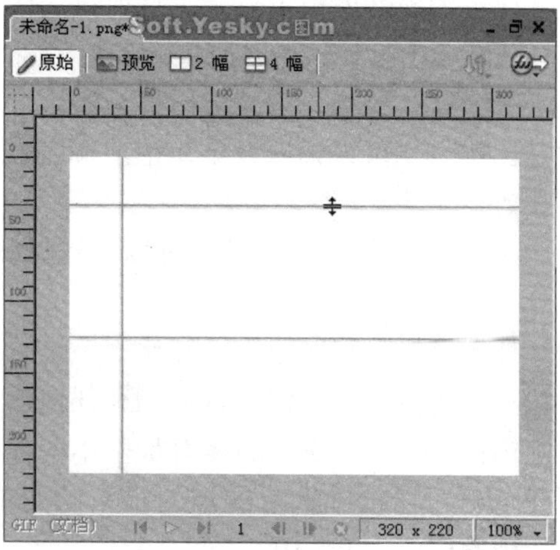

图 5-10

5.2 Fireworks MX 位图区的绘图工具

1. 选区工具

图 5-11 为工具条中位图区的主要工具，其中的“矩形”“椭圆形”“套索”“多边形套索”和“魔术棒”工具都用于约束位图的编辑范围，所有的位图编辑例如剪切、复制、填充等只能在该范围内有效。

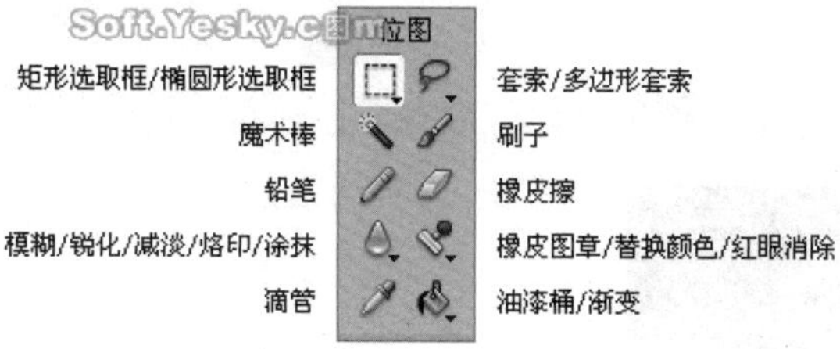

图 5-11

选区工具：用选区工具选取的区域以转动的黑白线（蚂蚁线）表示。当按住〈Shift〉键的同时，再画出一个选取框，即可组合成一个新的选取区域，如图 5-12 所示。

而在按住〈Alt〉键的时候，再次画出来的矩形选区则会把原来选区的相交部分裁切掉，如图 5-13 所示。

图 5-12

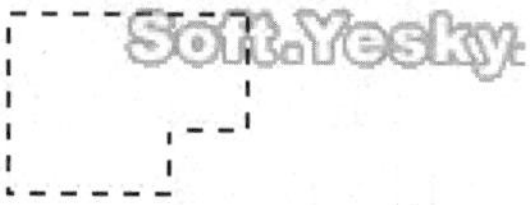

图 5-13

取消选区时可先单击选取工具，然后单击选区以外的任何地方。

在选取框的属性面板上显示了目前该选取框的大小及坐标位置，等相关信息。

在样式选项中可使该选取框在“正常”“固定大小”和“固定比例”这三个样式中切换。

正常——默认的选择方式，也最为常用。可以用鼠标拉出任意矩形或椭圆形选取区域。

固定比例——可以任意设定矩形或椭圆选区的宽高比。只需在该选项的下方输入相应的宽高比数值。

固定大小——在这种方式下可以通过输入宽和高的数值来精确确定矩形或椭圆选区的大小。

边缘选项可以对选区边缘的硬化程序进行设置。

实边——选区边缘呈锯齿状，没有任何的柔化过渡。

消除锯齿——可使选区边缘有最基本的柔化。

羽化——可以消除选取区域的正常硬变边缘，使其柔化。也就是使边界产生一个过渡段，该选项的取值为 0～100 之间，数值越大，柔化程度也越大。

“套索”工具：可以随意圈画出所要的选取范围，主要用于选取一些不规则的图形选区。如果选取的曲线终点和起点未重合，Fireworks 会自动用封闭成完整的线圈。

“多边形套索”工具：可以在图像中选取出不规则的多边图形，在选取时同时按下 Shift 键可使选取线段成直线、水平、45° 角方向。

“魔术棒”工具：可以用来选取图像中颜色相似的区域，当用魔术棒单击图像上某个点时，与该点颜色相相近的区域将被选中，可以在一些情况下节省大量的精力来达到意想不到的效果，如图 5-14 所示。

通过魔术棒工具的属性对话框可以设置色彩的容差值和边缘的柔化度。容差值越大，所选取的范围也越大。

2. 自由笔刷工具

“刷子”工具和“铅笔”工具都可以直接在画布上画出任意线条，如图 5-15 所示。

图 5-14

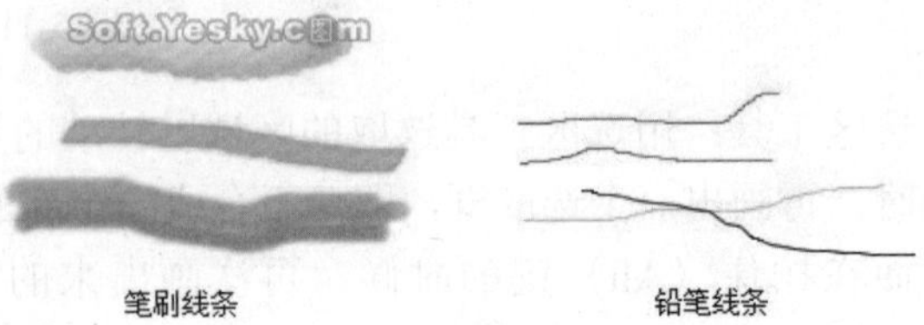

图 5-15

在“刷子”工具的属性对话框中可以对刷子的色彩、大小、笔触类型、边缘柔化值、纹理、纹理透明度、刷子透明度、色彩模式等进行设置，如图 5-16 所示。

在该属性框的笔触类型下拉列表里有各式各样的笔触类型可以选择，单击“笔触选项”可以编辑新的笔触，如图 5-17 所示。

在纹理类型的下拉列表中有数十种填充纹理图案可供选择，同时还可以从该列表中选择

“其他”，从外部导入位图图像作为新的纹理填充。

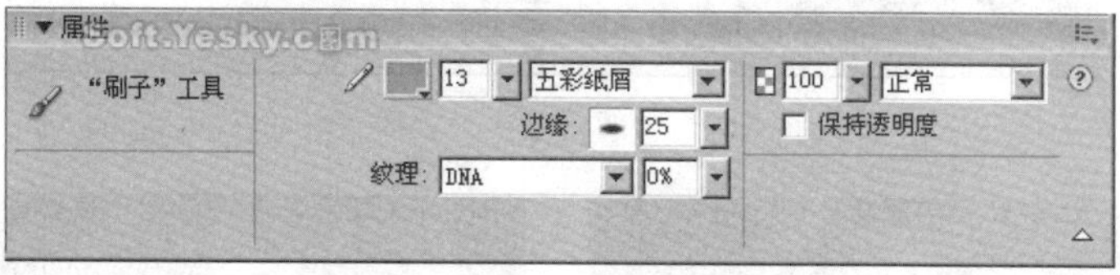

图 5-16

在铅笔的属性框中同样可以对线段的色彩、是否选用柔化、透明度数值、自动擦除等进行设置。

3. 图像修改工具

“橡皮擦”工具：用于擦除位图的颜色。和使用画笔一样，在选中橡皮工具后，按住鼠标左键在图像上拖动即可，如图 5-18 所示。

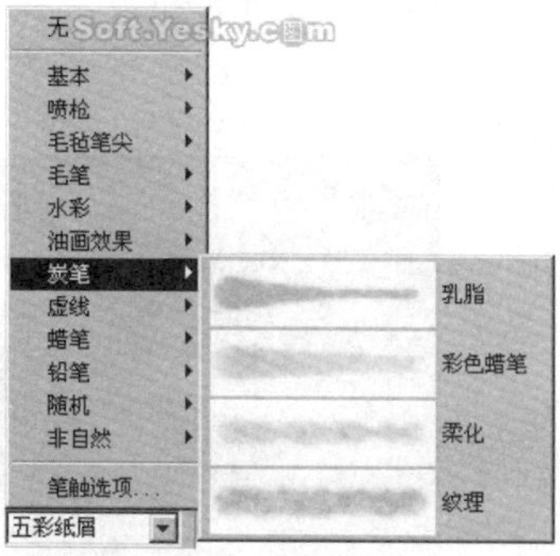

图 5-17

图 5-18

“模糊”工具：该工具的工作原理就是降低像素之间的反差，使图像产生模糊效果，如图 5-19 所示。

“锐化”工具：与“模糊”工具正好相反，“锐化”工具是用于加深像素之间的反差，使图像更加锐化，效果如图 5-20 所示。

图 5-19

图 5-20

“模糊”与“锐化”工具的属性面板完全相同，其中的强度表示模糊或锐化时的笔触强度，如图 5-21 所示。

“减淡”和“烙印”工具：这两个工具都是用来改变图像的亮调与暗调。原理来源于胶片曝光显影后，经过部分暗化和亮化，来改善曝光效果。效果如图 5-22 所示。

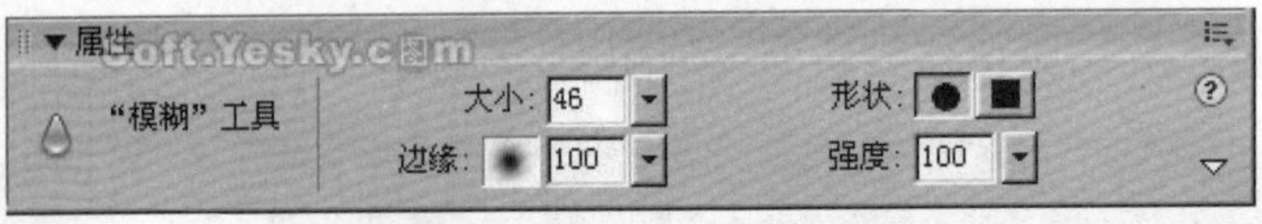

图 5-21

图 5-22

其中的“范围”选项是对将要处理的特殊色调区域进行色调上的选择。

暗调——选中后“减淡”和“烙印”工具只作用于暗调区域。

中间调——选中后“减淡”和“烙印”工具只作用于中间调区域。

亮调——选中后“减淡”和“烙印”工具只作用于亮调区域。

“涂抹”工具：该工具在使用时好像时用日常生活中的干笔刷在未干的油墨上擦过一样。也就是说笔触周围的像素会随着“涂抹”工具的笔触一起移动，如图 5-23 所示。

图 5-23

4．色彩填充工具

“滴管”工具：用于从图像中选取颜色来指定一种新的笔触颜色或填充色。可以选取单个像素的颜色、3×3 像素区域内的平均颜色值或 5×5 像素区域内的平均颜色值。

“油漆桶”工具：在绘制时应用于位图和矢量对象的“矩形”“圆角矩形”“椭圆”和“多边形”等绘制工具的填充属性。当前的填充会出现在“属性”对话框、“工具条”面板和组合面板中的“混色器”面板中。可以使用这些面板中的任何一个来更改“油漆桶”工具的填充色。

图 5-24 是用渐变填充模式中的“线性填充”和图案填充模式中的“木纹 3”进行填充。其中在“线性填充”时是从图像的左上角按住鼠标不放，然后向图像的右下角进行拖拽，而在用“木纹 3”填充时是从图像的中心点上按住鼠标不放，然后向图像的右上角进行拖拽。

这种用鼠标拖拽的填充方式也正是“渐变工具”的填充特点，而且“渐变”工具的属性对话框与“油漆桶”的属性框中的功能类似，区别是“渐变工具”的填充模式只有渐变填充。

5．橡皮图章工具系列

“橡皮图章”工具：用来克隆图像的部分区域，以便将其压印到图像中的其他区域。在使用时先要把鼠标移到想要复制的图像上，然后单击鼠标左键以确定复制的起点，然后拖动鼠标在图像的任意位置开始复制。图 5-25 为复制前后的图像。完全没有走样，可以进行复制。

图 5-24

图 5-25

“替换颜色”工具：选取一种颜色，可以在这种颜色的范围内，用类似笔刷的东西涂抹成另一种颜色。使用该工具时要先在属性面板中单击“更改”右边的色彩预览框以选取颜色，或在图像中单击以选取要替换的颜色。然后在“终止”的色彩预览框内选择一种颜色，或在图像中选取将用来替换的颜色。

图 5-26 为替换颜色前后的图像。

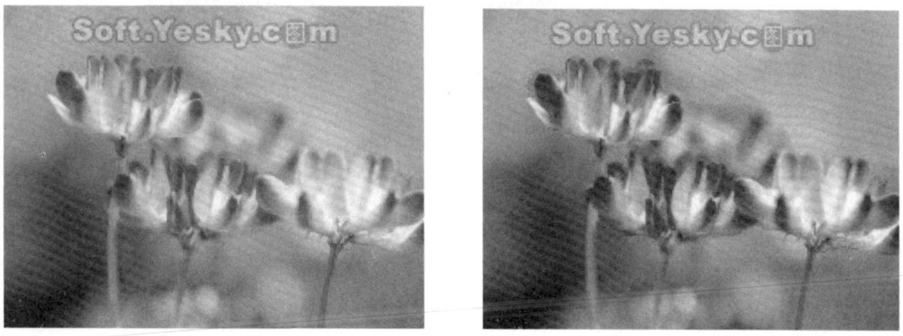

图 5-26

在“替换颜色”的属性框中还可以对“替换颜色”笔触的大小、形状、容差和强度进行设置。而“彩色化”是指用“终止”颜色去替换“更改”颜色。取消选择“彩色化”以便用“终止”颜色对“更改”颜色进行涂染，并保持一部分“更改”颜色不变。

“红眼消除”工具：在一些照片中，主体的瞳孔是不自然的红色阴影。因此使用“红眼消除”工具就能轻松地解决这个问题。“红眼消除”工具仅对照片的红色区域进行绘画处理，并用灰色和黑色替换红色。图 5-27 是红眼消除前后的图像。

6．路径工具

“直线”工具：使用“直线”工具可以在画布上直接画出直线，当按住〈Shift〉键时可以画出水平、垂直、45° 的直线。

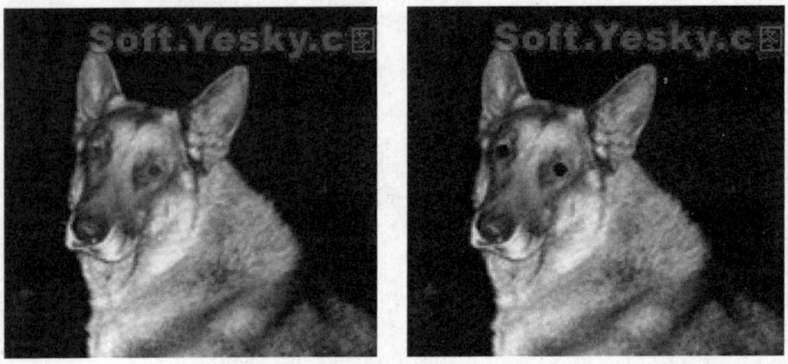

图 5-27

"指针"工具：使用该工具可以方便地移动直线。用"部分选定"工具单击直线时，直线的两端会出现控制点，按住鼠标左键拖动直线的一个控制点可以方便地任意改变直线的角度，并可以随意拉长或缩短直线，如图 5-29 所示。

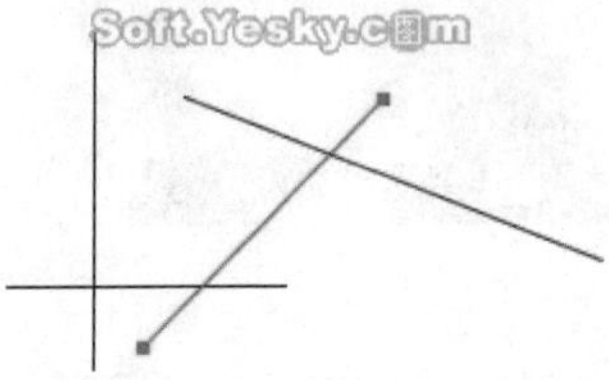

图 5-28

图 5-29

"钢笔"工具：选中"钢笔"工具后单击画布上的不同位置，可以画出由线段组成的直线路径。如果鼠标单击后不松开，而是拖动鼠标，这样画出来的路径就是曲线路径，通过调整曲线的两条控制线可以设定曲线的弯曲度，如图 5-30 所示。

在调整曲线的控制线时，按住〈Alt〉键可以单独控制一条控制线，从而确立下一个曲线线段的走向和弯曲度，如图 5-31 所示。

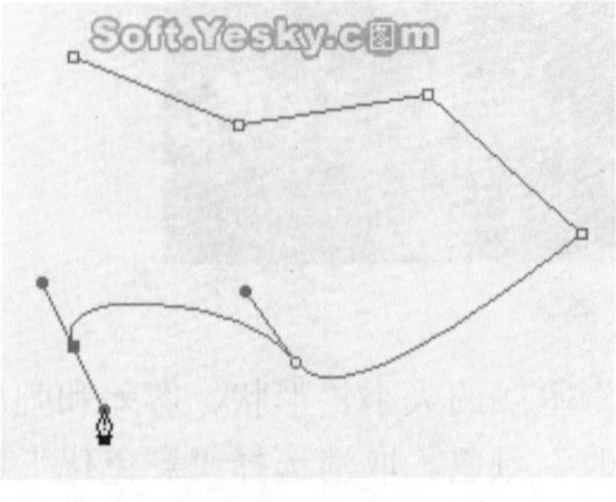

图 5-30

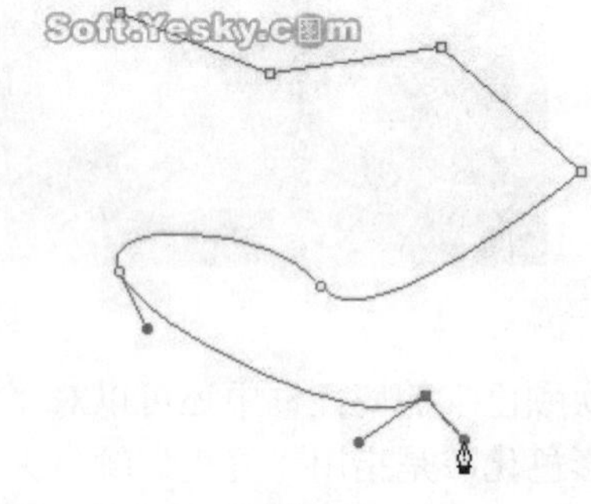

图 5-31

要结束线段的绘制时只需在线段的结束点上进行双击即可。而在画封闭的路径时，则要用鼠标单击起始点或按住起始点拖动就可以了。当钢笔工具的指针位于非路径区域时，指针旁边会有一个小的叉号，如果指针处在路径上时，指针旁会有个十字的标志，此时单击鼠标会增加一个节点，如图 5-32 所示。

而当指针处在节点上时，指针旁则会有个一字的标志，单击鼠标可删除该节点。

“矢量路径”工具：“矢量路径”工具的使用和“刷子”工具一样，都可以任意画出自由路径。笔触色彩、大小及边缘的柔化值等的设置也都完全相同。

7. 路径修改工具

“重绘笔刷”工具：用“细部”工具可以对简单的封闭路径进行编辑。但对于图 5-33 中这种较复杂、节点较多的封闭路径，就要使用“重绘笔刷”来处理。

图 5-32

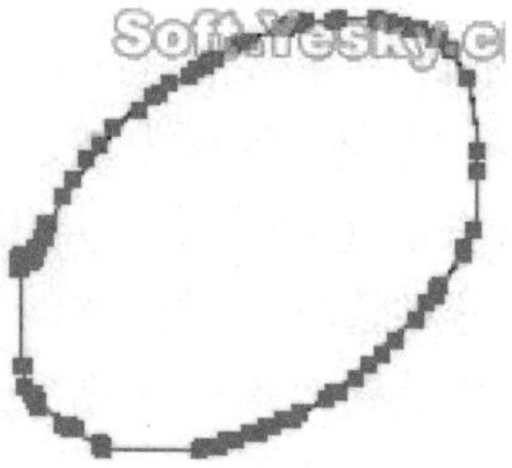

图 5-33

使用“重绘笔刷”沿着弯度重新画一条弧线，重绘的路径部分会以红色高亮显示，这样，原来路径就被新的路径取代了，如图 5-34 所示。

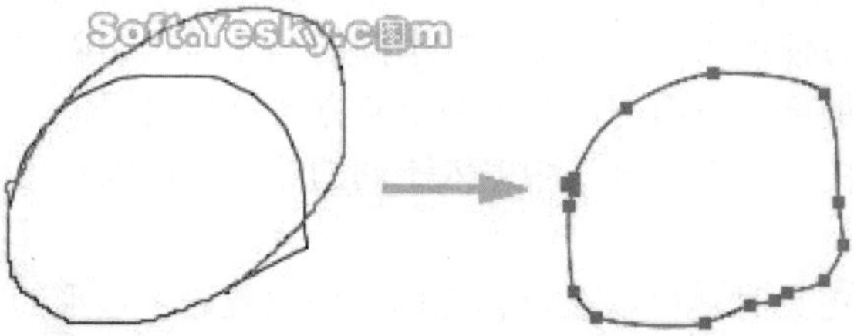

图 5-34

“自由变形”工具：可以直接对矢量路径进行弯曲和变形操作，而不是对各个节点执行操作。Fireworks 在更改矢量路径的形状时会自动添加、移动或删除路径上的节点，如图 5-35 所示。

“更改区域形状”工具：使用时，该工具的指针是两个同心圆，只有处于这两个同心圆范围内的路径才会被修改，如图 5-36 所示。

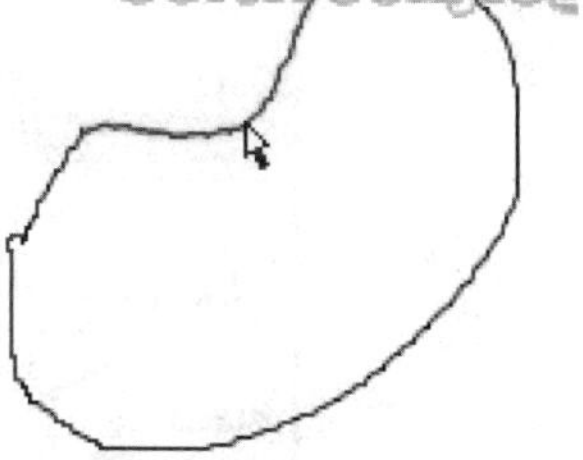

图 5-35

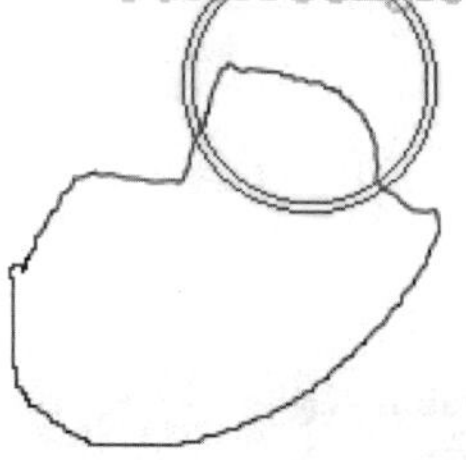

图 5-36

“路径切割”工具：该工具用于切割类如钢笔路径这样的矢量路径。使用时从要切割处按住鼠标左键移动划过。在切割处会增加一个控制点。使用“细部”工具移动一端就可以把线段分开了，如图 5-37 所示。

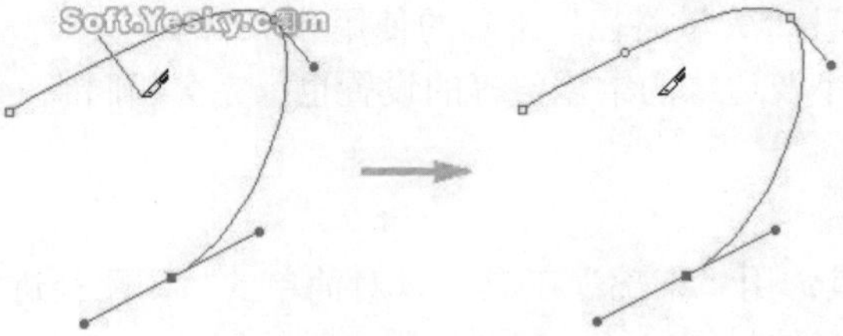

图 5-37

“路径洗刷” 工具：只能用在具有压力感应刷子描边的路径上。使用时通过在要修改的路径上不断变化的压力或速度来更改路径的笔触属性。这些属性包括路径原有的笔触大小、角度、墨量、离散、色相、亮度和饱和度。使用“笔触选项”对话框的“敏感度”选项卡可以指定这些属性中的哪个属性受到“路径洗刷”工具的影响。还可以指定影响这些属性的压力和速度的数量。

图 5-38

8. 形状工具

形状工具又被分为“基本形状”和“自动形状”，如图 5-38 所示。

当按住〈Shift〉键不放的时候可以画出正方形和圆形，在各形状工具的属性框中都可以方便地为这些图形选择不同的填充模式加以填充。通过颜色的调节手柄可以自由的控制色的填充方向及范围。

在矩形工具属性框的“矩形圆度”中输入不同的数值，可以画出程度不一的圆角矩形。

在使用“多边形”工具时，可以在该属性框内先设置好多边形的形状、边数及角度，然后再进行图形绘制。

自动形状：这是一组智能的矢量绘图工具，这些对象组遵循特殊的规则以简化常用可视化元素的创建和编辑。和基本形状工具组不同，选定的“自动形状”除了有色彩填充手柄外，还具有菱形的控制点。每个控制点都与形状的某个特定变形属性相关联。通过拖动控制点可以改变与其关联的变形属性。大多数“自动形状”控制点都带有工具提示，描述它们会如何影响“自动形状”。将指针移到一个控制点上可看到描述该控制点控制的属性的工具提示，如图 5-39 所示。

此外，在组合面板中的“形状”面板下还有一组图形较为复杂的智能形状工具，如图 5-40 所示。

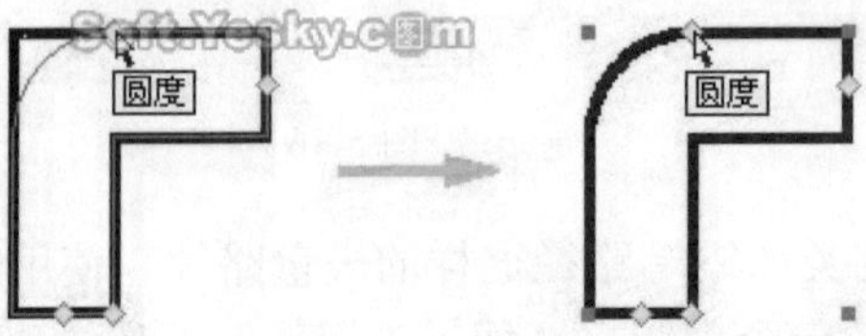

图 5-39

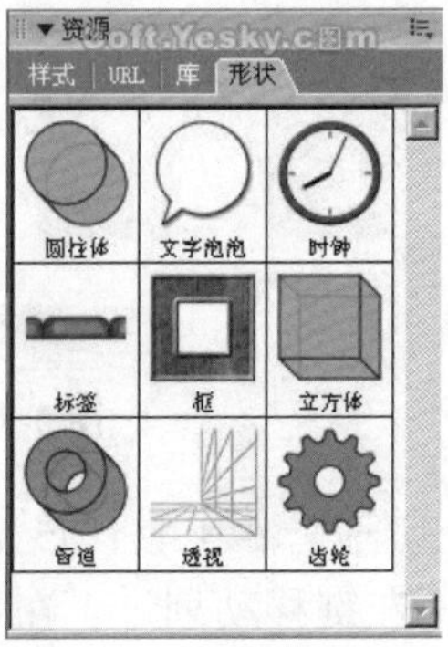

图 5-40

5.3 Fireworks MX 矢量对象的基本操作

1. 改变路径

简化路径：为了使一条不规则的矢量路径变得更加的精简、圆滑，我们可以用简化路径的方法来减少它的路径节点。如图 5-41 所示为一条不规则的路径。

在“数量”栏中输入相应数值来设置要简化的程度。如图 5-42 所示为输入 25 后的路径简化效果。

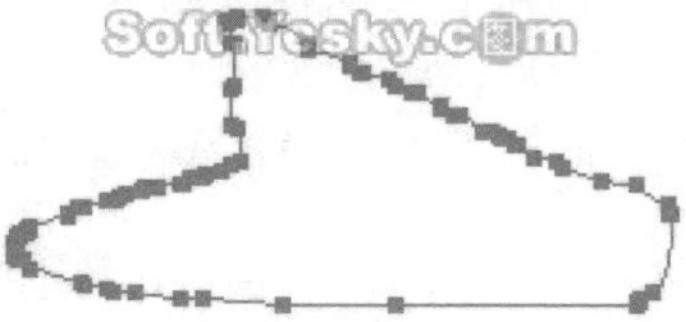

图 5-41

图 5-42

扩张路径：单击菜单栏上的“修改—改变路径—扩展笔触”命令可以对任意路径进行加宽，如图 5-43 所示。

宽度——设置路径的宽度。

角——当路径是曲线时，可以在此选择转角的样式。

尖角限量——用于限制曲线路径的锐角数量。

结束端点——可以选择路径结束点的样式。

设置完成后，路径被加宽的效果如图 5-44 所示。

图 5-43

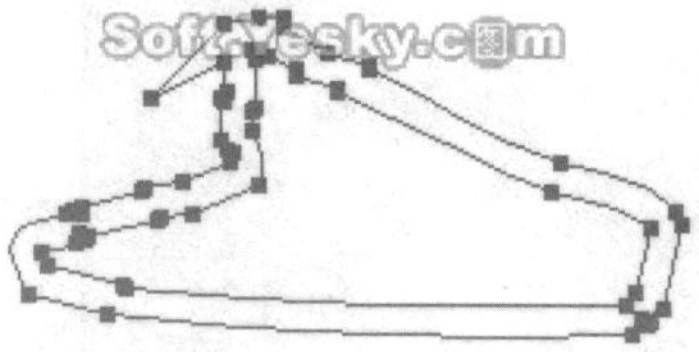

图 5-44

伸缩路径：使用此命令可以改变封闭型路径的范围。设置窗口如图 5-45 所示。

在“方向”栏上可以设定路径向“内部”或向“外部”的伸缩方向。效果图如图 5-46 所示。

图 5-45

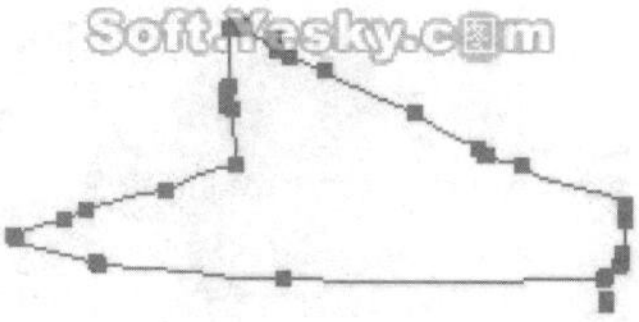

图 5-46

对于非封闭路径，使用伸缩路径命令可以自动把路径改为封闭路径。

2．对象的操作

对象的选择：用“指针”工具可以对绘图对象进行直接的点选。当要选择多个对象时，可同时按下〈Ctrl+A〉键或直接进行框选，均可选中所有对象。对象被同时选中后拖动任意一个对象，其他的对象也会随着一起移动。

当一个对象完全处于另一个对象下面时，就很难用“指针”工具进行直接的点选。这时就可以使用工具条上的“选择后方对象”工具来选择后面的对象。

颜色样版——在描边颜色预览窗中可以选择一种色彩作为路径的描边色。预选的色彩及该色彩的网页色数值都会在样版的左上角中显示出来。同时也可以直接输入想要的网页色数值，然后按“回车”键即可。

自定义颜色——单击自定义颜色按钮，从“颜色”窗口中选取或设定一种自定义色彩。

路径内——是指将描边色填充在钢笔路径之内。

居中于路径——将描边色填充在钢笔路径之内。

路径外——将描边色填充在钢笔路径之外。

取消描边——选择该项后将取消描边色。

接着我们再来为该路径设置内部的填充色。内部的填充类别分为“无填充色、实心填充、网页抖动、渐变填充和图案填充”五种。其中各种填充类别下又有诸多色彩和样式可供选择。我们先在填充选项中选择一种填充模式，如图 5-47 所示。

然后在填充色预览框中设置渐变填充的色彩及透明度，单击颜色滑块可弹出如图 5-48 所示的颜色预览窗。

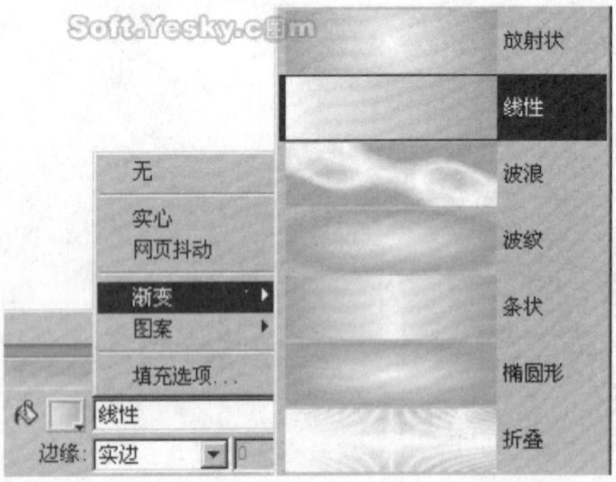

图 5-47

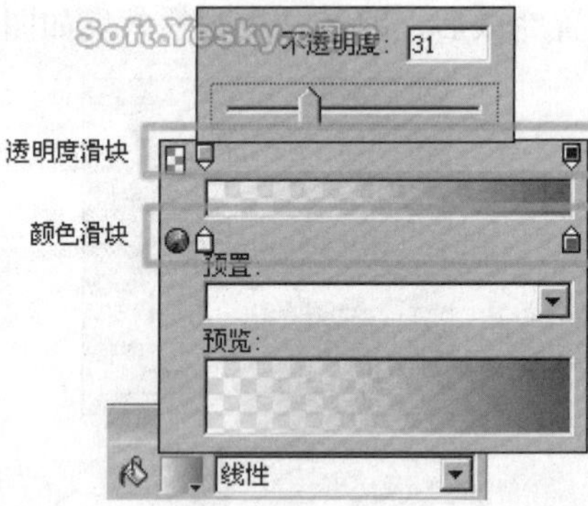

图 5-48

在透明度滑块或颜色滑块的空白位置上单击鼠标可以添加滑块。在“预置”下拉菜单中可以选择已有的线性填充样式。路径填充设置完成后效果如图 5-49 所示。

通过调节该路径对象的填充句柄可以对路径的渐变填充进行修整，如图 5-50 所示。

图 5-49

图 5-50

至于其他的路径填充类别及该类别下的诸多样式请读者自行尝试。

3. 对象的变形

使用"修改—变形"菜单下的这些项可以对对象进行变形处理，如图 5-51 所示。

任意变形：该功能中已包括"缩放""倾斜"和"扭曲"功能，这些功能与工具条上的"任意变形"系列工具是一样的，选中后可以对对象进行随意的大小、高宽、倾斜度和旋转等拖拽变形。另外，也可以用工具栏上的四个常用的翻转按钮进行调整。

数值变形：选择该项后会弹出"数值变形"对话框，如图 5-52 所示。在该对话框中可以按输入的数值，对对象进行"缩放""调整大小"和"旋转"的各种精确变形。

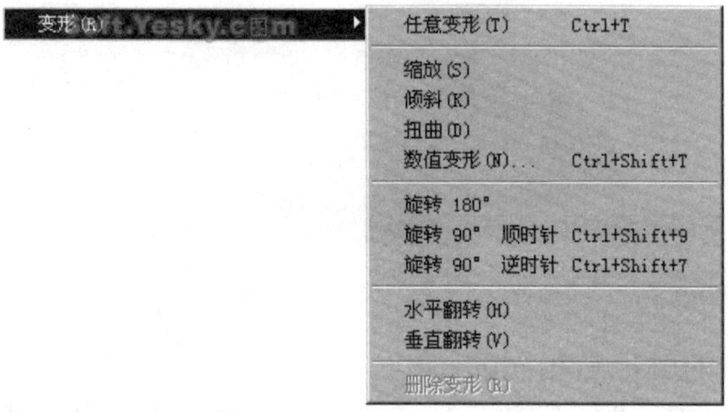

图 5-51

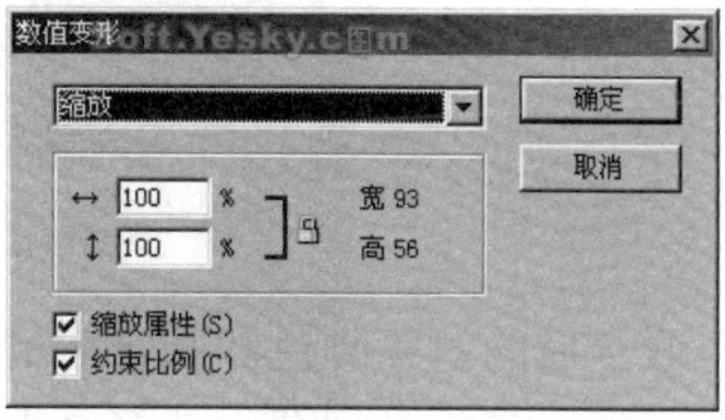

图 5-52

旋转 180°——将对象进行 180° 的旋转。

旋转 90° 顺时针——将对象顺时针旋转 90°。

旋转 90° 逆时针——将对象逆时针旋转 90°。

水平翻转——将对象以水平线为转轴，进行水平翻转；

垂直翻转——将对象以垂直线为转轴，进行垂直翻转。

4. 对象的排列

同一层的不同对象在工作区上是有上下的排列顺序的，对于对象的上下排列顺序可使用菜单栏中"修改—排列"下的命令进行调整。

另外，也可以用工具栏上的四个按钮进行调整，这也是一种较常用的方法。

5. 对象相互结合

组合与取消：使用菜单栏上的"修改—组合"命令是对多个矢量对象进行群组，对象被群组后变成了一个整体，如图 5-53 所示。

图 5-53

而使用"修改—取消组合"命令可以取消这两个对象的群组关系，使对象分离为群组前的独立状态。

接合与拆分：路径的接合功能用于将多个路径合并成单个路径对象。可连接两个断开路径的端点以创建单个封闭路径，或者可结合多个路径来创建一个复合路径。如图 5-54 所示，使用接合路径前后的变化。所得到的复合路径具有放在最后面的对象的笔触和填充属性。

使用"拆分"功能，又可以将接合路径还原成相互独立的对象。

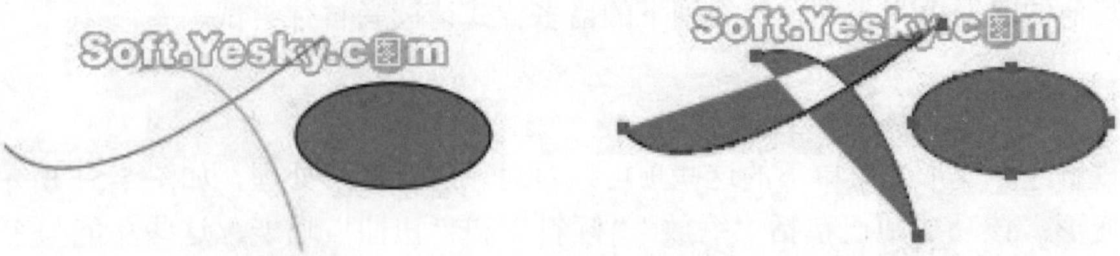

图 5-54

联合：联合是将几个图形对象结合成一个图形对象的操作，新的图形对象轮廓由被联合的图形对象边界组成。如图 5-55 所示，我们依次绘制了绿色和红色两个图形对象。同时选中两对象后使用“联合”命令。

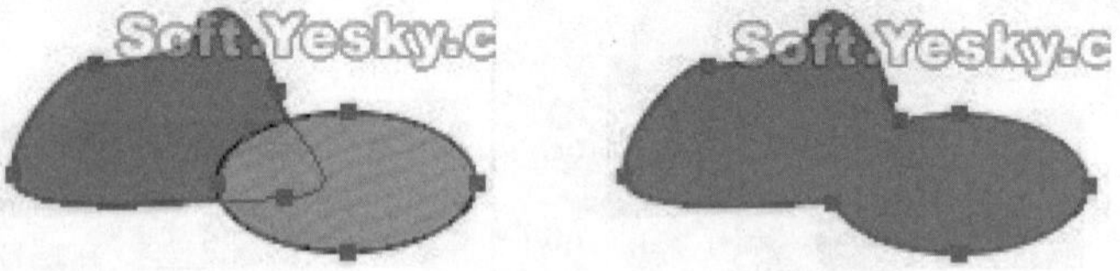

图 5-55

联合后的对象颜色和联合前最下层对象的颜色是相同的。

交集：交集是把两个或多个对象的相交部分进行保留，使相交部分形成一个新的图形对象。如图 5-56 所示。在同时选中要相交的两对象后，使用“交集”命令。

图 5-56

打孔：打孔命令是将位于底层的对象与上层对象的相交部分裁减掉，使底层对象的形态被改变，如图 5-57 所示。

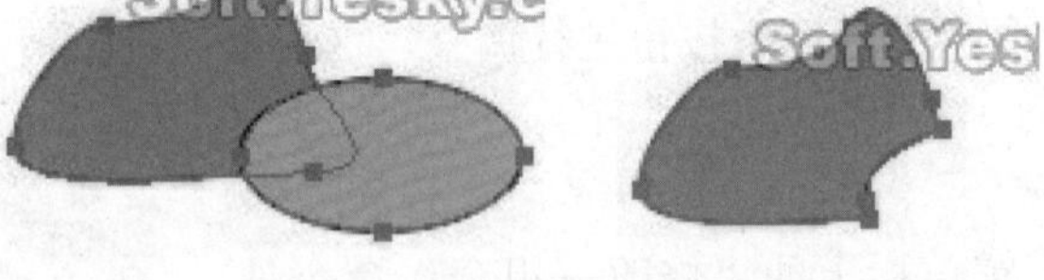

图 5-57

裁切：裁切是为多个对象设计的，如有三个对象，层次关系是绿色对象在最下层，红色在中间，蓝色在最上层，它们相互叠加，使用“裁切”命令后，所保留的是最上层对象与中间、下层对象的重叠部分，如图 5-58 所示。

7．蒙版效果

蒙版又称为遮罩，是一种由最上层对象为下层对象提供外形，而下层对象为最上层对象提供色彩的一种图像处理效果。因此，我们把最上层对象称为“蒙版对象”，而下层对象则称为“被蒙版对象”。矢量和位图对象都可以成为蒙版对象或被蒙版对象。

图 5-58

较常用的一种蒙版效果就是先在工作区中引入一张图像，然后在图像上面画一个矢量椭圆，如图 5-59 所示。

然后同时选中两个对象（按〈Ctrl+A〉键），使用菜单栏上的“修改—蒙版—组合为蒙版”命令，两个对象就被组合为蒙版图形了。用鼠标拖动蒙版图形的蓝色中心点即可移动下层的被蒙版对象（小狗图），效果如图 5-60 所示。

图 5-59

图 5-60

可以看到，两个对象被组合为蒙版后会淡化显示两对象的重叠部分。而淡化的程度是由蒙版对象和背景色之间的明暗关系来决定。色彩越明亮，淡化度就越小，蒙版对象也就越清晰。

而在“层”面板中，两个对象被组合成蒙版后，就成了一个蒙版图形，被组合在同一个对象层里，如图 5-61 所示。

用鼠标单击这一对象层的被蒙版对象时，该对象外围会有一个蓝色边框。当该被蒙版对象是位图时，则可以用各种位图工具对该被蒙版对象进行编辑。而当该被蒙版对象是矢量图时，则可用各种矢量工具对其进行编辑或修改。同样的，当该对象层中的蒙版对象是位图或矢量图时，也可以使用各种位图或矢量工具对其进行修改，如图 5-62 所示。

对于蒙版图形，使用“修改—蒙版—禁用蒙版”命令时可暂时取消蒙版效果。同时在“层”面板中也可以看到，蒙版图形中的蒙版对象被禁用，如图 5-63 所示。

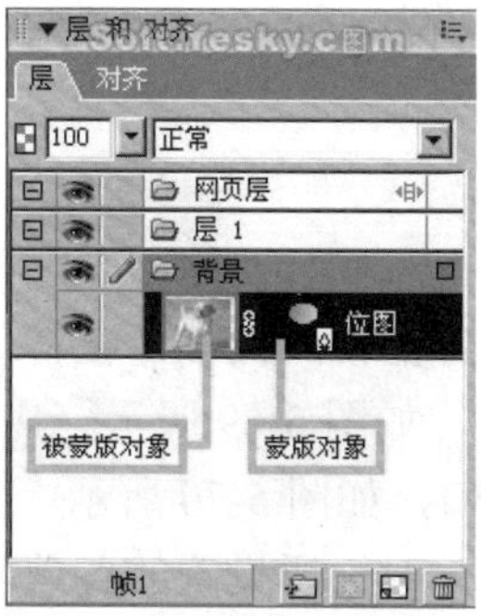

图 5-61

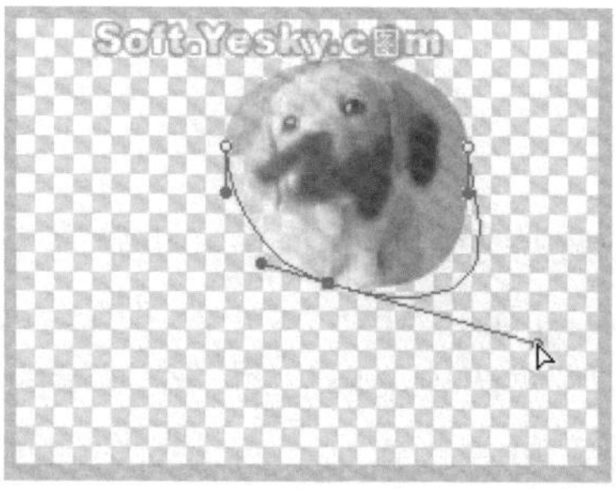

图 5-62

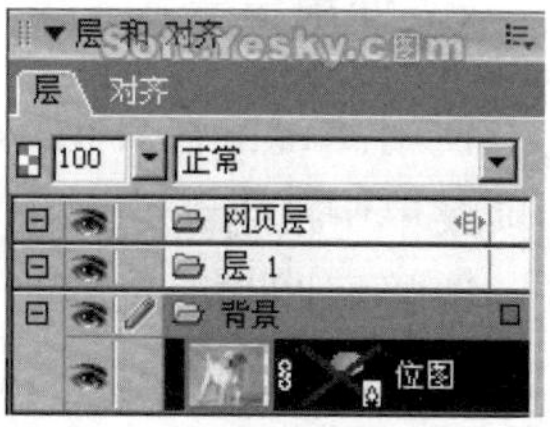

图 5-63

5.4 Fireworks MX 特效的基本操作

1. 使用与编辑特效

使用特效：位图和矢量对象均可使用特效，因此我们可以先在画布上随意制作个图形对象，如图 5-64 所示。

然后在该对象属性框右边的“效果”栏中，单击“添加特效”按钮，从弹出的特效选项菜单中可以为该对象添加任意特效，如图 5-65 所示。

图 5-64

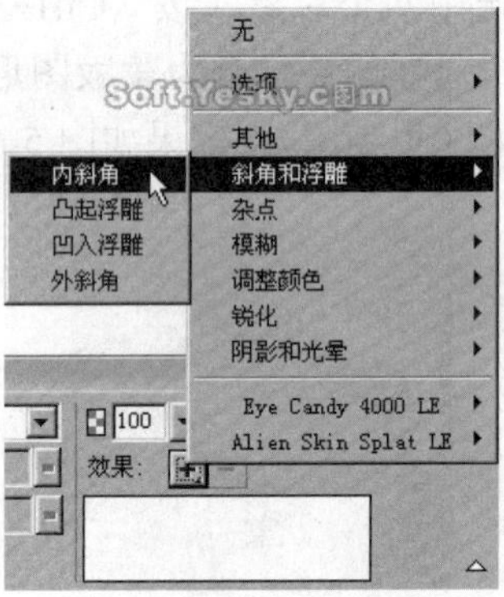

图 5-65

当为对象添加“内斜角”和“投影”两个特效后，效果如图 5-66 所示。

同时，在效果栏中会显示当前对象所用到的所有特效，如图 5-67 所示。

图 5-66

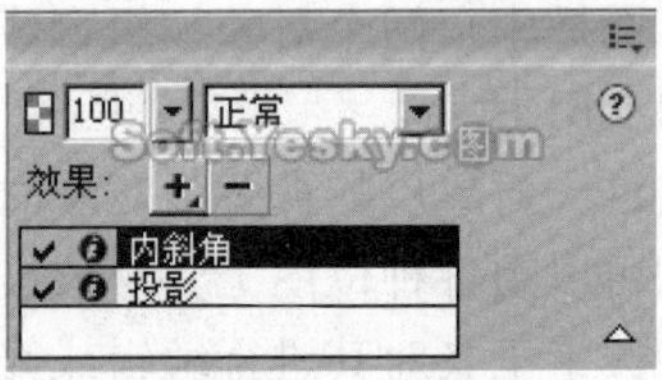

图 5-67

编辑特效：当单击效果栏中“投影”特效前的“编辑特效”按钮时，即可弹出该特效的编辑对话框，如图 5-68 所示。

若要停止某项特效时，只需将特效名称前的对钩取消即可。而要删除效果栏中的某项特效时，可单击“删除特效”按钮。

2. 使用与导入滤镜

使用滤镜：在 Fireworks 中支持使用特效插件，也就是支持第三方滤镜。例如，在特效选项菜单中的 Eye Candy 4000 Le 项就是 Alien Skin 公司所提供的滤镜，如图 5-69 所示。

选择好图形对象后即可通过特效选项菜单启动一个滤镜的设置窗口，如图 5-70 所示。

通过该窗口左边的各项设置，可直接作用于右边的图像预览效果。对于所设置的各项内容还可以通过该窗口中的“Settings—Save”进行保存，以便随时调用。

导入滤镜：由于 Fireworks 支持第三方滤镜，因此除了可以使用 Fireworks 自带的滤镜之外，还可以使用外部滤镜。例如导入 Photoshop5.5 之前版本的滤镜。

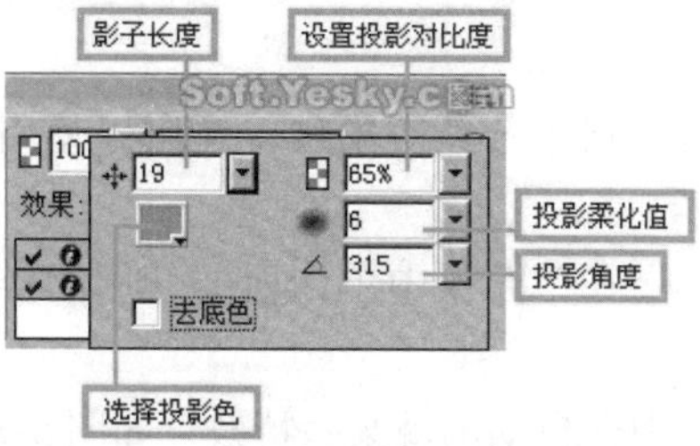

图 5-68

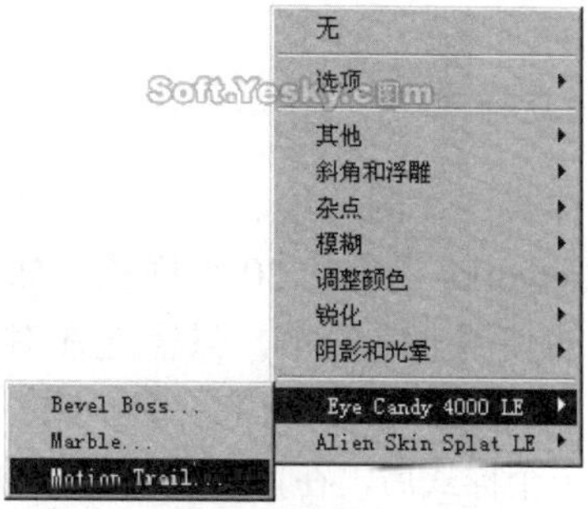

图 5-69

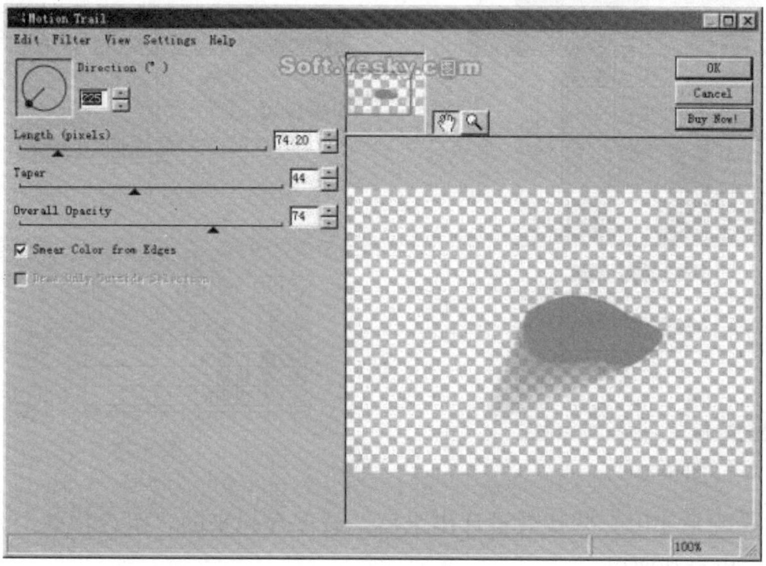

图 5-70

首先启动 Fireworks 菜单栏中的“编辑—首选参数”窗口，如图 5-71 所示。

在该窗口的“文件夹”选项卡中勾选“Photoshop 增效工具”后，单击右边的“浏览”按钮，然后在路径选择框中选择 Photoshop 滤镜的所在目录，如图 5-72 所示。

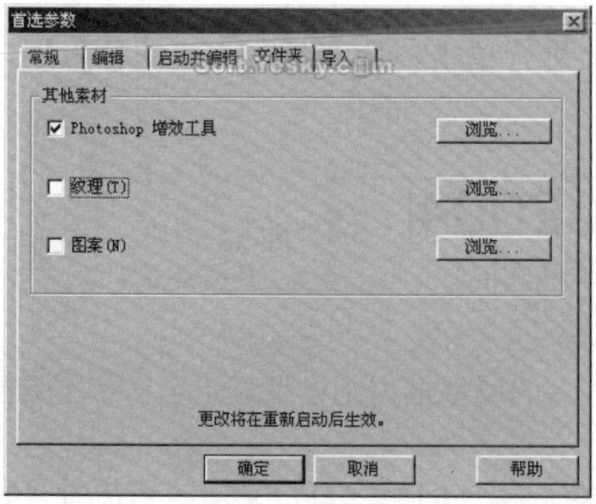

图 5-71

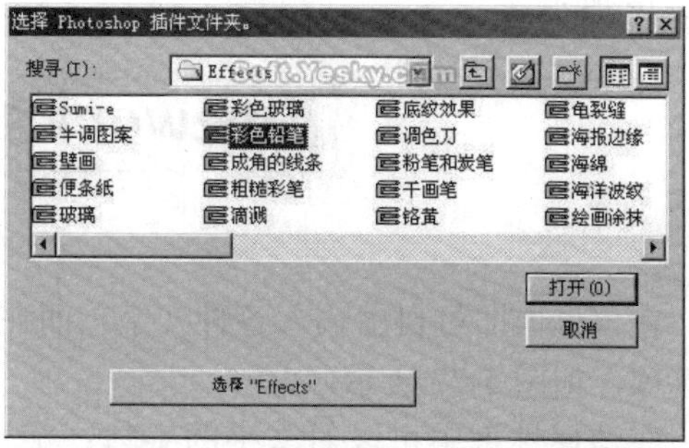

图 5-72

在 Photoshop 插件文件夹中将所需要的外部滤镜添加进来后，重新启动 Fireworks 即可使用。

3．建立样式

使用样式：在图形绘制中，除了使用特效为图形制作各种效果外，还可以使用“样式”面板中 Fireworks 提供的 30 个样式，如图 5-73 所示。

样式的使用非常简单，只需选在对象后，从“样式”面板中单击所要使用的样式即可，如图 5-74 所示。

使用一个样式后，在该对象的属性框中的效果栏中会自动出现某些特效，如图 5-75 所示。

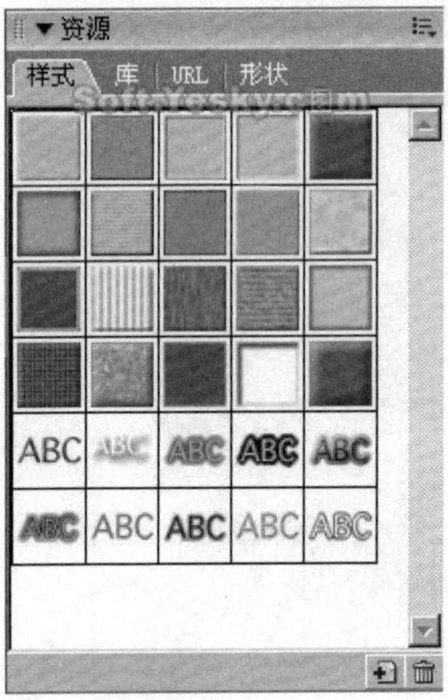

图 5-73

图 5-74

图 5-75

可见，样式就是使用一些特效设计出来后，被保存起来的“组合特效”。只不过使用样式将会更简便、更直观而已。

5.5　Fireworks MX 文本对象的基本操作

1．文本属性窗

点选工具条上的“文字”工具后在画布上进行单击，即会显示文本的输入框，如图 5-76 所示。

图 5-76

在该框内即可自由输入各种文字，而在文字工具的属性框内则详细显示了文字工具的各种选项，如图 5-77 所示。

在该属性框中可以对文字的字体、字号、颜色、文字间距、自定义消除锯齿等进行设置。同时单击菜单栏中的“文本—编辑器”也同样可以对文字的各项属性进行相关设置，如

图 5-78 所示。

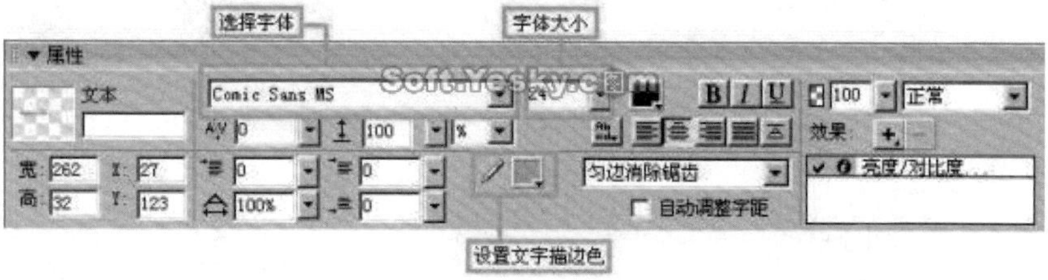

图 5-77

2. 文字的变形

图 5-78

文字的缩放：对于输入的文字同样可以和路径对象般用工具条上的“变形”工具进行调整。

点选“缩放”工具后在文本框内会出现八个控制点和一个缩放的中心点，当鼠标移到控制点上时指针会变成双向箭头，此时拖动该控制点即可改变对象的形状，如图 5-79 所示。当按住〈Alt〉键的同时拖动控制点时，对象则会以缩放点为中心，使对象产生对称式的缩放变形。

而当鼠标移到任意一个控制点的四个边角附近时，指针会变为圆形箭头，此时拖动该控制点进行移动，即可旋转改变文字的方向，如图 5-80 所示。此时改变缩放中心的位置所改变的则是旋转点的中心位置。

图 5-79

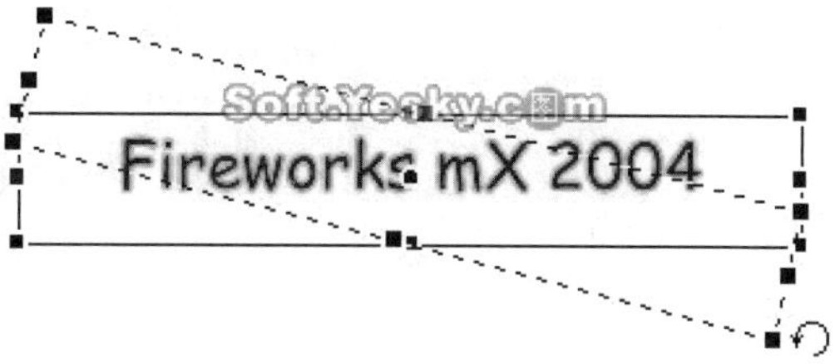

图 5-80

3. 文字附加到路径

Fireworks 中文字的输入都在文本输入框内，如果希望文字不受矩形文本框的限制，可以绘制封闭路径并将文本附加到路径上，使文字顺着路径的形状进行排列并且保持可编辑性。如图 5-81 所示，按〈Ctrl+A〉键同时选中文字和路径后，使用“文本—附加路径”命令。

这样，文字就被附加到了封闭路径上，如图 5-82 所示。此时文字与路径成了一个整体，而且该封闭路径会暂时失去其笔触、填充以及效果属性。随后对该路径所用的任何笔触、填充或效果属性都将应用到文字当中，而不是路径。

图 5-81

图 5-82

4. 文字转为路径

Fireworks 中可以把文字转变为路径，然后按矢量路径般对其进行操作，但无法再将它作为文本编辑。

在选中文本后单击“文本—转换为路径”命令，此时文字将被转换成组合路径，如图 5-83 所示。

文字被转成组合路径后可以使用“部分选定”工具拖动文字上的路径节点改变字符的形状，如图 5-84 所示。

图 5-83

图 5-84

也可以将该组合路径使用“修改—取消组合”命令，把字符作单个独立的路径进行拆分，如图 5-85 所示。

图 5-85

5.6 Fireworks MX 对象的输出方法和设置选项

下面我们就来详细了解 Fireworks MX 对象的输出方法和设置选项。

1. 图像的输出设置

“选项”设置：在 Fireworks 中，制作完成图像，可以直接单击工具栏上的“保存”按钮，将图像保存成 PNG 文件。此外也可以用菜单上的“文件—导出预览”命令，进行文件的输出预览，如图 5-86 所示。

格式——在该栏中可以选择将要输出的图像格式，常用的输出格式有 GIF、GIF 动画、BMP、JPEG 等。

调色板——选择图像所使用的调色板。调色板中的颜色越少，图像中的颜色也越少，输出的图像文件也就越小。

图 5-86

失真——设置图像的压缩质量。压缩比越高，图像失真就越大。在失真栏后面的输入框中，可设置图像所使用的最大色彩数。

抖动——通过替换图像中色彩相近的像素，以模拟出当前调色板中没有的颜色，从而产生缺失颜色的外观。在导出具有复杂混合或渐变的图像，以及将照片图像导出为诸如 GIF 的 8 位图形文件格式时，抖动尤其有用。但同时也会增加图像文件的容量。抖动选项仅适用于 GIF、其他 8 位图形文件格式和 WBMP。

颜色表——显示的是输出对象时使用到的各种颜色。

在颜色表下有用于编辑颜色的六个工具按钮。

替换选中色彩——在颜色表中选中一种色彩后，使用该工具重新选择一种色彩进行替换。

设置透明度——将颜色表中某一色彩设置为透明色。

接近网页安全色——强置图像色彩接近于网页安全色，使其在显示设置为 256 色的计算机上进行网页浏览时不会或降低色彩抖动。

锁定色彩——锁定被选中的颜色，以便在更改调色板或减少调色板的颜色数目时无法将其删除或更改。当颜色被锁定之后切换到另一个调色板时，锁定的颜色将被保留在新的调色板中。

新增色彩——为颜色表新添一种色彩。

删除色彩——删除颜色表中的色彩。

在颜色表左下角边上还有三个用来设置图像透明度的工具，使用左起第一个工具可把颜色表中的某一色彩或对象中的色彩设置成透明色。如图 5-87 所示，在图像的“预览”框中，单击白色部分后，图像中所有白色都变成了透明。

使用第二、第三两个工具是增加或删除透明色彩。

在这三个设置图像透明度工具右边还有一个下拉菜单，如图 5-88 所示。

图 5-87

图 5-88

不透明——图像中不设置任何透明色。

索引色透明——我们在 Fireworks 中所绘制的图像即使背景为透明，但在导出为 GIF 格式后，它的背景却并非是透明的。因此在导出前就要事先选择“索引色透明”，以确保图像在导出后背景色为透明。

Alpha 透明度——用于导出具有渐变透明和半透明像素的图形。

删除未使用的颜色——删除颜色表内未在图像中使用的颜色。

交错式浏览器显示——使图像在浏览器中观看时先以低分辨率进行显示，到图像下载结束时后再显示为完整的分辨率。该选项仅适用于 GIF 和 PNG 文件格式。

在“选项”卡的右下角还有两个按钮，分别为“导出向导”和“优化到指定大小”。

导出向导——可按该向导的一步步提示进行选择，从面导出图像。

优化到指定大小——可自行设定导出文件的大小。

“文件”设置：单击“导出预览”窗口中的“文件”选项卡，如图 5-89 所示。

缩放区——可以设置导出图像的缩放比例和宽、高度。

导出区域——选择该项后可直接在 X，Y 栏中输入起始坐标，在 W，H 栏中输入宽、高度。此时，在图像的预览区中，图像四周会出现六个控制点，通过拖动这些控制点也可以设定图像的导出区域。

图 5-89

2. 输出 GIF 动画

在“导出预览”窗口中导出 GIF 动画时，可以先在“选项”设置中的格栏内选择“GIF 动画”，然后对该动画进行相关的优化设置后单击“动画”选项卡，如图 5-90 所示。

帧的处置——在该选项卡的上面有个垃圾桶图标，可用于指定帧的处置方法。

帧的延迟——在该项上面有个时钟的图标，可设置被选中帧的延迟时间。

帧的播放次数——在“永久”下拉菜单中可以设置动画文件在导出保存为网页格式时的播放次数。

裁剪每个帧——可将动画中的每一帧都裁剪成一个矩形区域，只输出各帧之间不同的图像区域。

保存帧之间的差异——取消该项后，只会输出各帧之间有变化的图像。

各项设置完成后单击“导出预览”窗口右下角中的“导出”按钮，然后选择文件的保存格式及存放路径即可。

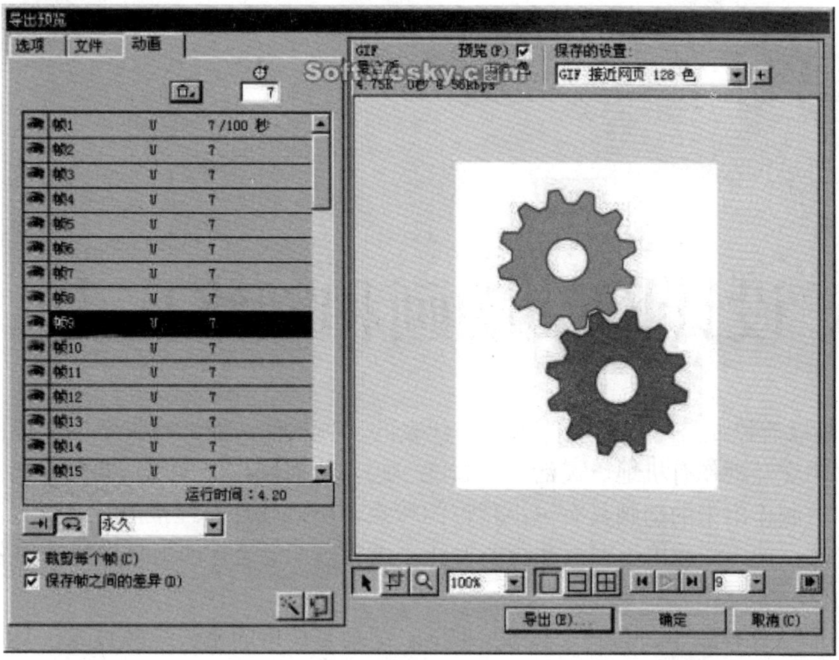

图 5-90

3. 输出 JPEG 文件

由于 JPEG 格式的文件总是以 24 位颜色进行保存和输出，因此无法像 GIF 格式那样通过编辑其调色板进行优化。所以当选择输出 JPEG 格式的图像时，颜色表为空，如图 5-91 所示。

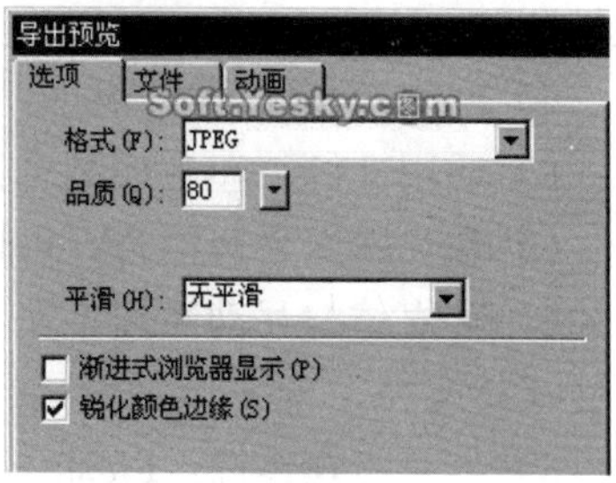

图 5-91

品质——设置 JPEG 图像的输出品质。品质越高文件也就越大。

平滑——设置图像表面的光滑度。

渐进式浏览器显示——选择该项后，在浏览器上查看此图像时，将由模糊逐渐到清晰的方式来显示。

锐化颜色边缘——将强化图像色边缘的锐化值，使图像更加清晰。

第6章 设计网站动画和网络广告

Flash 是以流控制技术和矢量技术等为代表的动画软件，能够将矢量图、位图、音频、动画、视频和交互动作有机地、灵活地结合在一起，从而制作出美观、新奇、交互性很强的动画效果。它制作出来的动画具有短小精悍的特点，所以软件一经推出，就受到了广大网页设计者的青睐，被广泛应用于网页动画的设计，成为当今最流行的网页设计软件之一。

Flash 的技术特点：

1）Flash 文件体积小、传输速度快。Flash 动画是使用的是矢量图技术，具有文件体积小、传输速度快、播放采用流式技术的特点，所以 Flash 动画在互联网上被广泛传播。

2）Flash 制作动画的成本低。使用 Flash 制作动画能够大大地减少人力、物力的消耗，同时在制作时间上也会减少。

3）Flash 动画在制作完成后，可以把生成的文件设置成带保护的格式，维护了设计者的版权利益。

4）Flash 的播放插件很小，很容易下载并安装，而且在浏览器中可以自动安装。

5）通用性好，在各种浏览器中都可以有统一的样式。

6）和互联网紧密接合，可以直接与 Web 页连接。

7）多媒体与互动性强。在 Flash 中可以整合图形、音乐、视频等多媒体元素，并且可以现交互。

8）具有跨媒体性。Flash 不仅可以在计算机上播放，还可以在其他任何内置 Flash 播放器的移动设备上进行播放。

9）简单易学，普及性强。Flash 简单易学，不必掌握高深的动画知识，就可以制作出非常漂亮的动画效果。

Flash 的应用范围：

1. 网站动画

使用 Flash 可以更好地表现出图像的动态效果，而且生成的文件很小，可以很快显示出来，所以在现在的网页中越来越多地使用 Flash 动画来装饰页面的效果。

2. Flash 产品广告

使用 Flash 动画的形式来宣传产品的广告，主要用于在互联网上进行产品、服务或者企业形象的宣传，是互联网上非常好的广告表现形式。

3. Flash 游戏

Flash 是目前制作网络交互动画优秀的工具，支持动画、声音以及视频，并且通过 Flash 的交互性可以制作出很多漂亮的 Flash 小游戏。

4. Flash 动漫与 MTV

由于采用矢量技术这一特点，Flash 非常适合制作漫画，再配上适当的音乐，比传统的动漫更具有吸引力，而且使用 Flash 制作的动画文件很小，更适合网络传播。

5. 手机应用

Flash 作为一款跨媒体的软件在很多领域得到应用，尤其是 Adobe 公司逐渐加大了 Flash 对手机的支持，并利用 FlashAIR 可以实现跨操作系统的集成平台，开发出在主流系统下可以运行的软件程序。

6. Flash 网站

Flash 具有良好的动画表现力与强大的后台技术，并支持 html 与网页编程语言的使用，使得 Flash 在制作网站上具有很好的优势。

7. Flash 视频

自从 Flash MX 版本开始全面支持视频文件的导入和处理，在随后的版本中不断加强了对 Flash 视频的编辑处理以及导出功能，并且 Flash 支持自主的视频格式“.flv”，可以实现流式下载，文件非常小。

当然，Flash 软件的应用远远不止以上这些方面，它在电子商务与其他的媒体领域也有不乏的应用，在此仅列出一些主要的应用范围，随着 Flash 技术的发展，Flash 应用范围也越来越广泛。

6.1 Flash 的工作环境简介

6.1.1 Flash CS6 的工作界面

打开 Flash CS6 软件，其工作界面显示如图 6-1 所示。

1. 菜单栏

在菜单栏中分类提供了 Flash CS6 中所有的操作命令，几乎所有的可执行命令都可在这里直接或间接地找到相应的操作选项。

2. 基本功能

Flash CS6 提供了多种软件工作区预设，在该选项的下拉列表中可以选择相应的工作区预设，如图 6-2 所示，选择不同的选项，即可将 Flash CS6 的工作区更改为所选择的工作区预设。在列表的最后提供了“重置基本功能”“新建工作区”“管理工作区”3 种功能，“重置基本功能”用于恢复工作区的默认状态，“新建工作区”用于创建个人喜好的工作区配置，“管理工作区”用于管理个人创建的工作区配置，并可执行重命名或删除操作，如图 6-3 所示。

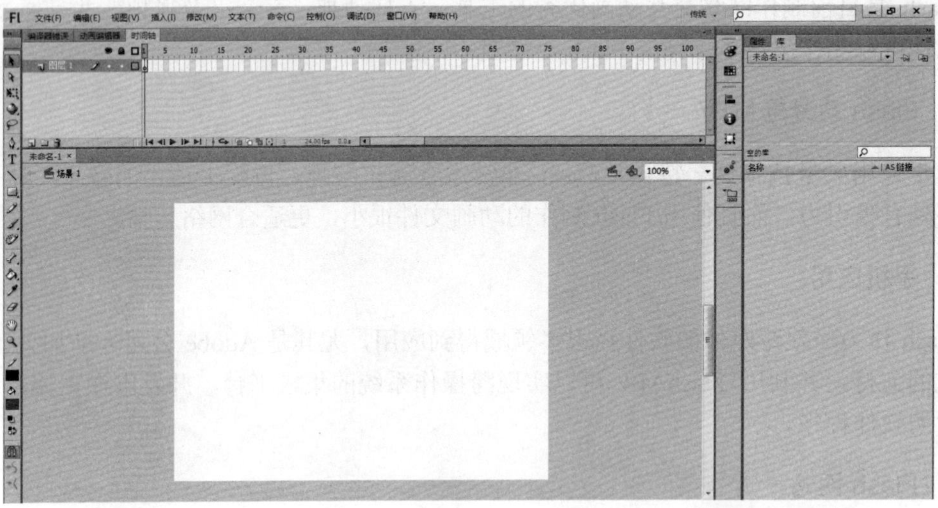

图 6-1

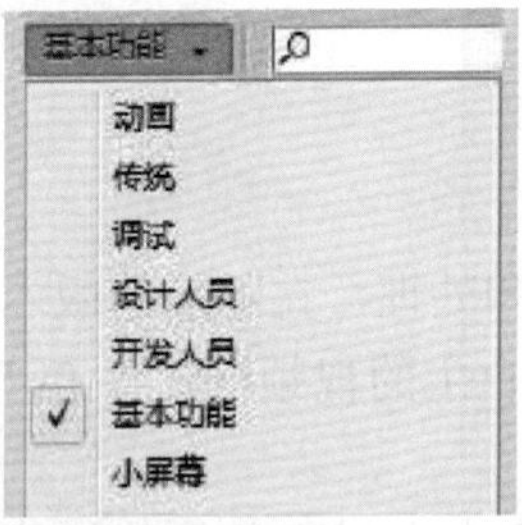

图 6-2

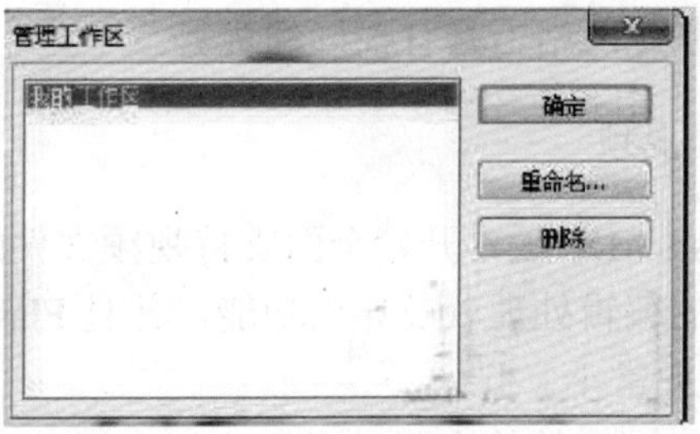

图 6-3

3．“文档窗口”选项卡

在“文档窗口”选项卡中可显示文档名称，当用户对文档进行修改而未保存时，则会显示“*”号作为标记。如果在 Flash CS6 软件中同时打开了多个 Flash 文档，可以单击相应的文档窗口选项卡，进行切换。

4．搜索框

该选项提供了对 Flash 中功能选项的搜索功能，在该文本框中输入需要搜索的内容，再按〈Enter〉键即可。

5．编辑栏

左侧显示当前“场景”或“元件”，单击右侧的“编辑场景”按钮，在弹出的菜单中可以选择要编辑的场景。单击旁边的“编辑元件”按钮，在弹出的菜单中可以选择要切换编辑的元件。

如果希望在 Flash 工作界面中设置显示/隐藏该栏，则可以执行“窗口>工具栏>编辑栏”命令，即可在 Flash CS6 工作界面中设置显示/隐藏该栏。

6．舞台

动画显示的区域，用于编辑和修改动画。

7．“时间轴”面板

“时间轴”面板也是 Flash CS6 工作界面中的浮动面板之一，是 Flash 制作中操作最为频繁的面板之一，几乎所有的动画都需要在“时间轴”面板中进行制作。

8．浮动面板

用于配合场景、元件的编辑和 Flash 的功能设置，在“窗口”菜单中执行相应的命令，可以在 Flash CS6 的工作界面中显示/隐藏相应的面板。

9．工具箱

在工具箱中提供了 Flash 中所有的操作工具，如笔触颜色和填充颜色，以及工具的相应设置选项，通过这些工具可以在 Flash 中进行绘图、调整等相应的操作。

6.1.2 菜单栏

菜单栏处于 Flash 工作界面的最上方，其中包含了 Flash CS6 的所有菜单命令、工作区布局按钮、关键字搜索以及用于控制工作窗口的 3 个按钮——最小化、最大化（还原）、关闭，如图 6-4 所示。

图 6-4

菜单命令包括 Flash 中的大部分操作命令，自左向右分别为“文件”“编辑”“视图”“插入”“修改”“文本”“命令”“控制”“调试”“窗口”和“帮助”。

①“文件”：该菜单主要用于操作和管理动画的文件，包括比较常用的新建、打开、保存、导入、导出、发布等。

②“编辑”：该菜单主要用于对动画对象进行编辑操作，如复制、粘贴等。

③“视图”：该菜单主要用于控制工作区域的显示效果，如放大、缩小以及是否显示标尺、网格和辅助线等。

④“插入”：该菜单主要用于向动画中插入元件、图层、帧、关键帧、场景等。

⑤“修改”：该菜单主要用于对对象进行各项修改，包括变形、排列、对齐以及对位图、元件、形状进行各项修改等。

⑥“文本”：该菜单主要用于对文本进行编辑，包括大小、字体、样式等属性。

⑦“命令”：该菜单主要用于管理与运行通过“历史记录”面板所保存的命令。

⑧“控制”：该菜单主要用于控制影片播放，包括测试影片、播放影片等。

⑨“调试”：该菜单主要用于调试影片中的 ActionScript 脚本。

⑩“窗口”：该菜单主要用于控制各种面板的显示与隐藏，包括时间轴、“工具”面板、工具栏以及各浮动面板等。

⑪“帮助”：该菜单提供了 Flash CS6 的各种帮助信息。

6.1.3 工具栏

工具栏如图 6-5 所示。

图 6-5

1．选择工具

Flash 中的选择工具，用途包括选择、移动、编辑、使图形边框的线段变平滑或伸直。

（1）选择

选择的方法一是框选，可以框选全部或框选部分，二是点选，对于有边框和填充色的图形双击把边框和填充色选中。按住〈Shift〉键点选，可以选择不连续的多个图形。

（2）移动

按下左键拖动光标可移动图形。

（3）编辑

当光标移动到图形边框时，光标右下方出现圆弧线，按下左键拖动，可改变图形边框形状，改变的边框是曲线，当按下〈Ctrl〉键或〈Alt〉键再拖动光标，则边框改变带尖角的直线。当光标移动到图形边框时，光标右下方出现直角，按下左键拖动，可移动图形定点位置，从而改变图形形状。

（4）改变形状

如果我们想把一条直线变成弧线，就需要使用“选择工具”，当“选择工具”接近直线时，在其他的黑色箭头下会出现个“小弧线”，这时按住鼠标向下或向上拖动，就可以改变“直线”为“弧线”。如果我们想把“一条直线”改变成 S 型线，也可以通过“选择工具”来实现。在选择和改变形状的过程中，还可以配合快捷键的使用而增加他更多的功能，比如按住〈Alt〉键拖动为复制操作，按住〈Shift〉键选择图形为多选图形等。

2．部分选取工具

Flash 部分选取工具，主要用于钢笔绘制的线段和图形的锚点调整。配合相应的按键使用，可以实现不同的功能。

Alt 键：对于直角线段和直线的锚点，按下键盘〈Alt〉键可以将直角线段和直线改变为曲线；在调整曲线时，可以使用“部分选取工具”选择控制点会出现两条控制杆，普通操作时，两条控制杆会同时改变位置，按下键盘〈Alt〉键，可以对其中的一条控制杆进行调整，另外一条控制杆不受影响。如果不选锚点，而是选择线段按〈Alt〉键拖动，可以复制线段。

Ctrl 键：使用“部分选取工具”时，按下键盘〈Ctrl〉键，可以临时切换为“任意变形工具”，这时可以对图形或线段进行调整，当松开〈Ctrl〉键后，又会变回“部分选取工具”。

Shift 键：使用“部分选取工具”对多个图形进行修改操作可以按下键盘〈Shift〉键。

Delete 键：使用部分选取工具选择锚点后，按下键盘〈Delete〉键可以对锚点进行删除。

3．任意变形工具

“任意变形工具”可以改变图形的基本形状。当选择了“任意变形工具”时，在工具箱的下端选项区中会有四个功能提供选择，分别是："旋转与倾斜""缩放""扭曲"和"封套"功能。图 6-6 为使用封套功能对文字进行变形。

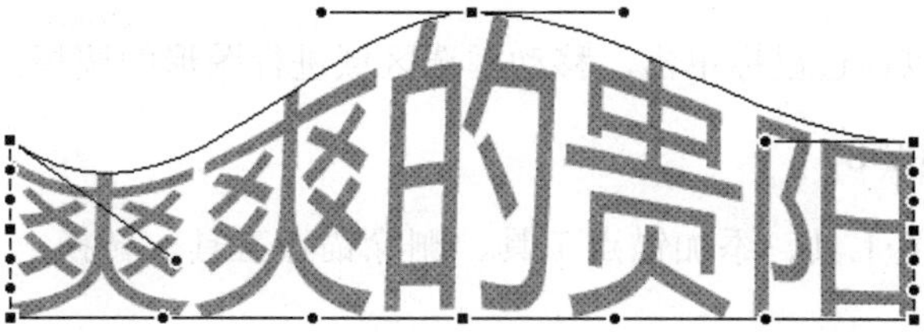

图 6-6

4．填充变形工具

通过"填充变形工具"可以对颜色渐变形状、位置、大小范围进行调整。当图形有了渐变填充颜色后，用变形工具单击图形渐变区域，出现四个调节控制点，如图 6-7 所示。

① 是移动整个颜色渐变位置的。

② 是调渐变范围的。

③ 是调渐变大小的。

④ 是调整旋转渐变的。

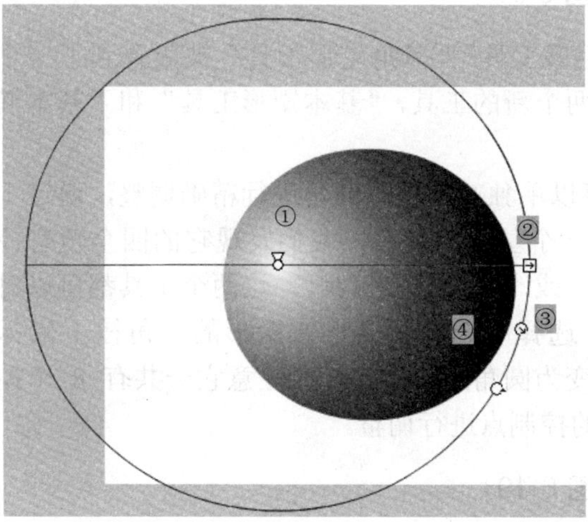

图 6-7

5．3D 平移和 3D 旋转工具

Flash 允许用户在舞台的 3D 空间中移动和旋转影片剪辑来创建 3D 效果。Flash 通过影片剪辑实例的 Z 轴属性来表示 3D 空间。通过使用 3D 平移和 3D 旋转工具沿着影片剪辑实例的 Z 轴移动和旋转影片剪辑实例，可以向影片剪辑实例中添加 3D 透视效果。是它具有了 3D 旋转的功能，之前的 Flash 只能对图像 X 轴和 Y 轴进行调节，现在已经可以对 Z 轴进行调节了，X 轴、Y 轴、Z 轴三个方向的调节，使 Flash 的 3D 旋转功能更加实用。

6．套索工具

套索工具可以对图形进行选择，可以对图形的任意选择区域进行编辑。当选择了套索工具后，在选项区中会有三个按钮，分别是魔术棒、魔术棒设置、多边形模式。

直接选择套索工具，它可以对使用 Flash 软件绘制的图形进行不规则选择。

魔术棒：魔术棒是针对导入到舞台的图片，将图片分离后，就可以使用魔术棒对颜色相同的区域进行选择了。

多边形模式：可以通过鼠标单击，移动框选区域进行图形的选择。

7. 钢笔工具（图 6-8）

钢笔工具包括钢笔工具、添加锚点工具、删除锚点工具、转换锚点工具。

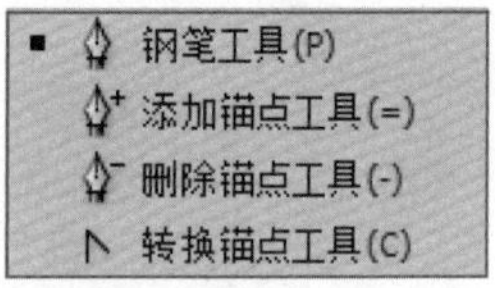

图 6-8

8. 文本工具 T

文本工具中提供了三种文本类型，如“静态文本”“动态文本”和“输入文本”。

9. 直线工具

主要用于绘制直线。当选择了“直线工具”时，在工具箱的选项区里有两个按钮，分别是“对象绘制”和“贴紧至对象”按钮。当选择了“对象绘制”按钮时，在舞台中所绘制的“直线”自动转换为“组”。当选择了“贴紧至对象”按钮时，在绘制形象时，线段会开启“吸附”功能，可以更好地绘制形象。

10. 矩形工具（图 6-9）

“椭圆工具”和“矩形工具”“多角星形工具”被集合到了一个工具组中，同时又增加了两个新的工具，“基本矩形工具”和“基本椭圆工具”。

“基本矩形工具”可以单独对某一个圆角进行精确调整，通过工具调整在舞台中绘制好了一个基本矩形后，我们发现它的四个角有控制点，请选择“选择工具”或“部分选取工具”，这两个工具都可以对矩形的控制点进行调整，选择“选择工具”在矩形的一角按下鼠标左键，并拖动，它就可以变为圆角矩形了。此时注意它一共有 8 个控制点，可以分别选择不同的控制点进行调整。

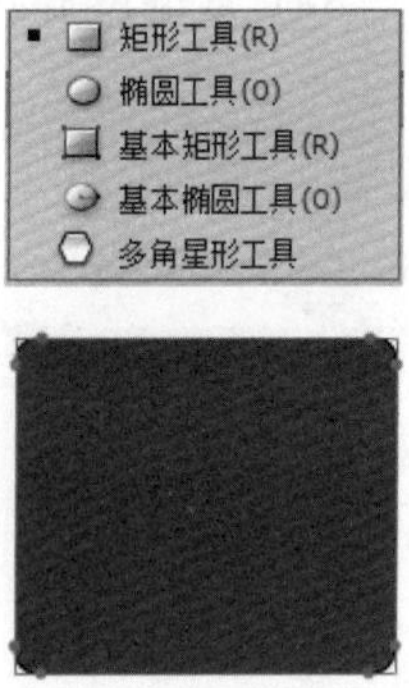

图 6-9

11. 铅笔工具（图 6-10）

“铅笔工具”可以任意的绘制线段，“铅笔工具”的三种类型分别是“伸直”“平滑”“墨水”。伸直：选择伸直模式，绘制的图形线段会根据绘制的方式自动调整为平直或圆弧的线段。

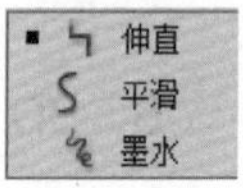

图 6-10

平滑：选择平滑模式，所绘制直线被自动平滑处理，平滑是动画绘制中首选设置。

墨水：选择墨水模式，所绘制直线接近手绘，即使很小的抖动，都可以体现在所绘制线条中。

12. 钢笔工具（图 6-11）

钢笔工具用于绘制精确的直线或曲线或图形。

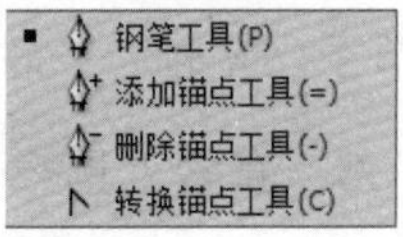

图 6-11

在“首选参数”面板下“类别”栏中选择“绘画”，进入“绘画”设置面板，可以对钢笔工具的显示钢笔预览、显示实心点、显示精确光标等进行设置。选择“显示钢笔预览”选项，在使用“钢笔工具”时，就会提前预览到线段的位置，未选择该选项，则没有预览显示。选择“显示实心点”选项，“钢笔工具”绘制的路径点显示为实心点，在点选此选项之前，所有路径点显示为空心点。选择“显示精确光标”选项，“钢笔工具”显示为“十字光标”。

13. 刷子工具（图 6-12 和图 6-13）

刷子工具——模拟软笔的绘画方式，可用于绘制任意的线条或图形，也可用于随意填充颜色，刷子工具包含以下几种选项：

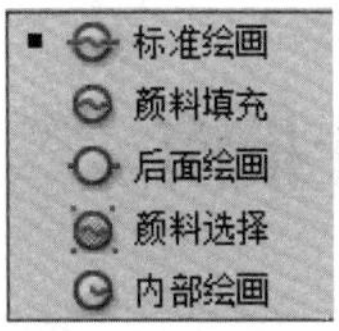

图 6-12

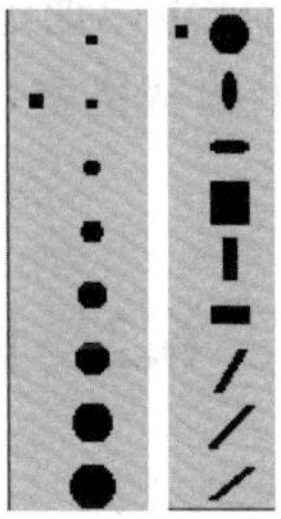
图 6-13

1）标准绘画：笔刷进行绘画时，会覆盖住原有图形，但不影响导入的图形和文本对象。

2）颜料填充：笔刷进行绘画时，会覆盖原有图形，但不会对线条起作用。

3）后面绘画：使用笔刷进行绘制时，只能在之前的图形下面进行绘画。

4）颜料选择：在选定区域内进行绘画，使用选择工具或套索工具对色块进行选择后，在选择区域内绘画。

5）内部绘画：笔刷只能在完全封闭的区域内进行绘画，起点在空白区域，只能在空白区域进行绘画。

6）通过“刷子大小”下拉菜单，可以对刷子的大小进行选择。

7）通过“刷子形状”下拉菜单，可以对刷子形状进行选择，在“刷子形状”下拉菜单中提供了圆、椭圆、方形、长方形、斜线形等形状。

14. 橡皮擦工具（图 6-14）

橡皮擦工具很多实用的功能，可以帮助动画绘制人员快速处理制作中的问题。在橡皮擦的下拉选项中提供了标准擦除、擦除填色、擦除线条、擦除所选填充和内部擦除。

图 6-14

标准擦除：当选择了橡皮擦工具的标准擦除后，可以对同一图层中的形状、边线和打散的位图及文字进行擦除。

擦除填色：这个选项比较独特，在动画制作中也经常会使用到，当选择了擦除填色时，橡皮擦经过的地方，只会对填充的色块造成影响，线条不会被擦除。

擦除线条：当选择擦除线条选项后，只能擦除外部边线，不会对填充的颜色造成影响。

擦除所选填充：当使用套索工具选择了图形后，橡皮擦工具可以擦除被选择的部分。

内部擦除：当选择了内部擦除后，只能擦除图形封闭区域内的连续的填充色。

在橡皮擦工具的选项区中，有一个水龙头选项，选择了水龙头选项后，通过单击鼠标左键可以快速删除图形的填充色和边线。

橡皮擦形状选项下拉菜单中可以对橡皮擦的形状和大小进行调整。

15. 缩放工具

缩放工具用于更改舞台显示的缩放比率，以便查看整个舞台，或者以特定的缩放比率查看舞台的特定区域。

16. 手形工具

手形工具用于移动舞台，以便在不更改缩放比率的情况下更改视图。

当鼠标变为手形以后就可以通过按下鼠标实现对舞台的移动，在使用 Flash 制作动画的过程中，只要按下键盘上的空格键，都可以临时变为“手形工具”，松开空格键，则又恢复到之前的工具。

6.2 网站广告设计指南

6.2.1 网络广告的概念

所谓网络广告，就是指在互联网上发布的以数字代码为载体的经营性广告。与传统的媒体广告相比，网络广告有着得天独厚的先天优势。网络广告将成为继传统四大媒体（电视、广播、报纸、杂志）之后的第五大媒体。

6.2.2 网络广告的特点

1. 覆盖面广

网络广告的传播范围广泛，可以通过互联网络把广告信息 24 小时不间断地传播到全球各地，不受时间限制，也不受地域限制。

2. 自主性

网络广告属于按需广告，具有报纸分类广告的性质却不需要你彻底浏览，它可让用户自由查询，将要找的资讯集中呈现出来，避免无效的被动的注意力集中。

3. 统计准确性

网络广告无论是广告在用户眼前曝光的次数，还是用户产生兴趣后进一步单击广告以及这些用户查阅的时间分布和地域分布，都可以进行精确地统计。从而有助于客户正确评估广告效果，审定广告投放策略。

4. 调整实时性

在传统媒体上做广告发版后很难更改，即使可改动也须付出一定的资金和浪费不少时间。而在网页上投放的广告能按照需要及时变更广告内容，因而，经营策略可以及时调整和实施。

5. 交互性和感官性

网络广告的载体基本上是多媒体、超文本格式文件，只要受众对某产品感兴趣，仅需单击鼠标就能进一步了解更多、更为详细、生动的信息，从而使消费者能亲身“体验”产品、服务与品牌。

6.2.3 网站广告设计基本原则

1. 遵循科学性

在广告设计过程中，应该自觉运用人的视觉规律、听觉规律和心理联想机制，使广告作品的字体、色彩、情节等符合人的感知规律，以科学为保障，提高广告作品的影响力。

2. 艺术性

从某种意义上讲，广告宣传作品的设计也是艺术创作，因此，在广告作品设计过程中，以艺术化的表现手法渲染艺术化的作品意境，提高广告作品的艺术品位，然后借助艺术品位强化广告作品的市场效用。

3. 注重特色性

在广告作品设计中，从字体运用、图画创作到情节设计、色彩组合都应该形成自己独特、鲜明的风格，以特色化的作品形象提高广告的影响力。

4. 强化吸引性

设计中应该集中公众最感兴趣的内容，凝聚在一起，置于最显眼之处，突出宣传的核心信息，以便有效地吸引公众的注意力。

5. 针对性

不同的商品拥有不同的目标公众，他们的审美情趣、艺术品位不尽相同，这是策划广告宣传必须注意的事实。

6.2.4 网站广告的类型

1. 网幅广告（包含 Banner、Button、通栏、竖边、巨幅等）

网幅广告是以 GIF、JPG、Flash 等格式建立的图像文件，定位在网页中大多用来表现广告内容，同时还可产生交互性，增强表现力。

2. 文本链接广告

文本链接广告是以一排文字作为一个广告，单击都可以进入相应的广告页面。

3. 电子邮件广告

电子邮件广告具有针对性强、费用低廉的特点，且广告内容不受限制。

4. 赞助

赞助式广告的形式多种多样，在传统的网络广告之外，给予广告主更多的选择。广告与内容的结合可以说是赞助式广告的一种，从表面上看起来它们更像网页上的内容而并非广告。

5. 弹出式广告

访问者在打开网页时强制插入一个广告页面或弹出广告窗口。弹出式广告有各种尺寸，有全屏的也有小窗口的，从静态的到全部动态的都有。它们的出现没有任何征兆，肯定会被浏览者看到。

6. 富媒体

富媒体（Rich Media）并不是一种具体的互联网媒体形式，而是指具有动画、声音、视频和/或交互性的信息传播方法，包含流媒体、声音、Flash 以及 Java、Javascript、DHTML 等的组合。

6.3 制作网页广告实例

6.3.1 设计 Banner 宣传广告实例

Banner 广告，即标志广告，又称横幅广告，全副广告，条幅广告，旗幅广告。Banner 是位于网页顶部，中部，底部任意一处，但是横向贯穿整个或者大半个页面的广告条。本节以制作一个公司 Banner 宣传广告为例，讲解 Flash 的综合应用。

1. 主题

以宣传公司产品优点。

2. 知识点

（1）元件与实例

元件是指在 Flash 中创建的图形、按钮或影片剪辑，可以在影片中重复使用，元件可以包含从其他应用程序中导入的插画，任何创建的元件都会自动变成当前项目库的一部分。

图形元件：可以重复使用的静态图像，或连接到主影片时间轴上的可重复播放的动画片段。图形元件与影片的时间轴同步运行。

按钮元件：是一个只有 4 帧的影片剪辑，但它的时间轴不能播放，只是根据鼠标指针的动作做出简单的响应，并转到相应的帧。

影片剪辑元件：可以完全独立于主场景时间轴并且可以重复播放的静态图像或动画。

实例是指位于舞台上或嵌套在另一个元件内的原件副本，实例可以与它的元件的颜色大小和功能上差别很大，编辑原件会更新它的所有实例，但对元件的一个实例应用效果则只更新该实例。

元件与实例关系：

重复使用实例会增加文件的大小，是使文档文件保持较小的策略中很好的一部分。元件还简化了文档的编辑，当编辑元件时，该元件的所有实例都相应地更新以反映编辑。元件的另一好处是使用它们可以创建完善的交互性。实例是对原始元件的引用。

（2）如何创建元件

① 通过“插入—新建元件”命令，打开元件创建对话框，输入名称和选择类型，设定文件夹，如图 6-15 所示。

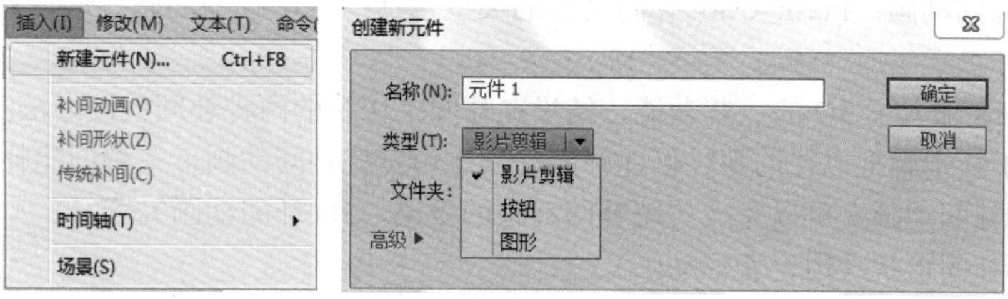

图 6-15

② 通过库面板，单击新建元件按钮，打开元件创建对话框，输入名称和选择类型，设定文件夹。

③ 在场景中选择需要创建的对象，单击右键，在弹出菜单中选择“转换为元件”，打开元件创建对话框，输入名称和选择类型，如图 6-16 所示。

（3）色彩样式（图 6-17）

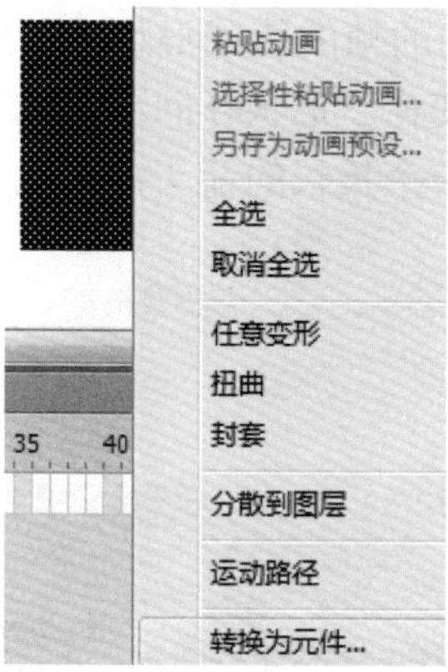

图 6-16

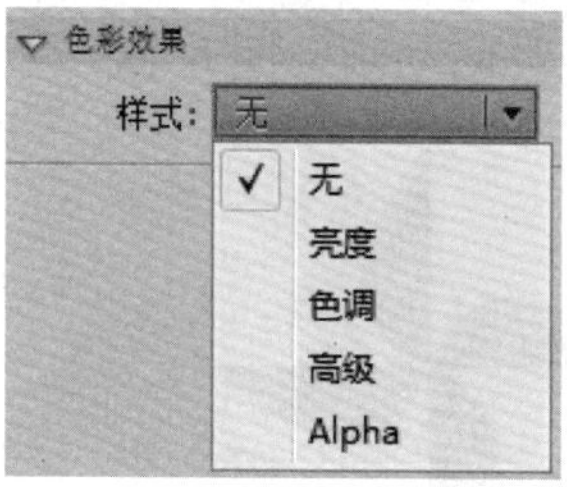

图 6-17

Flash 每个元件实例都可以有自己的色彩效果。要设置实例的颜色和透明度选项，请使用属性检查器。当在特定帧中改变一个实例的颜色和透明度时，Flash 会在显示该帧时立即进行这些更改。当补间颜色时，在实例的开始关键帧和结束关键帧中输入不同的效果设置，然后补间这些设置，以让实例的颜色随着时间逐渐变化。如果对包含多帧的影片剪辑元件应用色彩效果，会将该效果应用于该影片剪辑元件中的每一帧。

“色彩效果”部分的“样式”菜单中选择有下列选项：

亮度：调节图像的相对亮度或暗度，度量范围是从黑（–100%）到白（100%）。

色调：用相同的色相为实例着色。要设置色调百分比（从透明 0%到完全饱和 100%），请使用属性检查器中的色调滑块。若要调整色调，请单击此三角形并拖动滑块，或者在框中输入一个值。若要选择颜色，请在各自的框中输入红、绿和蓝色的值；或者单击“颜色”控件，然后从“颜色选择器”中选择一种颜色。

Alpha：调节实例的透明度，调节范围是从透明（0%）到完全饱和（100%）。

高级：分别调节实例的红色、绿色、蓝色和透明度值。左侧的控件可以按指定的百分比降低颜色或透明度的值。右侧的控件可以按常数值降低或增大颜色或透明度的值。

（4）补间动画

Flash 中补间动画分两类：一类是用于形状变化的形状补间动画；另一类是用于图形及元件的动画补间动画。Flash CS6 补间动画的类型包括：运动补间动画、形状补间动画和传统补间动画。

因为 Flash 加入了 3D 的一些功能，结果在补间上传统的两种补间就没办法实现 3D 的旋转，所以为了区别就把以往的那种创建补间动画改为传统补间动画，三种创建补间的形式：

1）创建补间动画（可以完成传统补间动画的效果、3D 补间动画）。

2）创建补间形状（用于变形动画）。

3）创建传统补间动画（位置、旋转、放大缩小、透明度变化）。

运动补间动画是指在一个关键帧上放置一个元件，然后在另一个关键帧改变这个元件的大小、颜色、位置、透明度等，Flash 将自动根据二者之间的帧的值创建的动画。动作补间动画建立后，时间帧面板的背景色变为淡紫色，在起始帧和结束帧之间有一个长长的箭头。构成动作补间动画的元素是元件，包括影片剪辑、图形元件、按钮、文字、位图、组合等，但不能是形状，只有把形状组合（〈Ctrl+G〉键）或者转换成元件后才可以做动作补间动画。

形状补间动画是指在一个关键帧上绘制一个形状，然后在另一个关键帧上更改该形状或绘制另一个形状，Flash 将自动根据两个关键帧之间的帧的值或形状来创建的动画，它可以实现两个图形之间颜色、形状、大小、位置的相互变化。形状补间动画建立后，时间帧面板的背景色变为淡绿色，在起始帧和结束帧之间也有一个长长的箭头；构成形状补间动画的元素多为用鼠标或压感笔绘制出的形状。

（5）制作传统补间动画（图 6-18）

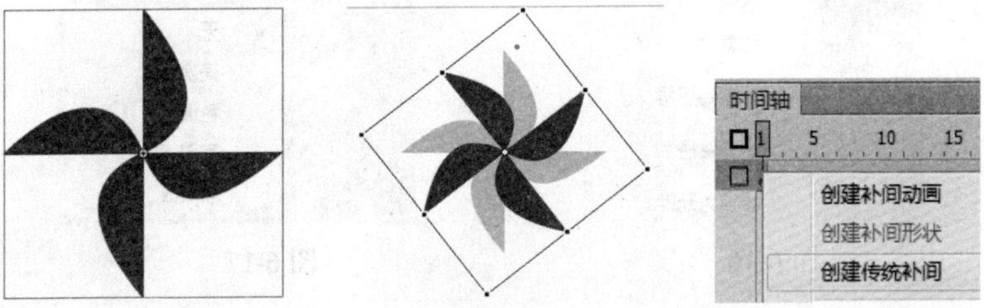

图 6-18

① 在时间轴第一帧绘制一个图形，按〈F8〉键将其转化为图形元件。

② 鼠标单击第 20 帧插入一个关键帧，将此帧上的图形做旋转（或位移或放大缩小变形）。

③ 选择第一帧点右键，在右键菜单里选择创建传统补间动画，则完成传统补间动画的制作。

（6）制作补间形状动画（图 6-19）

① 在时间轴第一帧绘制一个图形（如三角形）。

② 在时间轴第 20 帧插入一个空白关键帧，然后在这一帧绘制一个正方形。

③ 选择第一帧点右键，选择创建补间形状，则完成补间形状动画制作。

图 6-19

（7）制作 3D 旋转补间动画

① 在时间轴第一帧绘制一个椭圆，将其转为影片剪辑（这里要做 3D 旋转，而 3D 旋转只对影片剪辑有效），如图 6-20 所示。

② 在第 20 帧处插入帧（注意：是插入帧而不是插入关键帧），如图 6-21 所示。

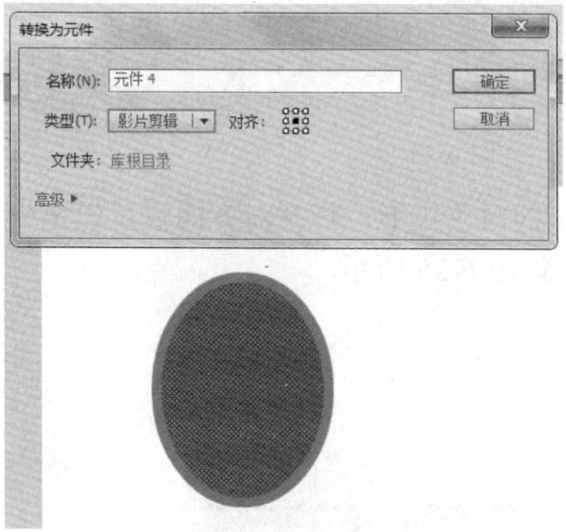

图 6-20

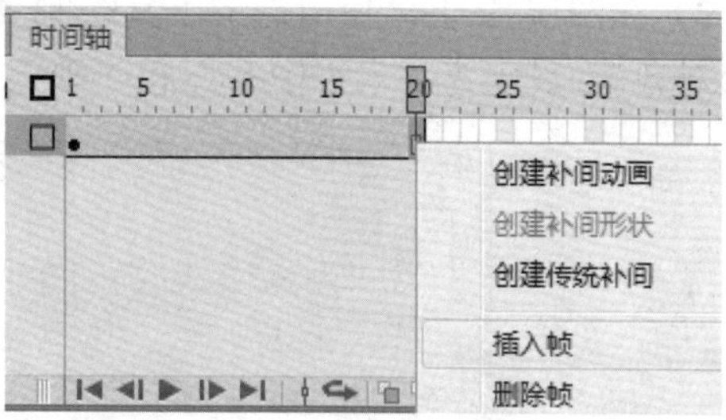

图 6-21

③ 选择第一帧点右键选择第一项创建补间动画，之后选择第 20 帧（注意：只选择第 20 帧而不是 1—20 帧）单击鼠标右键—插入关键帧—旋转，如图 6-22 所示。

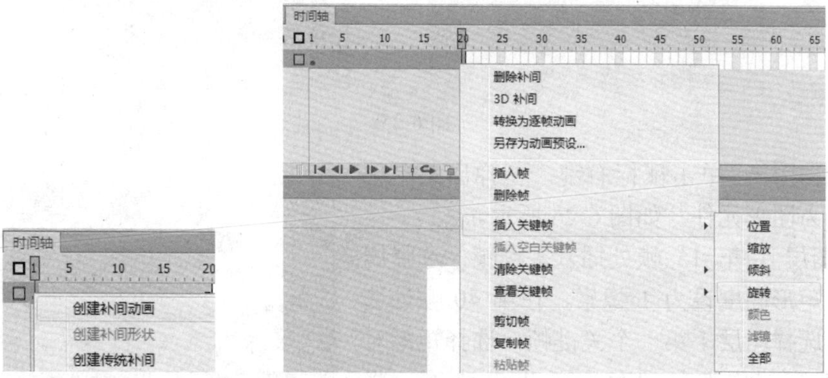

图 6-22

④ 选择工具栏上的 3D 旋转工具，给第一帧或第 20 帧做一个角度旋转，此时动画完成，如图 6-23 所示。

3. 制作过程

1）新建 468*60 的全幅 banner 广告，帧频为 24，背景为黑色，如图 6-24 所示。

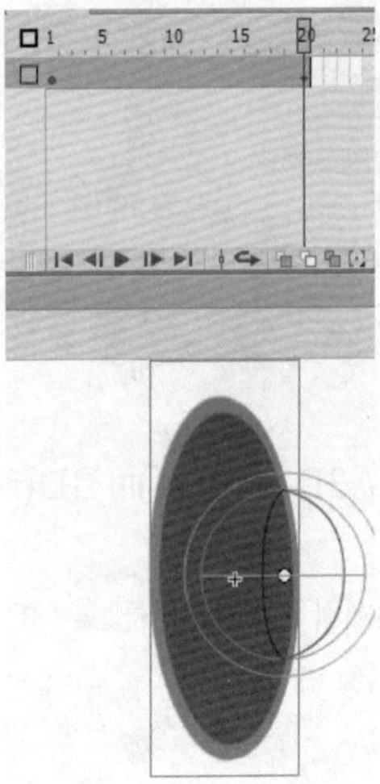

图 6-23

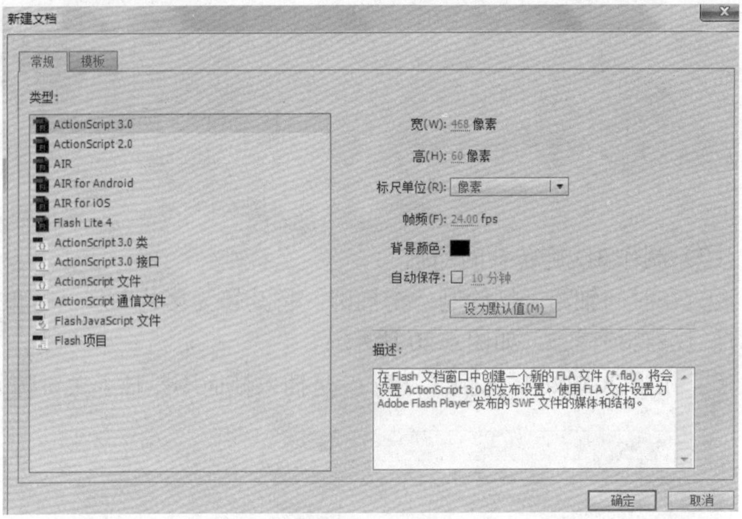

图 6-24

2）在图层 1 上，使用矩形工具绘制 468×300 的白色矩形，打开对齐面板，设定为“与舞台对齐”，设定为“水平中齐”和“垂直中齐”，如图 6-25 所示。

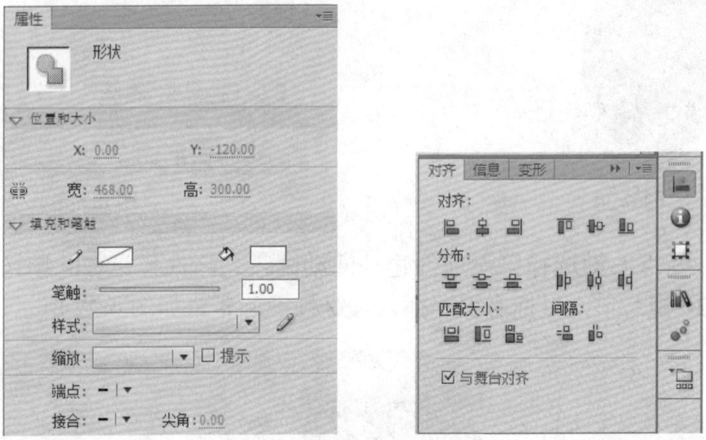

图 6-25

3）选择矩形，单击鼠标右键，在弹出菜单中将矩形转换为图形元件，如图 6-26 所示。

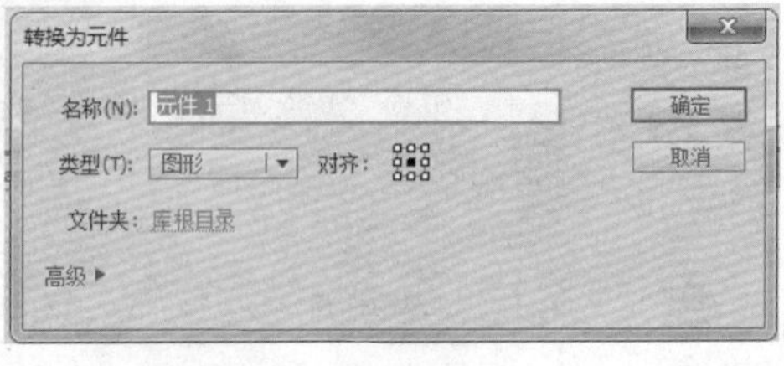

图 6-26

4）在图层 1 第 15 帧处插入关键帧，选择属性窗口，将矩形高度设为 1 像素，在第 40 帧处选择插入帧。选择图层 1 第一个关键帧，选择矩形对象，在属性窗口中选择“色彩效果”选项，将 Alpha 透明度调整为 30%，如图 6-27 所示。

5）选择“插入”—“时间轴”—“图层”，新建图层 2，如图 6-28 所示。

6）在图层 2 第 15 帧处插入关键帧，选择文本工具输入“华洋机械”文字，大小为 15，颜色白色，水平居中显示，如图 6-29 所示。

7）选择文字单击右键，在弹出菜单中选择分离，再次选中被分离的文字单击右键，在弹出菜单中选择“分散到图层”，分别将 4 个文字转换为图形元件。选中被分散到 4 个图层的文字，分别将关键帧拖到 15、18、21、24 帧，分别在 4 个文字图层的第 18、21、24、27 帧处插入关键帧。选择华字图层中第一个关键帧，选择华字元件，在属性面板中将宽高锁定，将宽设定为 70，将 Alpha 透明度调整为 0%。在两个关键帧中间添加传统补间。以此类推，为其他 3 个字更改属性并创建补间动画，如图 6-29 所示。

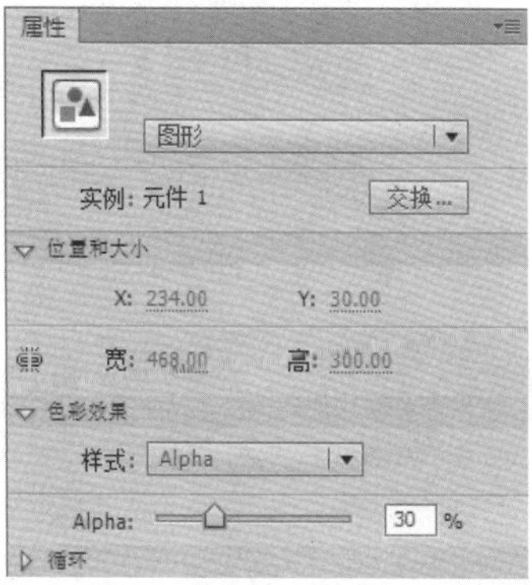

图 6-27

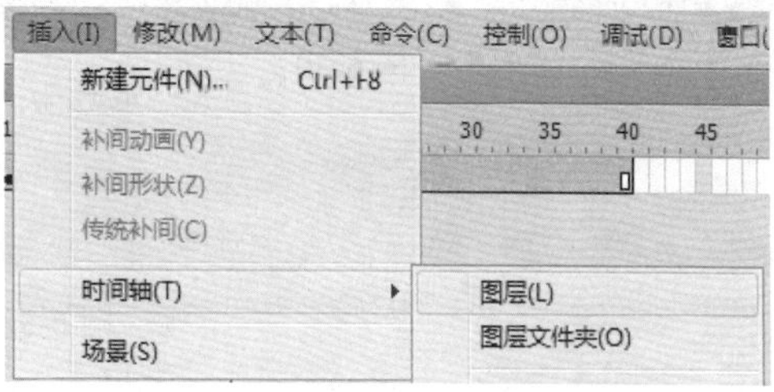

图 6-28

图 6-29

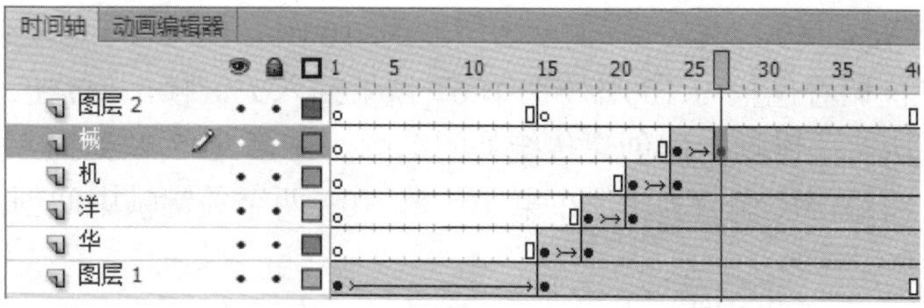

图 6-29

8）将图层 1、4 个文字图层帧延长到 40 帧。在图层 2 中第 40 帧处插入关键帧，将华、洋、机、械 4 个图层中第 18、21、24、27 帧的元件复制粘贴到图层 2 中第 40 帧处，粘贴时选择粘贴到当前位置，并将 4 个字转换为一个元件，如图 6-30 所示。

9）在图层 2 中第 45 帧处插入关键帧，选择文字元件，打开属性面板调整文字元件宽 615，高不变，Alpha 透明度为 0，在 2 个关键帧中间创建传统补间动画。

10）新建图层，命名为背景层。在背景层第 45 帧处插入关键帧，绘制 468×60 的矩形，并应用渐变填充，填充效果设置如图 6-31 所示。

11）将背景层中矩形转换为元件，分别在第 50、55、60 帧处插入关键帧，其第 45、50、55、60 帧元件位置和大小设置如图，在所有关键帧之间创建传统补间，如 图 6-32 所示。

12）新建图层命名为文字背景图层，在第 60 帧处插入关键帧，输入 HUAYANGJIXIE 拼音，大小为 12，间距 28，转换为图形元件 9，调整透明度为 49%，并设置 X：249.10，Y：19.05。复制图形 9，执行垂直翻转命令，调整透明度为 19%，并设置 X：249.10，Y：37.05，如图 6-33 所示。

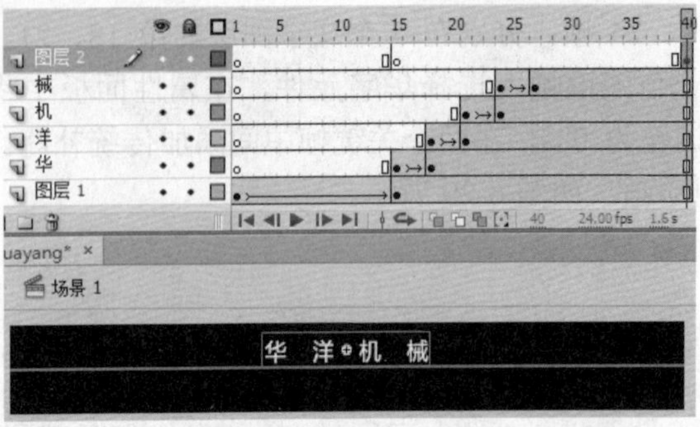

图 6-30

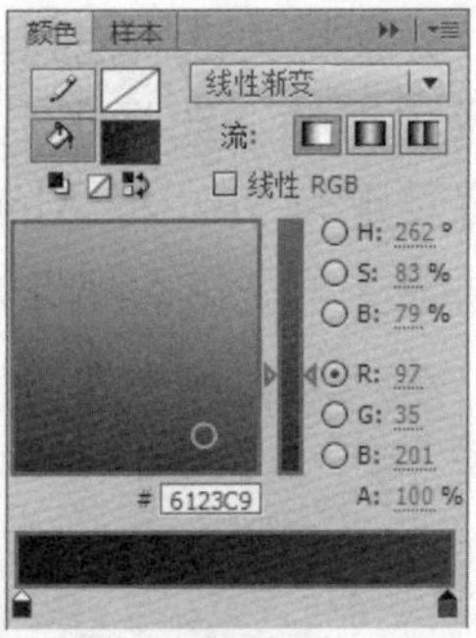

图 6-31

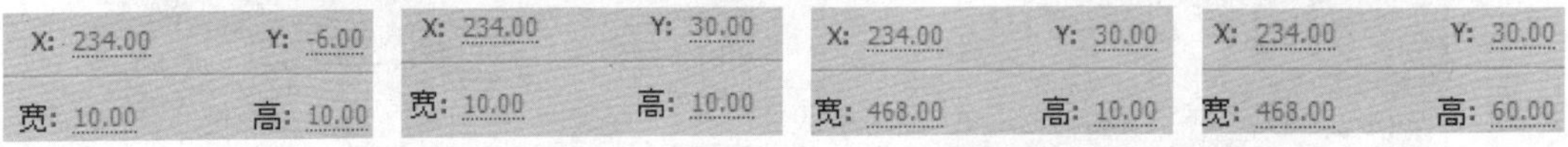

图 6-32

图 6-33

13）新建图层，命名为设备图层，在第 60 帧处插入关键帧，导入图片并转换为元件，调整大小为宽 79.75，高 53.85，并设置 X：393，Y：27，调整透明度为 16%。在第 65 帧处插入关键帧，设置 X：360，Y：27，调整透明度为 100%。在第 66 帧处插入关键帧，调整色调着色为白色，色调着色量为 100%。在第 67 帧处插入关键帧，调整色调着色为白色，色调着色量为 0。为所有关键帧之间创建传统补间动画。在第 105 帧处插入关键帧。在第 109 帧处插入关键帧，将透明度调整为 0，在第 105 和 109 两个关键帧中间创建传统补间动画。在第 121 帧处插入帧。

14）新建图层，命名为广告文字图层，在第 67 帧处插入关键帧，输入文字，大小为 12，白色，将文字转换为元件，并设置 X：158，Y：45。在第 85 帧处插入关键帧，并设置 X：182，Y：45。在第 88 帧处插入关键帧，将透明度调整为 0。为所有关键帧之间创建传统补间动画。在第 121 帧处插入帧。

15）新建图层，命名为技术唯一图层，在第 67 帧处插入关键帧，输入文字，大小为 25，白色，将文字转换为元件，将透明度调整为 16%，设置宽 150 高 31.7。在第 72 帧处插入关键帧，将透明度调整为 100%，设置宽 150，高 66.9，将透明度调整为 0。为所有关键帧之间创建传统补间动画。在第 85 帧处插入关键帧，第 88 帧处插入关键帧，将透明度调整为 0。为两个关键帧之间创建传统补间动画。

16）新建图层命名为“多用途介绍”图层，在第 88 帧处插入关键帧。输入相关文字，大小为 12，白色，将文字转换为元件，并设置 X：153.7，Y：45。在 103 帧处插入关键帧，调整并设置 X：176.7，Y：45。在第 109 帧处插入关键帧，设置透明度为 0，其他不变。在所有关键帧中间创建传统补间动画。在第 121 帧处插入帧。

17）新建图层命名为“多用途”图层，在第 88 帧处插入关键帧。输入相关文字，大小为 25，白色，将文字转换为元件，并设置 X：143，Y：18.45，宽 210.3，高 76.8，透明度 16%。在第 95 帧处插入关键帧。设置 X：105.65，Y：20.45，宽 79.35，高 29，透明度

100%。在两个关键帧中间创建传统补间动画。在第 103 帧处插入关键帧。在第 105 帧处插入关键帧，调整色调着色为黑色，色调着色量为 100%。在第 107 帧处插入关键帧，调整色调着色量为 0。在第 109 帧处插入关键帧，调整 Alpha 为 0。在第 121 帧处插入帧。

18）新建两个图层，分别在第 112 帧处插入关键帧，分别输入“华洋机械”“以人为本”，并转换为元件，分别在第 118 帧处插入关键帧，设置“华洋机械”元件向右移动 40，“以人为本”元件向左移动 40，设置 Alpha 为 0。

6.3.2 给 Flash 首页添加链接

1. 知识点

（1）ActionScript 3.0 概述

ActionScript 3.0 是针对 Flash Player 运行时环境的编程语言，它用于处理各种人机交互、数据交互等功能。ActionScript3.0 与 ActionScript 以前的版本有个本质上的不同。它是一门功能强大、符合业界标准的一门面向对象的编程语言。它在 Flash 编程语言中有着里程碑的作用，是用来开发富应用程序（RIA）的重要语言。

ActionScript 3.0 在用于脚本撰写的国际标准化编程语言 ECMAScript 的基础之上，对该语言做了进一步的改进，可为开发人员提供用于丰富 Internet 应用程序（RIA）的可靠的编程模型。开发人员可以获得卓越的性能并简化开发过程，便于利用非常复杂的应用程序、大的数据集和面向对象的、可重复使用的基本代码。ActionScript 3.0 在 Flash Player 9 中新的 ActionScript 虚拟机（AVM2）内执行，可为下一代 RIA 带来性能突破。ActionScript 3.0 包括核心语言和 Flash Player API 两部分。核心语言用于定义编程语言的基本结构，例如声明变量，创建表达式控制程序结构和数据类型等。Flash Player API 是由一系列用于实现特定功能的 Flash player 类组成。

（2）动作面板介绍

如果要在 Flash CS6 中加入 ActionScript 代码，可以直接使用动作面板来输入。要打开动作面板，请执行下面的操作：单击【窗口】|【动作】，或者按〈F9〉键。打开后的动作面板如图 6-34 所示。

① 脚本窗格，用于输入代码的地方。

② 面板菜单，单击后可显示动作面板功能菜单

③ 动作工具箱，可以通过双击或者拖动的方式将其中的 ActionScript 元素添加到脚本窗格中。

④ 脚本导航器，其有两个功能，一是通过单击其中的项目，可以将与该项目相关的代码显示在脚本窗口中，二是通过双击其中的项目，对该项目的代码进行固定操作。

2. ActionScript 3.0 编程语言基础

语法、数据、变量、运算符和语句构成了编程语言的基础。任何一门编程语言在编写代码时都必须遵循一定的规则，这个规则就是语法。

（1）点语法

Flash 中使用点（.）运算符来访问对象的属性和方法，点运算符主要用于下面的几个方面。

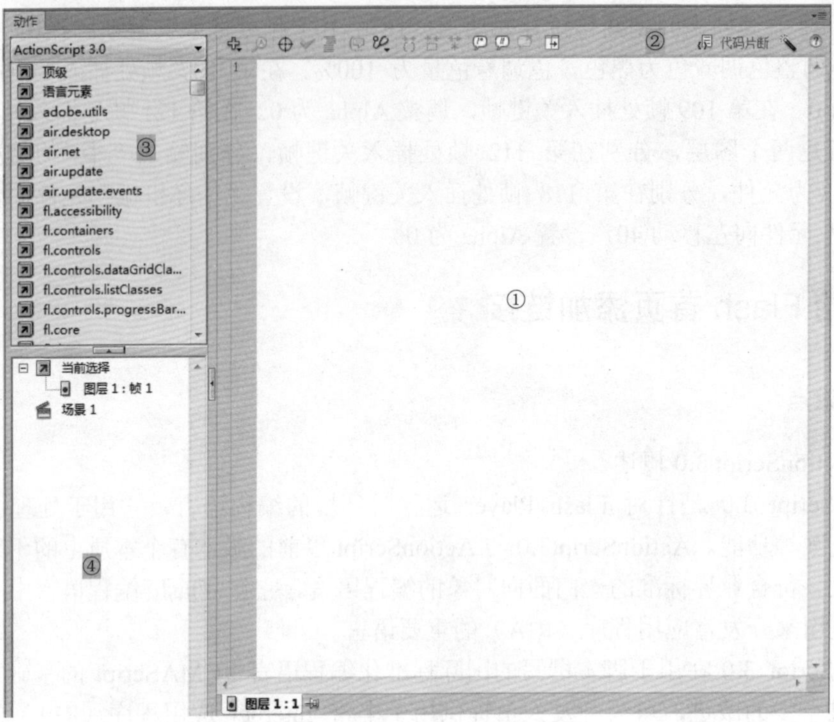

图 6-34

① 可以采用对象后面跟点运算符的属性名称（方法）名称来引用对象的属性（方法）。

② 可以采用点运算符表示包路径。

③ 可以使用点运算符描述显示对象的路径。

（2）标点符号使用

在 Flash 中有多种标点符号都很常用，分别为：分号（;）、逗号（,）、冒号（:）、小括号（()）、中括号（[]）和大括号（{}）。这些标点符号在 Flash 中都有各自不同的作用，可以帮助定义数据类型，终止语句或者构建 ActionScript 代码块。

① 分号（;）：ActionScript 语句用分号（;）字符表示语句结束。

② 逗号（,）：逗号的作用主要用于分割参数，比如函数的参数，方法的参数等。

③ 冒号（:）：冒号的作用主要用于为变量指定数据类型。要为一个变量指明数据类型，需要使用 var 关键字和后冒号法为其指定。

④ 小括号（()）：小括号在 ActionScript 3.0 中有三种用途。

首先，在数学运算方面，可以用来改变表达式的运算顺序。小括号内的数学表达式优先运算。

其次，在表达式运算方面，可以结合使用小括号和逗号运算符，来优先计算一系列表达式的结果并返回最后一个表达式的结果。

⑤ 中括号（[]）：中括号主要用于数组的定义和访问。

⑥ 大括号（{}）：大括号主要用于编程语言程序控制，函数和类中。在构成控制结构的每个语句前后添加大括号（例如 if..else 或 for），即使该控制结构只包含一个语句。

（3）注释

注释是使用一些简单易懂的语言对代码进行简单的解释的方法。注释语句在编译过程中并不会进行求值运算。可以用注释来描述代码的作用，或者返回到文档中的数据。注释也可以帮助记忆编程的原理，并有助于其他人的阅读。若代码中有些内容阅读起来含义大不明显，应该对其添加注释。

ActionScript 3.0 中的注释语句有两种：单行注释和多行注释。

单行注释以两个单斜杠（//）开始，之后的该行内容均为注释。比如下面的代码：

```
trace("1234")//输出： 1234
```

（4）关键字和保留字

保留字，从字面上就很容易知道这是保留给 ActionScript 3.0 语言使用的英文单词。因而不能使用这些单词作为变量、实例、类名称等。如果在代码中使用了这些单词，编译器会报错。

ActionScript 3.0 中的保留字分为 3 类：词汇关键字、语法关键字和供将来使用的保留字。

（5）变量和常量

变量和常量，都是为了储存数据而创建的。变量和常量就像是一个容器，用于容纳各种不同类型的数据。当然对变量进行操作，变量的数据就会发生改变，而常量则不会。变量必须要先声明后使用，否则编译器就会报错。

① 声明变量的语法。

在 ActionScript 3.0 中，使用 var 关键字来声明变量。格式如下所示。

```
var 变量名： 数据类型;
var 变量名： 数据类型=值;
```

变量名加冒号加数据类型就是声明的变量的基本格式。要声明一个初始值，需要加上一个等号并在其后输入响应的值。但值的类型必须要和前面的数据类型一致。

② 变量的命名规则。

变量的命名既是任意的，又是有规则，有目的的。随手牵来、杂乱无章的命名在 Flash 里面容易引起代码的混乱，也不容易进行维护操作。

变量的命名首先要遵循下面的几条原则：

它必须是一个标识符。它的第一个字符必须是字母、下划线（_）或美元记号（$）。其后的字符必须是字母、数字、下划线或美元记号。注意：不能使用数字作为变量名称的第一个字母。

它不能是关键字或动作脚本文本，例如 true、false、null 或 undefined。特别不能使用 ActionScript 的保留字，否则编译器会报错。

它在其范围内必须是唯一的，不能重复定义变量。

③ 变量的作用域。

变量的作用域指可以使用或者引用该变量的范围，通常变量按照其作用域的不同可以分为全局变量和局部变量。全局变量指在函数或者类之外定义的变量，而在类或者函数之内定义的变量为局部变量。

全局变量在代码的任何地方都可以访问，所以在函数之外声明的变量同样可以访问，如下面的代码，函数 Test()外声明的变量 i 在函数体内同样可以访问。

```
var i: int=1;
//定义 Test 函数
function Test() {
trace(i);
}
```

```
Test()//输出：1
```

④ 变量的默认值。

变量的默认值是指变量在没有赋值之前的值。对于 ActionScript3.0 的数据类型来说，都有各自的默认值，下面使用代码来测试一下：

通过上面的代码输出，已经可以得到这些数据类型变量的默认值，分别为：

Boolean 型变量的默认值是：false。

int 型变量的默认值是：0。

Number 型变量的默认值是：NaN。

Object 型变量的默认值是：null。

String 型变量的默认值是：null。

uint 型变量的默认值是：0。

*型变量的默认值是：undefined。

⑤ 使用 const 声明常量。

Action Script 3.0 中增加了一个 const 关键字，用于声明常量。常量是指具有无法改变的固定值的属性。使用用 const 声明常量的语法格式和 var 声明的变量的格式一样：

```
const 常量名：数据类型；
const 常量名：数据类型=值；
```

下面声明常量的代码：

```
const g:Number=9.1;
```

⑥ 基础数据类型。

ActionScript3.0 的数据类型分为两种，具体划分方式如下所示。

基元型数据类型：Boolean、int、Number、String 和 uint。

复杂型数据类型：Array、Date、Error、Function、RegExp、XML 和 XMLList。

⑦ 运算符与表达式。

赋值运算符有两个操作数，它根据一个操作数的值对另一个操作数进行赋值操作。ActionScript 中的赋值运算有 12 个，见表 6-1。

表 6-1

运 算 符	执行的运算	运 算 符	执行的运算
=	赋值	<<=	按位向左移位赋值
*=	乘法赋值	>>=	按位向右移位赋值
/=	除法赋值	>>>=	按位无符号向右移位赋值
%=	求模赋值	&=	按位“与”赋值
+=	加法赋值	^=	按位“异或”赋值
-=	减法赋值	|=	按位“或”赋值

算术运算符

算术运算符共有 6 个，分别为：加、减、乘、除、模运算和求反运算。

加、减、乘、除的运算很简单，请看下面的代码示例：

```
var a:int=1;
var b:int=2;
var c:int=a+b;
var d:int=a-b;
```

```
var e:int=a*b;
var f:int=a/b;
```

算术赋值运算符

算术赋值运算符和算术运算符对应，共有 5 个，分别为+=、-=、*=、/=和%=。和赋值运算符一样，运算符的左边只能是变量。右侧是一个要值、变量或表达式。

这种类型的赋值运算符有时也叫做自赋值运算符，就是利用自己进行运算并赋值给自己。比如下面的代码语句：

```
b+=1;
```

其要表达的运算过程就是下面的代码要执行的运算过程。

```
c=c+1;
```

关系运算符

关系运算符用于比较两个操作数的值的大小关系。常见的关系运算符一般分为两类：一类用于判断大小关系，一类用于判断相等关系。其具体情况如下：

判断大小关系：>大于运算符、<小于运算符、>=大于等于运算符、<=小于等于运算符。

判断相等关系：==等于运算符、!=不等于运算符、===严格等于运算符、!==严格不等于运算符。

逻辑运算符

逻辑运算符有 3 个，分别为：&&逻辑“与”运算符、||逻辑“或”运算符和!逻辑“非”运算符。逻辑运算符常用于逻辑运算，运算的结果为 Boolean 型。

逻辑与（&&）和逻辑或（||）运算表达式要求左右两侧的表达式或者变量必须是 Boolean 型的值。

&&：左右两侧有一个为 flase，结果都为 flase；只有两侧都为 true，结果才为 true。

||：左右两侧有一个为 true，结果都为 true；只有两侧都为 false，结果才为 false。

按位和按位赋值运算符

按位运算符共有 6 个，分别为：&按位“与”、^按位“异或”、|按位“或”、<<按位左移位、>>按位右移位、>>>按位无符号移位。同样，按位赋值运算符也有 6 个，对照按位运算符分别为：&=按位“与”赋值、^=按位“异或”赋值、|=按位“或”赋值、<<=按位左移位赋值、>>=按位右移位赋值、>>>=按位无符号移位赋值。按位操作需要把十进制的整数，转换为二进制的数，然后进行操作。

递加递减运算符

++递加运算符和—递减运算符常用于循环计算过程中，对循环中的变量进行递加或者递减操作。例如 i++，它等价于 i=i+1。

三元条件运算符

?：运算符是唯一的一个三元运算符，也就是说，这个运算符有三个操作数。具体的语法格式如下：

```
(条件表达式)?(表达式 1):(表达式 2)
```

格式说明如下：

条件表达式：判断表达式，通过逻辑判断，得到一个 Boolean 型的结果。

表达式 1：判断表达式的结果为 true，执行该语句。

表达式 2：判断表达式的结果为 false，执行该语句。

其他运算符

在 ActionScript3.0 中还有几个常见的运算符，如：typeof、is、as。下面对这几个运算符进行简单的说明：

a）typeof 运算符：typeof 用于测试对象的类型，使用的方法如下：

```
typeof(对象);
```

b）is 运算符：is 运算符用于判断一个对象是不是属于一种数据类型，返回 Boolean 型变量。如果对象属于同一类型，则返回 true，否则返回 false。

c）as 运算符：as 运算符和 is 运算符的使用格式相同，但是返回的值不同。如果对象的类型相同，返回对象的值；若不同，则返回 null。

运算符的优先级

运算符的优先级顺序决定了一个表达式运算顺序。就像数学中的乘除运算要优于加减运算一样，ActionScript 3.0 中的各运算符之间也有一个优先运算的顺序。具体请参照表 6-2 所示。

表 6-2

组	运 算 符	组	运 算 符
主要	[] {x:y} () f(x) new x.y x[y] <></> @ :: ..	按位“与”	&
后缀	x++ x--	按位“异或”	^
一元	++x --x + - ~ ! delete typeof void	按位“或”	|
乘法	* / %	逻辑“与”	&&
加法	+ -	逻辑“或”	||
按位移位	<< >> >>>	条件	?:
关系	< > <= >= as in instanceof is	赋值	= *= /= %= += -= <<= >>= >>>= &= ^= |=
等于	== != === !==	逗号	,

3. 操作步骤

1）新建文档，设定为 200×200。

2）绘制一个正圆，并输入文字，具体设置如图 6-35 所示。

图 6-35

3）新建图层 2，在图层 2 上绘制一个 200×200 的矩形，将其转换为按钮元件，并将其 Alpha 设为 0，如图 6-36 所示。

4）选择按钮对象单击右键，在弹出菜单中选择“动作”选项，如图 6-37 和图 6-38 所示。

图 6-36

图 6-37

5）选中按钮，选择动作面板中代码片段，打开代码片段窗口，打开“动作”下拉选项，打开“单击以转到 web 页”，软件自动为我们添加打开网页的代码。本例以打开淘宝网为例，图 6-39 所示。

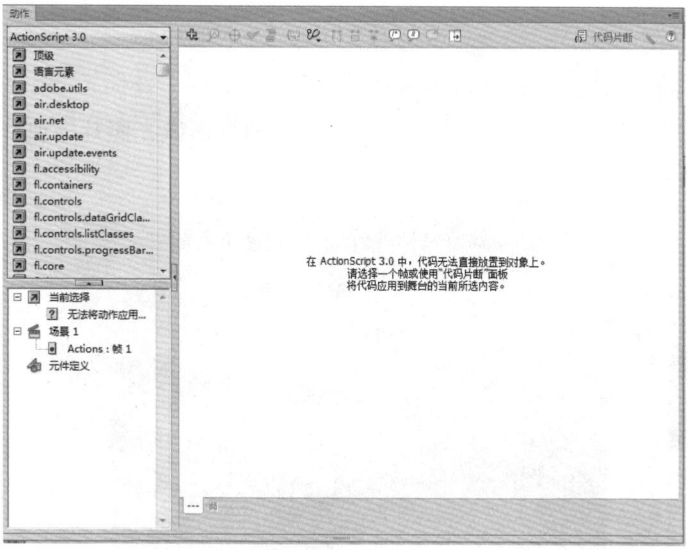

图 6-38

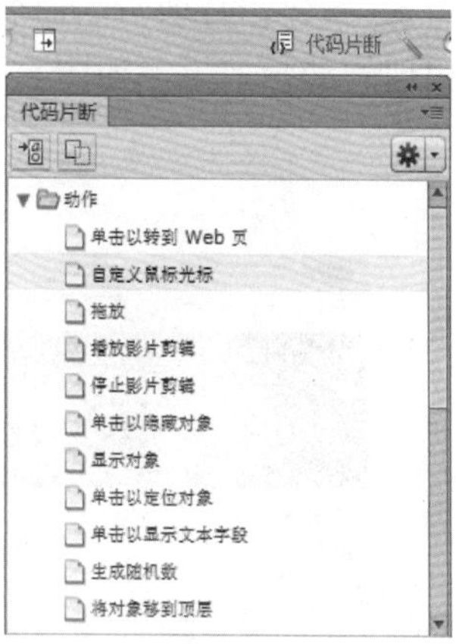

图 6-39

代码如下：

```
button_1.addEventListener(MouseEvent.CLICK, fl_ ClickToGoToWebPage_3);

function fl_ClickToGoToWebPage_3(event:Mouse Event):void
{
    navigateToURL(new URLRequest("http://www. taobao.com"), "_blank");
}
```

6.3.3 制作控制声音播放动画

本例是制作一个可控制音乐开关的简短的贵州梯田风光照片欣赏动画，基本要求：

1）建立一个可由 AS 控制声音对象。

2）将库中指定的声音附加到这个对象上。

3）制作一个有放音和消音图标的影片剪辑。

4）开始为自动播放，并有放音图标显示。

5）第一次单击声音图标后，显示静音图标，存储当前音量值，同时音量设为 0。

6）再次单击，显示放音图标，并为声音对象设置已存储的音量值。

1. 知识点

```
mySound=new Sound();// 新建一个声音对象。
mySound.attachSound(); 从库中加载声音。
mySound.getBytesLoaded(); 获取声音载入的字节数。
mySound.getBytesTotal(); 获取声音的总字节数。
mySound.start(); 开始播放声音。括号中若填制整数值，即从声音播放后的这一秒开始播放。
mySound.stop(); 停止声音的播放。
mySound.getVolume(); 获取当前的音量大小（范围从 0～100）。
mySound.setVolume(); 设置当前音乐的音量（范围从 0～100）。
mySound.duration; 声音的长度。（单位为毫秒，1000 毫秒=1 秒）
mySound.position; 声音已播放的毫秒数。（单位为毫秒）
```

2. 操作步骤

1）新建大小为 600×400 的项目文件，背景颜色为黑色。

2）新建影片剪辑，命名为“图片欣赏”，在影片剪辑中导入贵州梯田风光照片，制作图片出现的动画效果，如图 6-40 所示。

图 6-40

3）新建图层创建文字标题。效果如图 6-41 所示。

4）将图片欣赏影片剪辑放置到图片欣赏图层，并设置其延长到第 3 帧。

5）新建影片剪辑元件，命名为“声音控制”，如图 6-42 所示。

6）在声音控制影片剪辑中，新建 3 个图层分别为静音、放音、AS，新建影片剪辑，命名为“soundstart”，绘制喇叭播放声音图标，新建影片剪辑，命名为“soundstop”，绘制喇叭静音图标，分别将 soundstart、soundstop 影片剪辑放在放音和静音图层上，分别将两个影片剪辑的实例名称改为 soundstart、soundstop，分别在第 2 帧插入帧，如图 6-43 所示。

图 6-41

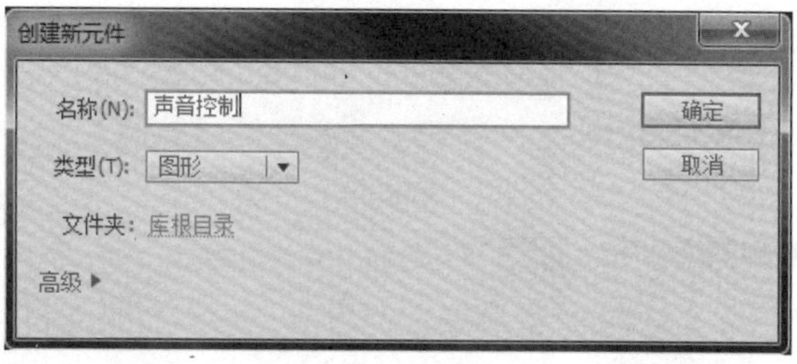

图 6-42

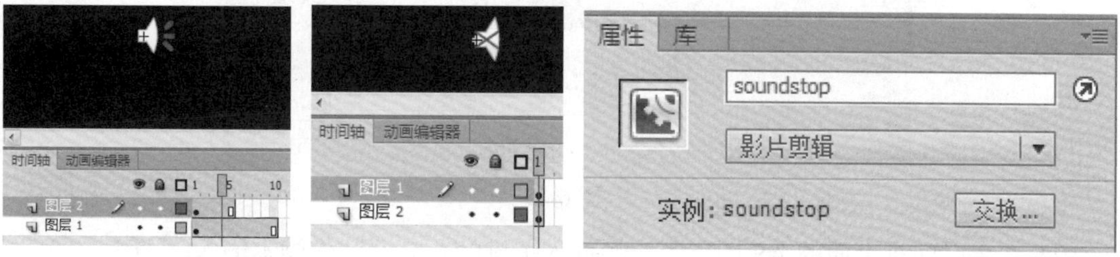

图 6-43

7）在声音控制影片剪辑中 AS 图层上，在第一个帧中插入空白关键帧，并打开动作面板输入脚本：

```
i = 0;
this.soundstart._visible = 0;
```

在第二个帧中插入空白关键帧，并打开动作面板输入脚本：

```
stop();
```

8）将声音控制影片剪辑拖放到场景中，放置在场景中右下角，在第 3 帧插入帧，如图 6-44 所示。

9）将音乐文件导入到库中，打开声音属性面板，选择“ActionScript”中“ActionScript 链接”选中“为动作脚本导出”和“在第一帧导出”，前者是确定要接受动作脚本控制，后者是确定要在生成 SWF 文件时被导出。将标识符名称命名为“bjyy”。其中的“标识符”即为对象命名，这样程序才能识别和控制，如图 6-45 所示。

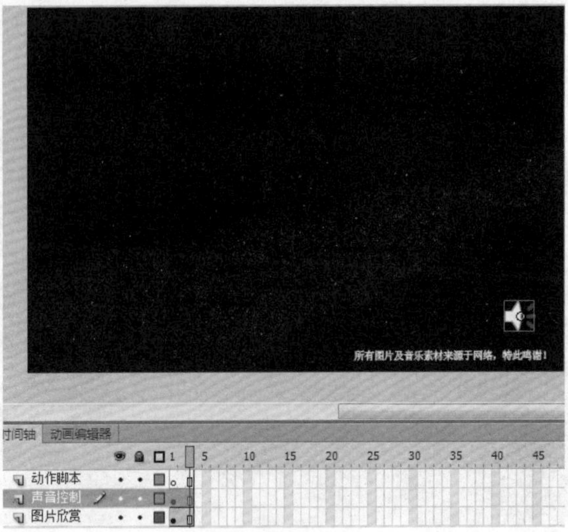

图 6-44

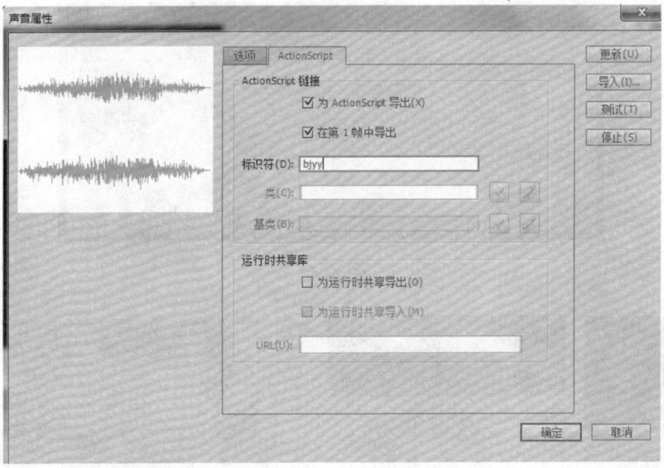

图 6-45

10）在主时间轴上面的 AS 图层第一帧插入关键帧，打开动作脚本输入：

```
sheng = new Sound();                    //构建一个 Sound 对象“sheng”
sheng.attachSound("bjyy");              //将库中的声音文件“bjyy”加载到声音对象上
sheng.start(1);                         //令声音从第 1 帧开始播放
```

11）在主时间轴上面的 AS 图层第三帧插入关键帧，打开动作脚本输入：

```
if (sheng.position == sheng.duration) {     //条件为已播放长度等于声音总长度
    sheng.start(1);                         //从第 1 秒重新播放
}
gotoAndPlay(2);
```

12）在声音控制元件上打开动作面板，输入以下脚本：

```
on (release) {
    if (i == 0) {
        n = _root.sheng.getVolume();        //获取当前的音量值并赋值给变量 n
        _root.sheng.setVolume(0);           //设置 Sound 对象的音量为 0
        this.soundstart._visible = 0;
        this.soundstop._visible = 1;
        i = 1;
```

```
    } else {
        _root.sheng.setVolume(n);          //设置 Sound 对象的音量为 n
        this.soundstart._visible = 1;
        this.soundstop._visible = 0;
        i = 0;
    }
}
```

13）测试影片。

习题与操作练习

一、填空题

1）动画制作逐帧动画的每一帧都是________。

2）动画制作要对文本段落应用形状补间，必须将该文本段落分离________次。

3）测试，导出和发布电影如果希望在新窗口中预览整个动画，快捷键是________。

4）图形的绘制 Flash 的多角星形工具用来绘制多边形和星形，那么最少可以设置_____条边？

5）图形的绘制（单选）用绘图工具绘制图形时，在工具面板下端的选项中进行如图 6-46 所示的设置后，绘制的图形是________。

图 6-46

二、上机操作题

参照本章范例，自己为某一公司制作一个 banner 广告。

第7章 应用 CSS 样式

7.1 认识 CSS

7.1.1 什么是 CSS 样式

层叠样式表（Cascading Style Sheet，CSS）是一系列样式或格式规格的集合，用于控制网页样式并允许将样式与网页内容分离的一种标记性语言。它是 W3C 组织用于改善 HTML 在显示网页方面的缺陷。虽然 HTML 在发布时已经制定了各种网页样式标签和各种页面修饰属性，但是随着网页容纳的信息越来越多，这种把信息显示内容与信息显示样式混在一起的方法，已经无法满足人们对网络信息的快速搜索需求，更不能适应大数据时代的展示数据的要求。

CSS 的每一个样式表都是由相对应的样式规则组成的，使用 HTML 中的<Style>标签可以将样式表规则加入到 HTML。<Style>标签位于 HTML 的 head 部分，其中也包含网页的样式规划，如图 7-1 所示。

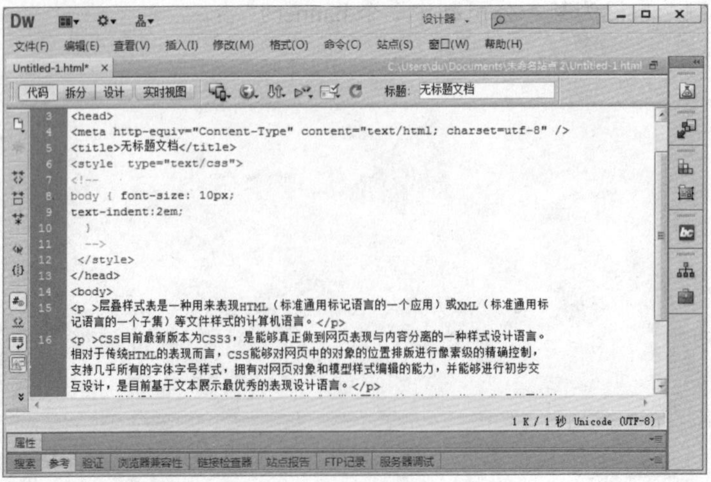

图 7-1

CSS 语句可以内嵌在 HTML 中，所以编写 CSS 样式规则和编写 HTML 的方法相同。

CSS 语言不需要编译，也不需要特殊处理。用户只要把它们放在<Style></Style>标签之间或者编写为一个单独的文件，然后将文件的扩展名保存为.css，利用<link>标签链接或者导入到网页中即可。

7.1.2 CSS 样式的优势

使用 CSS 样式可以对多个文档的样式进行控制，当 CSS 样式更新后，所有应用该 CSS 样式的页面都会自动更新。CSS 样式可以页面元素进行定位、特殊效果和超链接效果等独特的 HTML 属性，可以充分地弥补 HTML 的不足，简化网页的源代码，避免重复劳动，减轻工作量。CSS 具有以下优势：

- CSS 符合 Web 标准。W3C 组织推荐 CSS 技术将替代 HTML 的<table>表格标签、<font>标签、<frames>标签以及其他用于表现的 HTLM 元素。
- 提高页面的浏览速度。使用 CSS 样式比传统的 Web 设计方法至少节约 50%以上的文件大小。
- 缩短网站改版周期。只需要修改相应 CSS 文件就可以重新设计一个有成百上千页面的站点。
- 强大的字体控制和排版能力。Font 标签对于字体控制能力远没有 CSS 对于字体的控制能力强，使用 CSS 样式后不需要在使用 font 标签来控制文章标题、字体颜色以及字体样式等。
- CSS 易于编写。Dreamweaver 提供了 CSS 编写辅助工具。
- CSS 具有良好的兼容性。只要浏览器能够识别 CSS 样式都可以很好的应用它。
- 表现和内容相分离。将设计部分剥离出来放在一个独立样式文件中，让多个网页文件共同使用它，省去在每一个网页文件中都要重复设定样式的麻烦。

7.1.3 CSS 样式基本语法

CSS 的语法结构由 3 部分构成：选择器、属性和值。

```
选择器{样式属性:取值; 样式属性:取值; 样式属性:取值; …… }
```

- 选择器（Selector）通常是指用户希望定义的 HTML 元素或标签，如 body、h1；也可以是自定义的 id 或 class 的标签，如#main 选择器表示选择<div id=main>，即一个被指定了 main 为 id 的对象。浏览器将对 CSS 选择器进行严格的解析，每一组样式均会被浏览器应用到对应的对象上。
- 属性（Property）是用户希望改变的属性，并且每个属性都有一个值。对于每一个 HTML 中的标签，CSS 都提供了丰富的样式属性，如颜色、大小、位置以及浮动方式等。
- 值（Value）指属性的值。属性和值被冒号分开，并由花括号包围，这样就组成了一个完整的样式声明（declaration）。属性值有两种形式：一种是指定范围的值，如 float 属性的取值为 left、right 和 none；另一种为数值，如 height 属性取值为 0~9999px 或者通过其他数学单位来指定。

例如，定义一个网页字体大小为 12 像素、加粗，段落首行缩进 2 字符，则可以设置样式如下：

```
<html >
<head>
<meta http-equiv="Content-Type" content="text/html; charset=utf-8" />
<title>无标题文档</title>
<style  type="text/css">
<!--
Body { font-size: 12px; text-indent:2em; }
-->
 </style>
</head>
<body>
<p>层叠样式表是一种用来表现 HTML（标准通用标记语言的一个应用）或 XML（标准通用标记语言的一个子集）等文件样式的计算机语言。</p>
<p>CSS 目前最新版本为 CSS3，是能够真正做到网页表现与内容分离的一种样式设计语言。相对于传统 HTML 的表现而言，CSS 能够对网页中的对象的位置排版进行像素级的精确控制，支持几乎所有的字体字号样式，拥有对网页对象和模型样式编辑的能力，并能够进行初步交互设计，是目前基于文本展示最优秀的表现设计语言。CSS 能够根据不同使用者的理解能力，简化或者优化写法，针对各类人群，有较强的易读性。</p>
</body>
</html>
```

浏览器通过解析<style>属性包含的内容，将 CSS 样式应用到页面上，如图 7-2 所示。

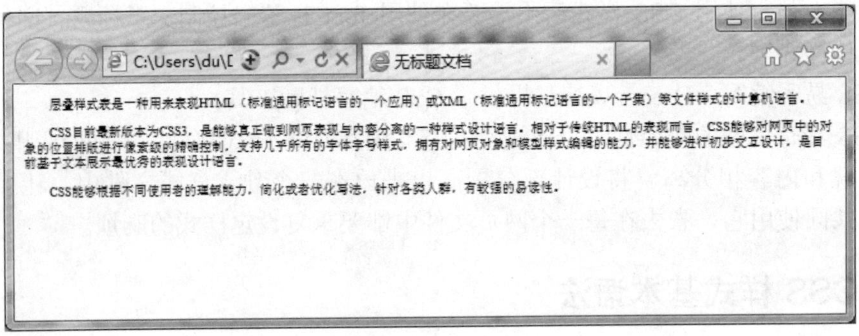

图 7-2

多个样式可以并列在一起写，不需要考虑如何进行分隔。例如，定义一个段落文本的背景色为紫色，则可以在上面样式的基础上进行增加样式：

```
Body { font-size: 12px; font-weight:bold;text-indent:2em; }p{background-color: #FF00FF;}
```

由于 CSS 语言自动忽略空格（除了选择器内部的空格），因此可以利用空格和换行符来美化 CSS 样式源代码，上面的代码可以进行如下美化：

```
Body {
 font-size: 12px;
font-weight:bold;
text-indent:2em;
}
p { background-color: #FF00FF;}
```

经过美化的 CSS 源代码看上去一目了然，既方便阅读，也便于修改。

CSS 源代码有时候需要通过一些注释来标注，CSS 代码表示什么意思。在 HTML 中注释标记使用“<!—注释内容-->”，CSS 中注释标记使用“/*注释内容*/”。例如，可以对上面的代码进行注释：

```
Body{/*页面的基本属性*/
font-size: 12px;
font-weight:bold;
text-indent:2em;
}
/*设置段落的背景颜色为紫色*/
p{background-color: #FF00FF;}
```

7.1.4 添加 CSS 的方法

在 HTML 中添加 CSS 的方法主要有 4 种，分别为链接内嵌样式、内部样式表、链接外部样式表和导入外部样式表。

1. 内嵌样式表

内嵌样式表是混合在 HTML 标记里使用的，该方法可以很简单地对某个元素单独定义样式，主要是在 body 内实现。

内嵌样式表的使用是直接在 HTML 标记里加入 style 参数，而 style 参数的内容就是 CSS 的属性和值，在 style 引号里的内容相当于在样式表的大括号里的内容，其格式如下：

```
<span style=" font-size: 12px; color: red; ">字体大小为 12px，颜色为红色</span>
<div style="width: 500px; height: 500px; border: solid 2px red; "></div>
```

当浏览器解析到这些标签时，检测到该标签中包含 style 属性，就会调用 CSS 引擎来解析 style 属性，并把效果展现到页面上。

该方法与传统网页设计在标签内增加属性的设计方法相同，该方法实际并没有满足 W3C 提出的将 HTML 结构与 CSS 表现剥离来进行设计，因此在网页设计中不建议使用该方法，除非为页面中个别元素设置某个特定样式效果而单独定义。

2. 内部样式表

内部样式表与内嵌样式表的相似之处在于，都将 CSS 样式编写到页面中。而不同的是，内部样式表可以统一放置在一个固定的位置，其格式如下：

```
<head>
<style type="text/css">
<!--
Body { /*页面的基本属性*/
 color: blue;
 font-size: 15px;
 background-color : red;
}
-->
</style>
</head>
```

内部样式表通常位于网页的头部区域，目的是让 CSS 源代码在页面加载前先被解析执行，这样可以避免当网页加载完成后，没有 CSS 样式渲染而使的页面信息无法正常显示。

3．链接外部样式表

链接外部样式表是在 CSS 中最常用的一种形式，它将 CSS 样式代码单独编写到一个独立的文件中，由网页进行调用，多个网页可以同时使用同一个样式文件，其格式如下：

```
<link href=" style.css"  rel="stylesheet"  type="text/css" />
```

其中，href 属性设置外部样式表文件的地址，该地址可以是相对地址，也可以是绝对地址；rel 属性定义该标签关联的是样式表标签；type 属性定义文档的类型，即 CSS 文本文件。

网站通常采用链接外部样式表来设计网站的表现层，能够实现 CSS 样式与 HTML 结构的分离，这种分离原则是 W3C 所提倡的，因为这样可以高效地管理文档结构和样式表文件，实现代码的优化和重用。

4．导入外部样式表

导入外部样式表是指在内部样式表的<style>标签内使用@import 关键字导入外部样式表文件，格式如下：

```
<style type="text/css">
<!--
@import url("style.css");
-->
</style>
```

在@import 关键字后面，使用 url()函数来把外部样式表文件导入。注意使用时，外部样式表的路径、方法和链接外部样式表的方法类似，但导入外部样式表输入方式更有优势。实质上它是相当于存在内部样式表中的。

7.2　CSS 基本选择器

选择器决定样式规则作用于哪些元素。例如，如果要对 table 元素添加边框为实线、线宽 1 像素、蓝色的边框，则需要创建一个只识别 table 元素而不影响其他元素的选择器。如果要对每个区域中的 table 设置特殊格式，就需要创建一个稍微复杂一些的选择器，它只识别指定区域中的 table 元素。

7.2.1　标签选择器

HTML 文档都是由很多标签通过一定的规则编织而成的，我们也可以把这些标签称为网页元素。标签选择器使用网页元素定义样式。

例如，声明 p 元素首行缩进 2 字符，字体颜色为红色；所有 h1 字号为 15px、加粗，代码如下：

```
<style type="text/css">
<!–
*{
margin:0px;
padding:0px;

}
p{
```

```
text-indent:2em;
color:red;
}
h1{
font-size:15px
font-weight:bold;
}
-->
</style>
```

其中，p 和 h1 都是 HTML 特定的标签名称，直接引用即可。

注意：*号为通配符匹配页面中的所有元素名称。上面的代码设置每个元素的内外边距为 0px。由于每个元素都有系统默认的内外边距值，且在不同的浏览器中显示的效果也不同，因此在设置网页样式之初使用通配符*将所有元素默认的内外边距去掉是常见做法。

7.2.2 类别选择器

使用标签选择符可以方便地对标签进行样式设置，同时标签选择符也存在较多问题。因为标签选择符对标签所做的定义不单单影响所选择的标签元素，而是对整个页面中所有相同标签都会起作用。如果需要对同一个标签在网页中的不同位置显示不同的样式，使用这种方法定义的样式就存在很多不足。对于这个问题可以使用类选择器来解决。

类（Class）选择符就是为了不同元素拥有相同的显示样式而定义的。例如，在下面这个页面中包含三段文本，通过标签选择器将所有段落文本大小定义为 13px，首行缩进 2 字符，字体颜色为蓝色。

```
<style  type="text/css">
<!--
p {
font-size:13px;
color:blue;
font-indent:2em;
 }
-->
 </style>
</head>
<body>
<p>层叠样式表是一种用来表现 HTML（标准通用标记语言的一个应用）或 XML（标准通用标记语言的一个子集）等文件样式的计算机语言。</p>
<p>CSS 目前最新版本为 CSS3，是能够真正做到网页表现与内容分离的一种样式设计语言。相对于传统 HTML 的表现而言，CSS 能够对网页中的对象的位置排版进行像素级的精确控制，支持几乎所有的字体字号样式，拥有对网页对象和模型样式编辑的能力，并能够进行初步交互设计，是目前基于文本展示最优秀的表现设计语言。</p>
<p>CSS 能够根据不同使用者的理解能力，简化或者优化写法，针对各类人群，有较强的易读性。</p>
```

如果现在要求把第一段字体大小改为 20px，字体加粗，这时就可以使用类选择符。定义格式如下：

```
.fontbold{
font-size:20px;
font-weight:bold;
 }
```

注意：定义中可以看到，类选择符必须以（.）前缀开头，然后跟一个类名。在页面的处一个段落中引入 fontbold 类样式。引用类样式时，可以使用 class 属性来实现，HTML 中所有元素都支持该属性。

```
<p class="fontbold">层叠样式表是一种用来表现 HTML（标准通用标记语言的一个应用）或XML（标准通用标记语言的一个子集）等文件样式的计算机语言。</p>
<p>CSS 是能够真正做到网页表现与内容分离的一种样式设计语言。相对于传统 HTML 的表现而言，CSS 能够对网页中的对象的位置排版进行像素级的精确控制，支持几乎所有的字体字号样式，拥有对网页对象和模型样式编辑的能力，并能够进行初步交互设计，是目前基于文本展示最优秀的表现设计语言。</p>
<p>CSS 能够根据不同使用者的理解能力，简化或者优化写法，针对各类人群，有较强的易读性。</p>
```

在浏览器中预览，显示效果如图 7-3 所示，可以看到第一段字体被单独放大并加粗。

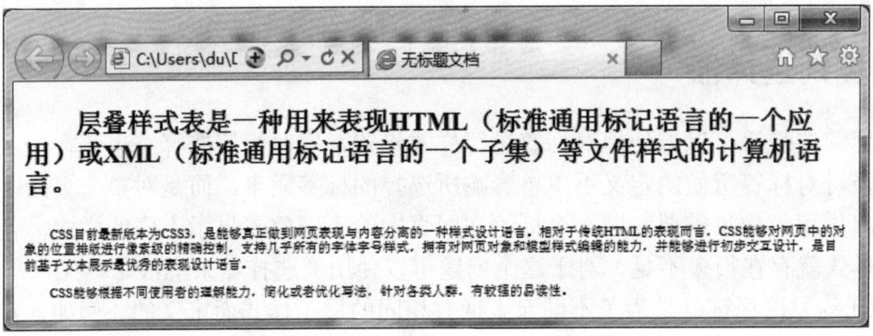

图 7-3

类选择符可以精确地控制页面中某个具体元素对象，而不管这个对象是属于什么类型的标签，同时一个类样式可以在多个标签中被引用。

在自定义类名时，只能够使用字母、数字、下划线（_）和连接符号（-），类名必须以字母开头，否则无效。另外，类名是区分大小写的，所以类 fontbold 和类 Fontbold 是完全不同的两个类。

7.2.3 ID 选择器

ID 是英文 Identity 的缩写，它表示身份标识号码，在网络上一般指用户账号，但是在 Web 设计中一般指标签在 HTML 文档中的唯一编号。从这点来看，ID 选择器只能够在 HTML 页面中用一次，它是与标签选择符和类选择符作用范围相反的一个选择符。ID 选择符通常被来定义 HTML 框架结构的布局效果，因为 HTML 框架元素的 ID 值都是唯一的。

ID 选择符必须以井号（#）前缀开始，然后是一个自定义的 ID 名，定义格式如下：

```
#box{ width:600px;height:auto; }
```

例如，下面实例定义一个盒子，为该盒子指定宽度和高度，并设置盒子的背景颜色以及边框和内边距大小，显示效果如图 7-4 所示。

```
<style  type="text/css">
<!--
#box{
background:url(images/bg.png) repeat;
width:500px;
```

```
height:100px;
border:solid 1px;
padding:20px;
}
-->
 </style>
<div id="box">层叠样式表是一种用来表现 HTML（标准通用标记语言的一个应用）或 XML（标准通用标记语言的一个子集）等文件样式的计算机语言。</div>
```

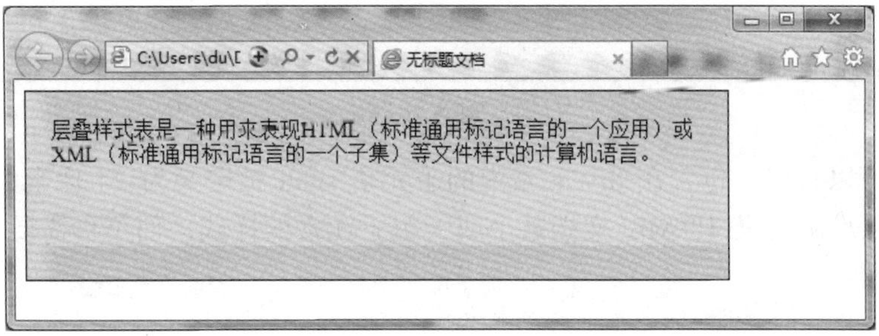

图 7-4

7.3　复合选择器

如果仅仅掌握了标签选择符、类选择符和 ID 选择符还远远不够，对于网页设计者来讲还应该掌握高级选择符的使用，如子选择符、相邻选择符和属性选择符。

利用标签选择符和类选择符可以控制网页中众多对象的样式；而利用 ID 选择符、子选择符和相邻选择符可以精确控制页面中的特定对象样式；使用属性选择符可以更敏捷、更模糊地控制页面中包含不同属性的对象样式。

7.3.1　子选择符

子选择符就是指定父元素所包含的子元素的样式。子选择符使用尖角号（>）来表示，定义格式如下：

```
div > span { font-size:20px;}
```

其中，div 为 span 元素的父元素，通过子选择符连接。

例如，定义 span 元素的字体大小为 10px，再利用子选择符来定义所有 div 元素包含的子元素 span 样式字体大小为 20px，显示效果如图 7-5 所示。

```
<style  type="text/css">
<!--
span{
font-size:10px;
}
div > span {
font-size:20px;
}
-->
 </style>
<h1><span>CSS 基础入门</span></h1>
<div id="box"><span class="fontpx">层叠样式表是一种用来表现 HTML（标准通用标记语
```

言的一个应用）或 XML（标准通用标记语言的一个子集）等文件样式的计算机语言。</span></div>

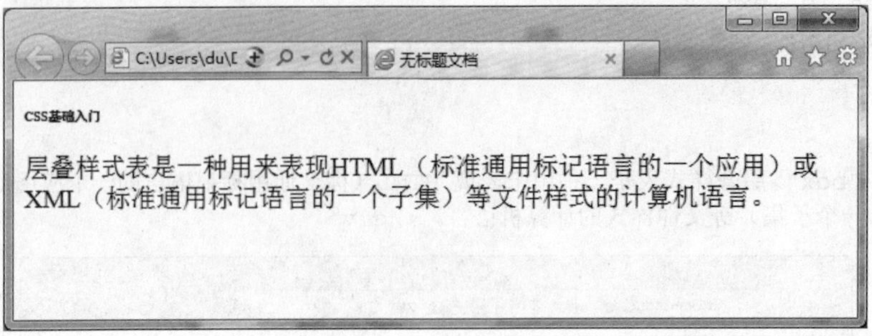

图 7-5

从上例中可以看出，包含在 div 元素内的子元素 span 被定义为 24 像素大小，通过这种方式，我们可以准确定义 HTML 文档某个或一组子元素的样式，而不再需要为它们定义 ID 属性或 Class 属性。

7.3.2 相邻选择器

相邻选择符就是指定一个元素相邻的下一个元素的样式。相邻选择符使用加号（+）来表示，格式如下：

```
div + span{font-size:20px;}
```

其中，div+span 表示 div 元素与 span 元素相邻。例如，利用相邻选择符递进控制并列显示的几个元素的显示样式。h1+div 表示标题元素 h1 后面相邻的 div 元素样式，div+p 表示 div 元素后面相邻的元素 p 的样式，p+div 表示 p 元素后面相邻的 div 元素的样式，而 div+div 表示 div 元素后面相邻的 div 元素的样式。效果如图 7-6 所示。

```
<style  type="text/css">
<!--
h1{
font-size:15px;
}
h1+div{
font-size:18px;
}
div+p{
font-size:20px;
}
p+div{
font-size:22px;
}
div+div{
font-size:24px;
}
-->
 </style>
<h1><span>CSS 基础入门</span></h1>
<div >层叠样式表是一种用来表现 HTML（标准通用标记语言的一个应用）或 XML（标准通用标记语言的一个子集）等文件样式的计算</div>
<p>CSS 目前最新版本为 CSS3，是能够真正做到网页表现与内容分离的一种样式设计语言。</p>
<div>相对于传统 HTML 的表现而言，CSS 能够对网页中的对象的位置排版进行像素级的精确控制设
```

```
计语言。</div>
    <div>CSS 能够根据不同使用者的理解能力，简化或者优化写法，针对各类人群，有较强的易读性。
</div>
```

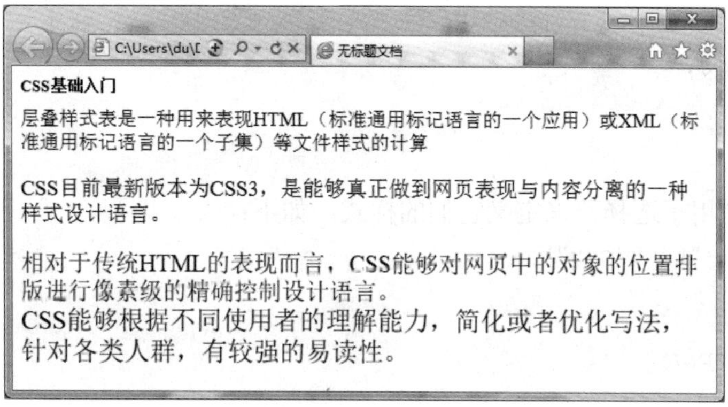

图 7-6

注意：相邻选择符在 IE6 及以下版本中不被支持，使用时应当考虑浏览器的兼容性问题。

7.3.3 包含选择器

包含选择符就是指定一个元素内包含的某个子元素的样式。包含选择符使用空格来分隔，定义格式如下：

```
div  span { font-size:20px;}
```

其中，div span 表示 div 元素内子元素 span 并定义了子元素的样式。例如，在页面中定义了<div id="banner">包含框内的段落文本字体大小为 15px；定义<div id="main">包含框内的段落文本字体大小为 10px；定义<div id="footer">包含框内的段落文本字体大小为 8px；

```
<div id="box" >
<div id="banner">
<p>banner 区域第一段文本 </p>
<p>banner 区域第二段文本 </p>
<p>banner 区域第三段文本 </p>
</div>
<div id="main">
<p>main 区域第一段文本 </p>
<p>main 区域第二段文本 </p>
<p>main 区域第三段文本 </p>
</div>
<div id="footer">
<p> footer 区域第一段文本 </p>
<p> footer 区域第二段文本 </p>
<p> footer 区域第三段文本 </p>
</div>
</div>
```

对于定义好的区域，可以使用包含选择符来快速定义它们的样式，如下：

```
<style  type="text/css">
<!--
#banner p{
font-size:15px;
```

```
}
#main p{
font-size:10px;
}
#footer p{
font-size:8px;
}
-->
 </style>
```

同样也可以使用子选择符来定义它们的样式，如下：

```
<style  type="text/css">
<!--
#banner > p{
font-size:15px;
}
#main > p{
font-size:10px;
}
#footer > p{
font-size:8px;
}
-->
 </style>
```

包含选择符的用处是比较广泛的，在选择符嵌套中经常被使用，同时该选择符还可以被IE6 版本浏览器识别，因此使用包含选择符时不用考虑浏览器的兼容性问题。

7.3.4　多层选择器

在 CSS 选择符中，可以使用选择符嵌套来实现对 HTML 结构中纵深元素的控制。嵌套的层级没有明确限制，嵌套的方法是利用空格来实现，定义格式如下：

```
div p span { font-size:20px;}
```

其中，div p span 表示 div 元素包含元素 p，元素 p 又包含 span 元素。例如，下面给出一个相对复杂的 HTML 结构，通过多层选择符来快速定义样式。

```
<div id="box" >
<div id="banner">
<h1><span>网页标题</span></h1>
<div id="menu">
<ul>
<li><span>首页</span></li>
<li>菜单 1</li>
<li>菜单 2</li>
</ul>
</div>
</div>
<div id="main">
<h2><sapn>栏目标题</span></h2>
<p>栏目内容 </p>
</div>
<div id="footer">
<h2> <span>底部内容</span></h2>
```

```
</div>
</div>
```

为了能让标题显示不同的样式，使用选择符嵌套来进行样式的快速设定，代码如下：

```
<style  type="text/css">
<!--
#box #banner h1 span{
font-size:15px;
}
#box #main h2 span{
font-size:10px;
}
#box #footer span{
font-size:8px;
}
-->
 </style>
```

上面使用多级选择符嵌套所定义的不同标题显示样式，如图 7-7 所示。

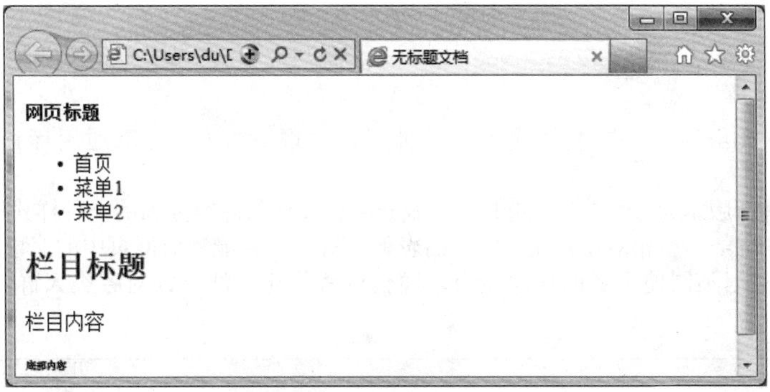

图 7-7

嵌套选择符可以嵌套更多的选择符，或者跳级嵌套，例如，针对上面定义的样式，可以使用如下嵌套选择符来进行定义。

```
<style  type="text/css">
<!--
#banner h1 span{
font-size:15px;
}
#main h2 span{
font-size:10px;
}
#footer span{
font-size:8px;
}
-->
 </style>
```

7.3.5 属性选择器

属性选择符就是利用网页标签包含的属性及其属性值来定义特定元素或一定范围元素的样式。属性选择符一般是一个元素后面紧跟中括号，中括号内是属性或者属性表达式，定义格式如下：

```
div[id="banner"] { font-size:20px;}
```

注意：属性选择符在IE6及以下版本中不被支持，使用时应当考虑浏览器的兼容性问题。

1. 匹配属性名选择符

这是一种简单的属性选择符，它能够为包含指定属性名的所有该类型标签定义样式。例如，定义一个 div[class]属性选择符，该选择符能够为 div 元素设置 Class 属性的对象定义样式，显示效果如图 7-8 所示。

```
<style  type="text/css">
<!--
body{
font-size:10px;
}
div[class]{
font-size:15px;
}
-->
 </style>
<div class="banner">层叠样式表是一种用来表现 HTML（标准通用标记语言的一个应用）
</div>
<p>CSS 目前最新版本为 CSS3，是能够真正做到网页表现与内容分离的一种样式设计语言。</p>
<div class="main">相对于传统 HTML 的表现而言，CSS 能够对网页中的对象的位置</div>
<p>CSS 能够根据不同使用者的理解能力，简化或者优化写法，针对各类人群，有较强的易读性。
</p>
```

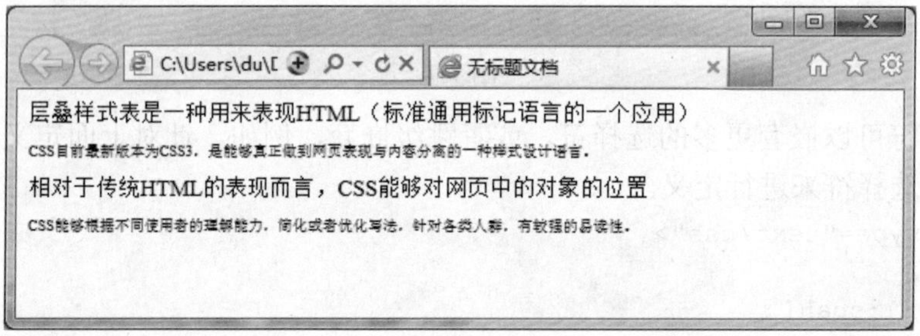

图 7-8

2. 匹配属性值选择符

匹配属性值选择符的语法格式如下：

```
div[id="banner"] { font-size:20px;}
```

其中，id 为属性名，banner 为属性值，属性性应该确保被双引号括起来。例如，通过指定属性值来设定第一幅和第二幅图像的样式，使第一幅图像边框为实线 2 像素蓝色，第二幅边框为虚线 2 像素红色，效果如图 7-9 所示。

```
<style  type="text/css">
<!--
img{
width:220px;
}
```

```
img[alt="图像"][ title="图像"]{
border:solid 2px blue;
}
img[ title="图像"]{
border: dashed 2px red;
}-->
 </style>
<img src="images/img1.jpg" alt="图像" title="图像"> </img>
<img src="images/img2.jpg" title="图像"></img>
```

第一幅图像通过指定 alt 和 title 属性值来限定样式应用的对象，第二幅图像指定 title 属性值来限定样式的应用对象。

图 7-9

3. 模糊匹配属性值选择符

模糊匹配是一类比较特殊的属性选择符，类似于正则表达式的匹配模式，也是属性选择符中功能最强大的一部分功能。主要包括以下几种匹配模式：

- [|=]（连字符匹配）：以连字符为分隔符，匹配属性值中指定字符串开头。
- [~=]（空白字符匹配）：以空白符为分隔符，匹配属性值中局部字符串。
- [^=]（前缀匹配）：匹配属性值中起始字符。
- [$=]（后缀匹配）：匹配属性值中结束字符。
- [*=]（子字符串匹配）：匹配属性值存在的指定字符。

例如，定义这五种模糊匹配模式，然后把匹配的 div 元素显示出来并改变文本大小，显示效果如图 7-10 所示。

```
<style  type="text/css">
div{                        /*隐藏所有 div 并设置字体大小为 10px;*/
display:none;
font-size:10px;
}
[class|="tom"]{             /*匹配任何 class 属性且属性值以 tom 开头并以连字符连接的元素*/
    display: block;
    font-size:12px;
}
[class~="jem"]{             /*匹配任何 class 属性，同时 class 属性值中包含 jem 的元素*/
    display: block;
    font-size:14px;
}
```

```
[class^="T"]{           /*匹配任何 class 属性，同时 class 属性值首起始字符为 T 的元素*/
    display: block;
    font-size:16px;
}
[class$="Lucy"]{        /*匹配任何 class 属性，同时 class 属性值结束字符为 Lucy 的元素*/
    display: block;
    font-size:18px;
}
[class*="luc"]{         /*匹配任何 class 属性，同时 class 属性值包含 luc 的元素*/
    display: block;
    font-weight:bold;
}
</style>
<div class="tom-jem-lucy">[|=]（连字符匹配）</div>
<div class="tom jem lucy">[~=]（空白字符匹配）</div>
<div class="Tom-jem-lucy">[^=]（前缀匹配）</div>
<div class="tom-jem-Lucy">[$=]（后缀匹配）</div>
<div class="tom-jem-lucy">[*=]（子字符串匹配）</div>
```

图 7-10

7.3.6 伪选择器

伪类和伪元素是一类特殊的选择符，它定义了一些特殊区域或特殊状态下的样式，这些特殊区域或特殊样式状态是无法通过标签、ID 或 Class 以及其他属性来进行精确控制的。

伪类和伪元素以冒号（:）为前缀来表示，定义格式如下：

```
div:hover { font-size:20px;}
```

其中，div 为标签名称，: 号为伪类或伪元素标识符，hover 为伪类或伪元素名。例如，网页设计中经常要定义超链接的四种不同状态。

```
<style  type="text/css">
<!--
a:link{                 /*正常超链接样式*/
color::#FF0000;
}
a:visited{              /*被访问后的超链接样式*/
color:#0000FF;
}
a:hover{                /*鼠标经过超链接的样式*/
color:#00FF00;
}
a:active{               /*超链接被激活后的样式*/
color:#FF00FF;
}
```

```
}-->
</style>
```

注意：除了超链接的四种伪类选择符之外，其他伪类和伪对象选择符不被 IE6 及其以下版本浏览器支持，使用时应慎重。

7.4 定义 CSS 样式的属性

7.4.1 “新建 CSS 规则”对话框

通过 Dreamweaver 提供的 CSS 样式编辑器可以快速编写 CSS 样式文件。

1）在 Dreamweaver 窗口中选择【窗口】/【CSS 样式】菜单命令，打开 CSS 样式面板，如图 7-11 所示。

2）单击右下角的【新建 CSS 规则】按钮，打开【新建 CSS 规则】对话框，如图 7-12 所示。

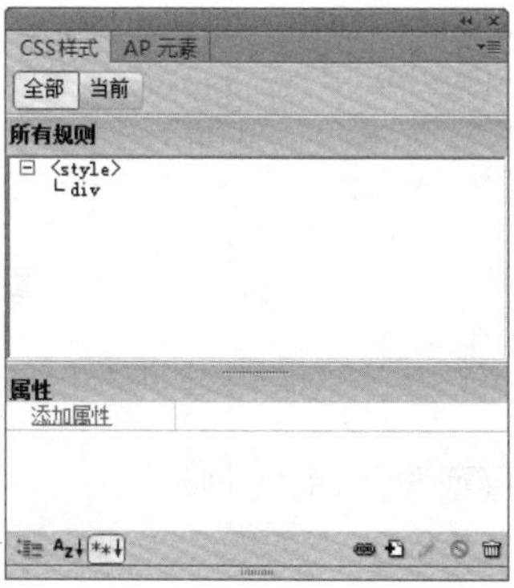

图 7-11

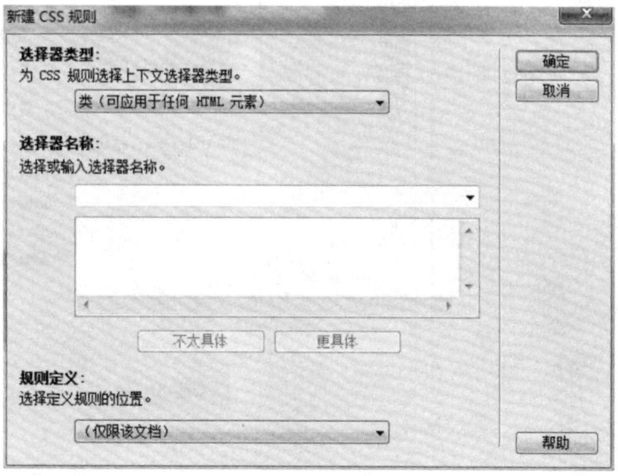

图 7-12

- 选择器类型可以选择类、ID、标签或者复合内容。
- 在选择器名称中输入的类名必须以句点开头，并且可以包含任何字母和数字的组合（如.myscss）。如果没有输入开头的点，则 Dreamweaver 会自动添加。
- 规则定义。如果选择【仅限该文档】，是定义的规则只对当前文档起作用，不保存编辑的样式；如果选择【新建样式表】选项，则可定义一个外部链接的 CSS 样式，如图 7-13 所示。

单击【确定】按钮后弹出【将样式文件另存为】对话框，如图 7-14 所示。

输入文件名，单击【保存】按钮，弹出样式的“CSS 规则定义”对话框，从中选择要为新的 CSS 规则设置的样式选项，如图 7-15 所示。

设置完样式属性后单击【确定】按钮即可。

7.4.2 设置文本样式

在 Dreamweaver 的 CSS 样式中，包含了所有的 CSS 属性，分为类型、背景、区块、方框、边框、列表、定位和扩展等 8 个部分。

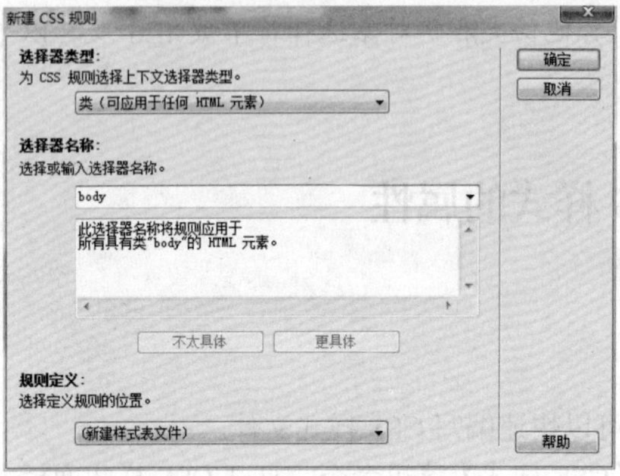

图 7-13

图 7-14

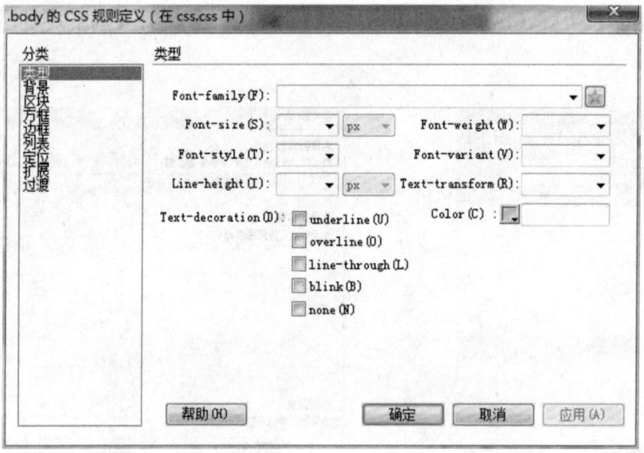

图 7-15

保存 CSS 规则后，系统将自动打开样式的“CSS 规则定义”对话框。使用样式的“CSS 规则定义”对话框中【分类】类别下的【类型】选项，可以定义网页中文本的字体、样式、行高、颜色以及对字体进行修饰等。

类型属性主要用来定义文字的字体、大小、样式、颜色等属性。下面新建一个类“.fontstyle”为例，来说明如何设置类型属性。应用“.fontstyle”样式的文字效果如图 7-16 所示。

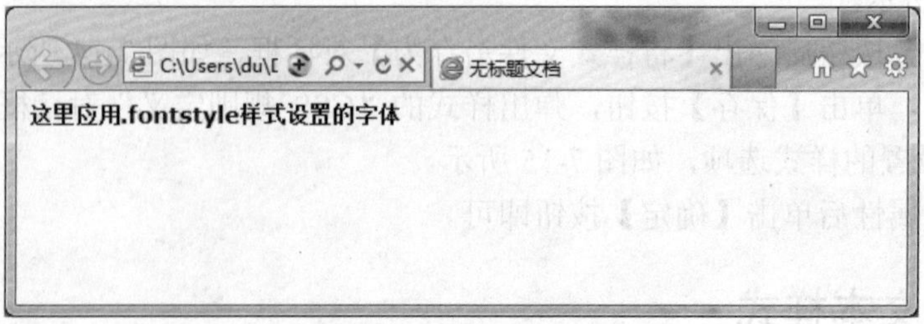

图 7-16

具体操作步骤：

➢ 新建一个 css 文件，并在文件中新建类，将类命名为“.fontstyle”。
➢ 弹出“.fontstyle 的 CSS 规则定义”对话框，在左侧的“分类”列表框中选择“类型”，如图 7-17 所示。

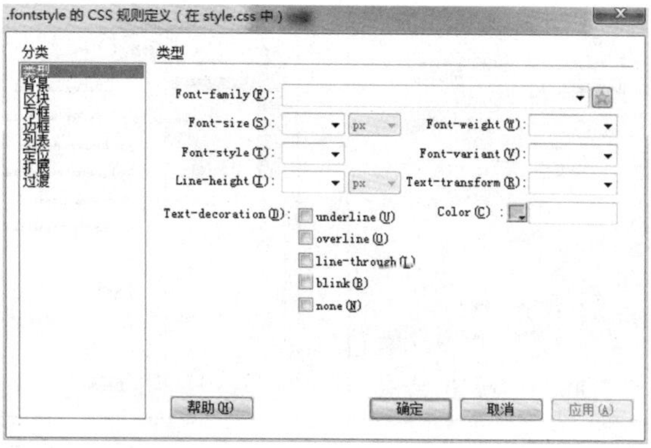

图 7-17

➢ 在右侧的“Font-family”下拉列表中选择字体类型“Verdana, Geneva, sans-serif”。
➢ 在“Font-size”下拉列表中选择文字的大小，这里选择 15，单位是“像素”；用同样方法，在“Line-height”下拉列表中选择行的高度为“15”，单位是“像素”；在“Font-weight”下拉列表中选择字体的粗细，有“Normal”“Bold”“bolder”“lighter”及数字等，选择“Bold”；在“Font-style”下拉列表中选择字体样式。有“normal”、“italic”和“oblique”，这里选择“normal”。在“Color”中选择字体的颜色为#00F。

7.4.3 设置背景样式

背景属性主要用来定义页面的背景颜色或背景图像。应用背景颜色和背景图像的效果如图 7-18 所示。

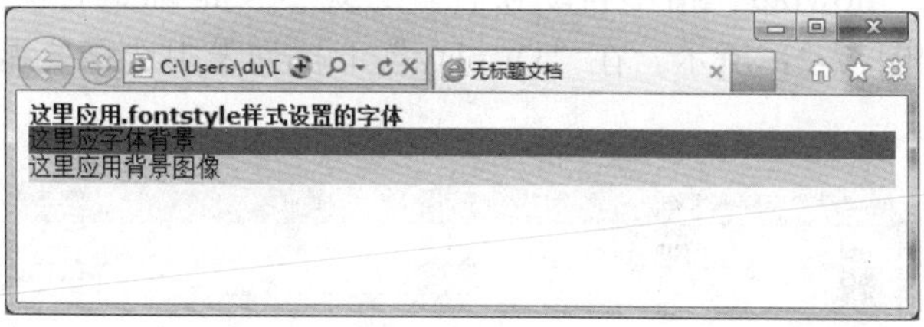

图 7-18

设置背景颜色和背景图像的操作步骤，如下：
➢ 设置背景颜色，新建一个“.text_bgcolor”样式，在“.text_bgcolor 的 css 规则定义”对话框中左侧的“分类”列表框中选择“背景”，在“background-color”列表中选择颜色“#CCC”，如图 7-19 所示。
➢ 设置背景图像。在“Backgroud-image”文本框中输入背景图像的路径和文件名，也可通过单击“浏览”按钮选择背景图像“logo.jpg”；在“Backgroud-repeat”下拉列表框中选择背景的填充方式，选择“no-repeat”，表示只插入一个背景图像，“repeat”则背景图像平铺，“repeat-x”表示图像横向平铺，“repeat-y”表示纵向平铺；“Backgroud-attachment”下拉列表中选择“fixed”表示背景图像固定在原始位置，“scroll”表示图像随网页的内容一起滚动；“Backgroud-position”下拉列表中设置背景图像的对齐方式，分别选择“left”和“top”，如图 7-20 所示。

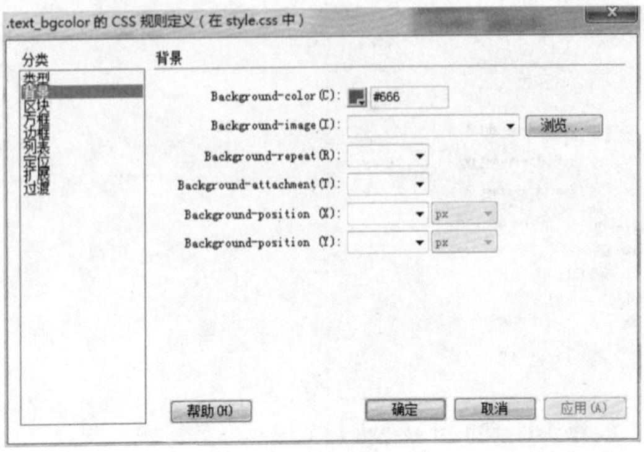

图 7-19

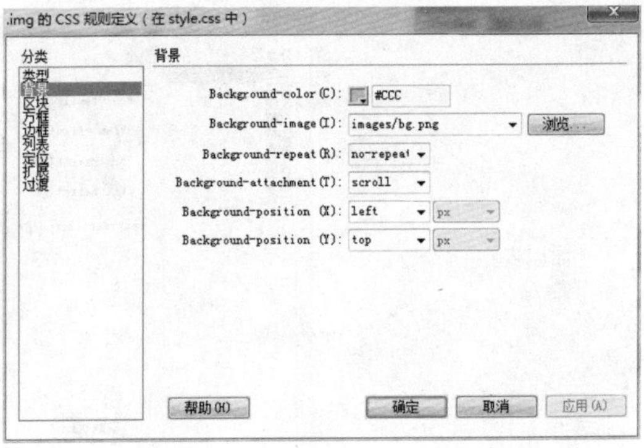

图 7-20

7.4.4 设置区块样式

区域属性主要用于定义间距和对齐方式。具体操作步骤如下：

➢ 在“.fontstyle 的 css 规则定义”对话框左侧的“分类”列表框中选择“区块”，在“Word-spacing”下拉列表框中设置相邻两单词或两个文字之间的距离，选择“normal”，也可以输入值；在“Letter-spacing”下拉列表框中设置字母之间的距离，选择“normal”，也要可以输入值；在“Vertical-align”“Text-align”下拉列表中设置对齐方式，分别选择“top”和“left”；在“Text-indent”文本框中设置首行文字的缩进值，输入“2”，单位是“ems”。

➢ 在“White-space”下拉列表框中选择处理空格的方式。“normal”指在网页文档中输入多个连续空格时，文档自动合并一个空格；“pre”指保留所有空白，包括空格，制表符和回车；“nowrap”指不自动换行，公遇到
标签时文本才换行。这里选择“normal”，如图 7-21 所示。在“Display”下拉列表中选择要显示的元素，默认情况下为“none”。

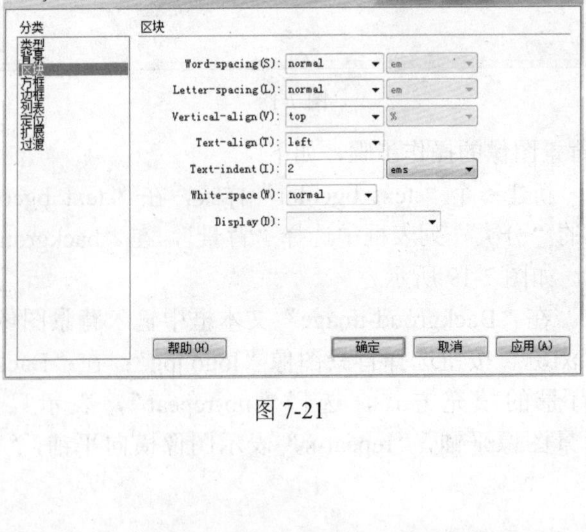

图 7-21

7.4.5 设置方框样式

方框属性主要用来定义元素在页面上的位置。应用在“.fontstyle”样式中设置方框属性后的效果如图 7-22 所示，可以控制文本区域的大小、位置与边界距离等。

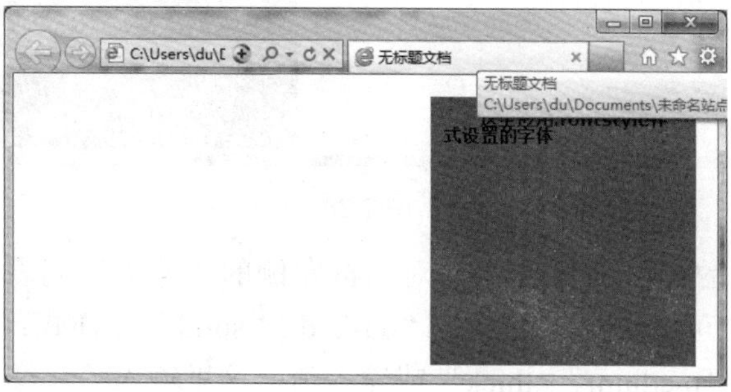

图 7-22

具体操作步骤：

➢ 在“.fontstyle 的 css 规则定义”对话框左侧的“分类”列表框中选择“方框”，在“Width”、“Height”下拉列表框中输入区域的大小，这里输入“200 像素”；在“Float”下拉列表框中设置浮动方式，这里选择“right”；在“Clear”下拉列表中“left”指不允许有浮动对象，“right”指不允许右边有浮动对象，“both”指不允许有浮动对象，“none”指允许两边都可以有浮动对象；在“Padding”一栏中设置文本区域中文本与区域内边框之间的距离；在“Margin”一栏中设置文本区域与页面边界的距离；若选中“全部相同”复选框，则只需设置上侧距离，其他方向与上侧距离相同，如图 7-23 所示。

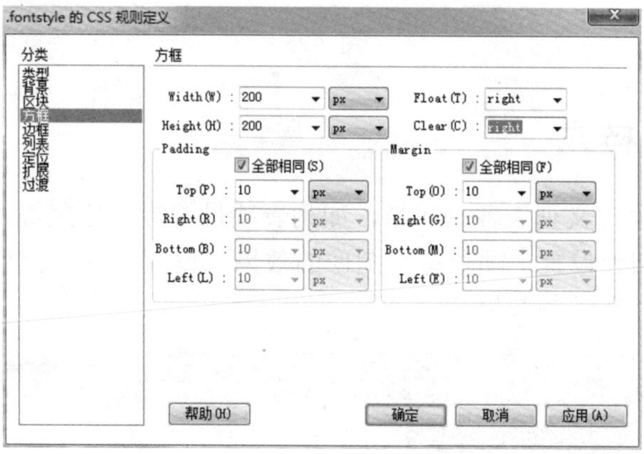

图 7-23

7.4.6 设置边框样式

边框属性用来定义元素周围的边框，例如边框的宽度、颜色和样式等。应用边框属性样式的表格效果如图 7-24 所示，表格边框为 1 像素虚线。

具体操作步骤如下：

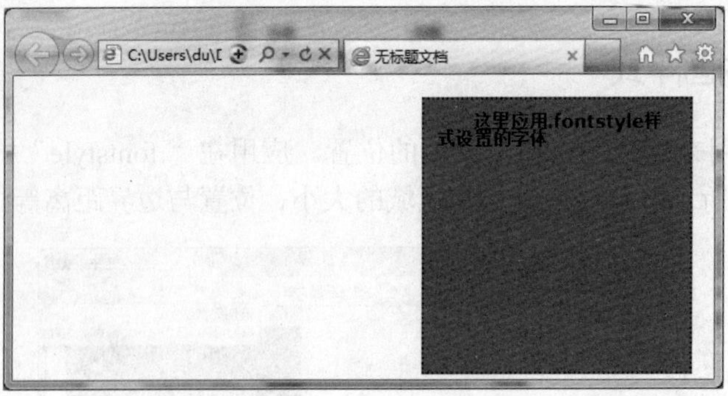

图 7-24

➢ 在“.fontstyle 的 css 规则定义”对话框左侧的“分类”列表框中选择“边框”，在“Style”一栏中可以选择“dotted”“dashed”“solid”等样式；在“Width”一栏中可以选择“thin”“medium”“thick”或输入值，这里输入“1 像素”；在“Color”一栏中设置边框的颜色为“#009”；若选中“全部相同”复选框，则只需设置上边框，其他边框与上边框相同，如图 7-25 所示。

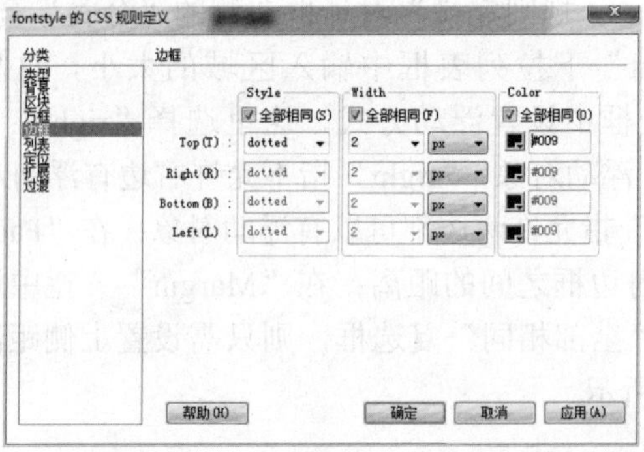

图 7-25

7.4.7 设置列表样式

列表属性主要用来定义列表各种属性，如列表项目符号、位置等。应用列表属性的效果如图 7-26 所示，分别为设置了项目符号图像的效果，设置了项目类型、位置在内的效果，设置了项目类型、位置在外的效果。

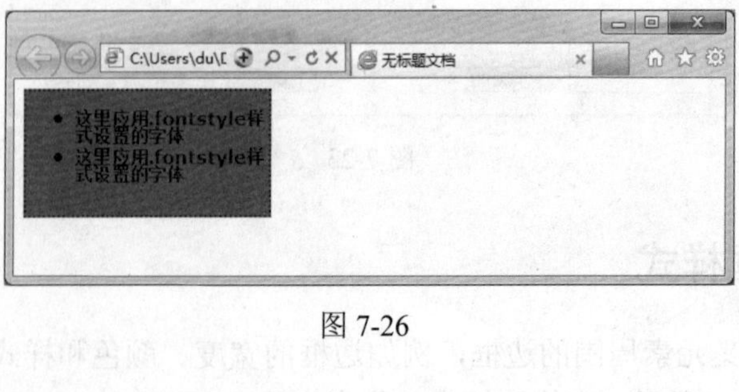

图 7-26

具体操作如下

➢ 在“.fontstyle 的 css 规则定义”对话框左侧的“分类”列表框中选择“列表”，在“List-style-type”下拉列表中可以选择“disc”“circle”“square”“decimal”等

➢ 除了“List-style-type”中列出的几种图形，还可以自己设置符号图像。在“List-style-image”文本框中输入图像的名称和路径；在“List-style-Position”下拉列表框中可以设置项目符号或图像的位置在内部，还是在外部，如图 7-27 所示。

图 7-27

7.4.8 设置定位样式

定位属性主要用来定义层的大小、位置、可见性、溢出方式、剪辑等属性。应用定位属性的层如图 7-28 所示，“属性检查器”中列出了相应的属性，层宽 300 像素，高 200 像素，位置距离页上边界 100 像素，距离页面左边界 50 像素，显示方式为可见。

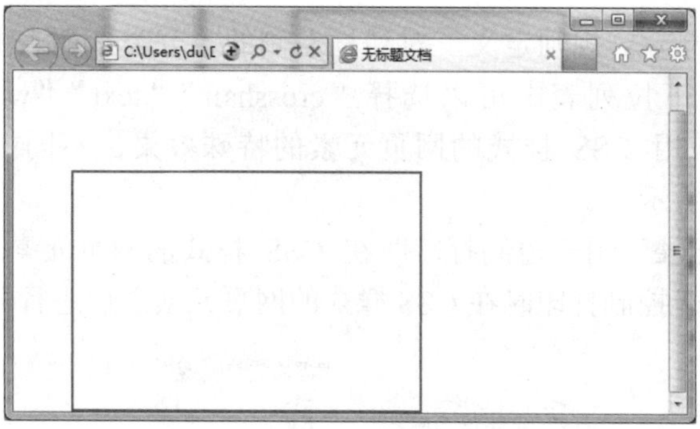

图 7-28

具体操作如下：

➢ 在“新建 css 规则”对话框中选择“新建类”，将类命名为“.position”。

➢ 弹出“.position 的 CSS 规则定义”对话框，在左侧的“分类”列表框中选择“定位”；在“Position”下拉列表框中，“static”指没有定位；“absolute”指生成绝对定位的元素，相对于 static 定位以外的第一个父元素进行定位；“fixed”指生成绝对定位的元素，相对于浏览器窗口进行定位；“relative”指生成相对定位的元素，相对于其正常位置进行定位；在“Width”“Height”下拉框中设置层的大小，分别输入“300 像素”“200 像素”；“Visibility”下拉列表框中设置层的可见性；“Z-Index”下拉列表框设置层的叠放顺序，编号较高的层在编号较低的层的上面，这里选择“auto”编号；“Overflow”下拉列表框中设置内容超出层的处理方式，“visible”指增加层的大小，使所有内容均可见，“hidden”指保持层的大小并剪辑超出内容，

“scroll”指在层中添加滚动条，“auto”指滚动条仅在层的内容溢出时才出现；在“Placement”一栏中可以设置层的上下左右位置，在“Clip”一栏中可以设置层的可见部分的大小，如图 7-29 所示。

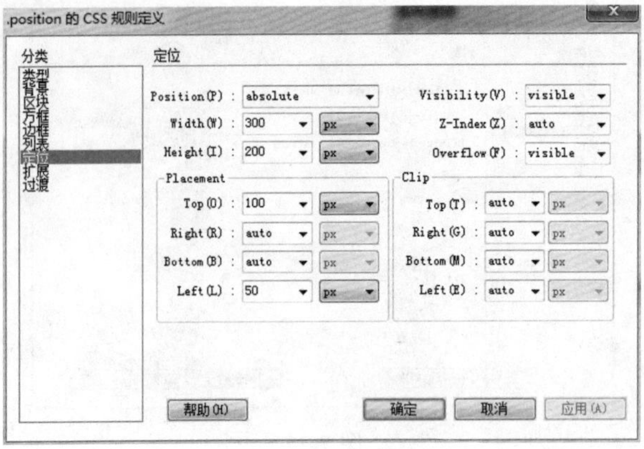

图 7-29

7.4.9 设置扩展样式

扩展样式主要用来分页、改变指针样式、一些特殊效果，应用扩展属性的层如图 7-30 所示。

具体操作如下

- 在“.position 的 css 规则定义”对话框左侧的“分类”列表框中选择“扩展”一栏中，“Cursor”下拉列表中可以选择“crosshair”“text”“wait”“pointer”等；在“Filter”设置应用 CSS 样式的网页元素的特殊效果，不同的选项有不同的设置参数，如图 7-31 所示。
- “Page-break-before”用于控制打印时在 CSS 样式的网页元素之前进行分页；“Page-break-after”用于控制打印时在 CSS 样式的网页元素之后进行分页。

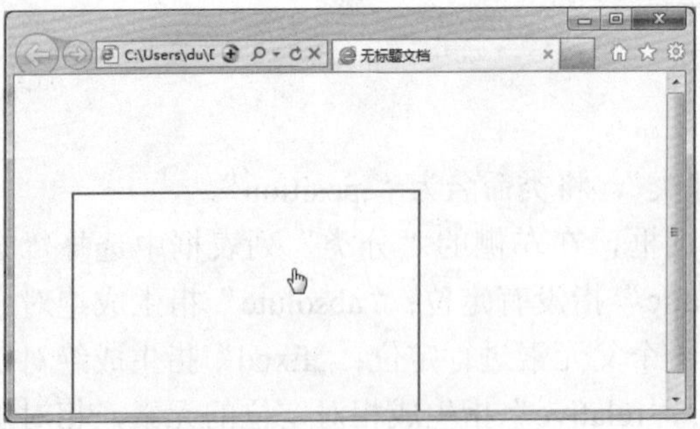

图 7-30

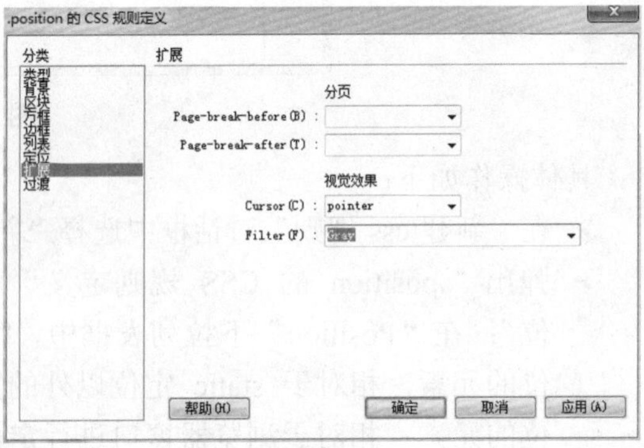

图 7-31

7.4.10 设置过渡样式

过渡属性是元素从一种样式逐渐改变为另一种的效果，应用过渡效果如图 7-32 所示。

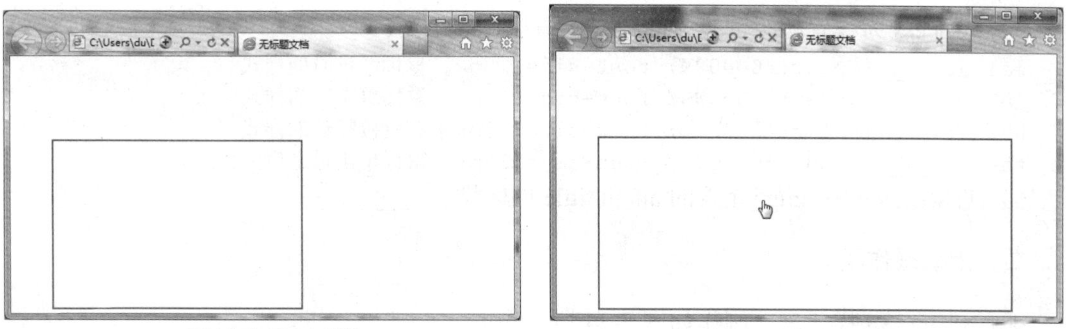

（a）鼠标指针经过方框前　　（b）鼠标指针经过方框后

图 7-32

具体操作如下

➢ 在“.position 的 css 规则定义”对话框左侧的“分类”列表框中选择“过渡”，“所有可动画属性”复选框选中，则“属性”栏将不可用。单击“属性”栏中的“加号”按钮![+]，选择“width”，“持续时间”设置动画持续时间，在这里填“3s”；“延迟”设置动画的延迟时间，这里填为“0s”；“计时功能”用于选择需要的计时器，选择“ease”；如图 7-33 所示。

注意：使用该效果需要增加一个 div:hover{width:500px;}，这样鼠标经过定义的层时才会出现动画效果。

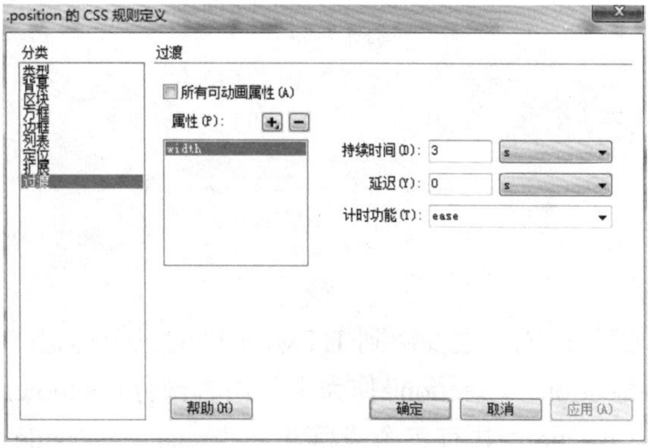

图 7-33　设置过渡属性

习题与操作练习

一、填空题

1）CSS 样式文件的使用可分为________、________和内联式三种，其中最为常用的是________。

2）超链接 CSS 样式主要有________、________、________和________。

3）文字居中的 CSS 代码是________。

4）设置 CSS 属性 float 的值为________时可取消元素的浮动。

5）下列 css 为设置超级链接时的样式，请按说明填写。

```
#a1 a:_____{color:#000099; font-size:10px} 鼠标经过时的样式
#a1 a: ____{color:#000099; font-size:10px} 鼠标单击时的样式
#a1 a: ____{color:#000099; font-size:10px} 超链接默认的样式
#a1 a: ____{color:#000099; font-size:10px} 鼠标单击过之后的样式
```

6）HTML 标签中<img>元素的 alt 和 tittle 的区别________

二、上机操作题

一、利用 CSS 样式表，制作如图 7-34 所示页面。

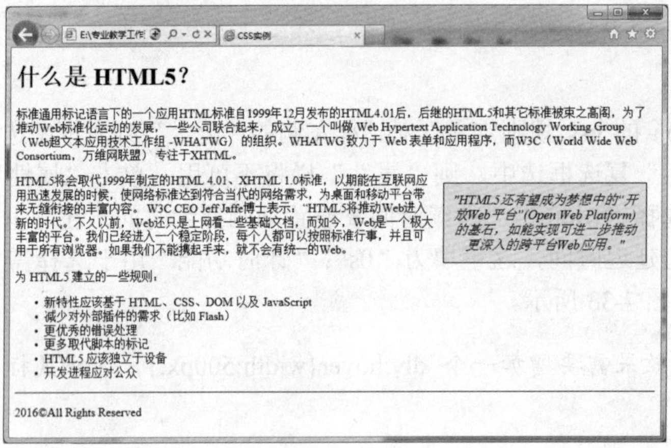

图 7-34

1．训练要点

➢ HTML 文档基本结构
➢ 样式表的使用
➢ 样式规则的编写

2．操作提示

➢ 页面的主体由 3 部分组成，主要用到 HTML5 中的三个标记：<header> </header>用于放置标题内容；<section> </section>作为中间内容部分；<footer> </footer>作为页脚。
➢ 其中，<section> </section>共有三个段落和一个<aside></aside>。
➢ <aside>可以放置在<section>标记中也可以单独做为广告框使用。

第8章 DIV+CSS网页布局

8.1 初识DIV

8.1.1 DIV概述

DIV 是 HTML 中的一种网页元素，是一种网页布局方法。DIV 的起始标签和结束标签之间的所有内容都是用来构成 DIV 块。其中，所包含元素的样式由 DIV 标签的属性来控制或者使用样式表格式化来进行控制。

简单地说，DIV 用于搭建网站结构（框架）、CSS 用于创建网站表现（样式/美化），实质即使用 XHTML 对网站进行标准化重构，使用 CSS 将表现与内容分离，便于网站维护，简化 HTML 页面代码，便于日后维护、协同工作和搜索引擎优化。

8.1.2 DIV与span的区别

应用<div>元素后所包含的内容，在格式上将发生变化，每一个<div>元素所包含的内容都将另起一新行，浏览器将会为 DIV 元素分配一个独立区域，形成一个一个“块”，因此<div>也被称作“块级元素”。除了这个区别<span>和<div>在其他方面基本相同，都可以为其包含的内容添加各种样式。

应用<span>元素后所包含的内容，在格式显示上没有发生任何变化，不会因为插入<span>元素后而产生换行或者其他排版效果。这样的显示效果称为“行内元素”，设计者可以在一段文本中插入任意多对<span>元素，然后将字体、颜色、背景、边框和边距等各种格式应用于<span>元素。

8.1.3 DIV+CSS布局优势

掌握基于 CSS 的页面布局方式，是实现 Web 标准的基础。在主页制作时采用 CSS 技术，可以有效地对页面的布局、字体、颜色、背景和其他效果实现更加精确的控制。只要对相应的代码做一些简单的修改，就可以改变网页的外观和格式。采用 CSS 布局有以下优点。

- 大大缩减页面代码，提高页面浏览速度，缩减带宽成本。

- 结构清晰，容易被搜索引擎搜索到。
- 缩短改版时间，只要简单地修改几个 CSS 文件就可以重新设计一个有成百上千页面的站点。
- 强大的字体控制和排版能力。
- CSS 非常容易编写，可以像写 HTML 代码一样轻松地编写 CSS。
- 提高易用性，使用 CSS 可以结构化 HTML，如<p>标记只用来控制段落，<head>标记只用来控制标题，<table>标记只用来表现格式化的数据等。
- 表现和内容相分离，将设计部分分离出来放在一个独立样式文件中。
- 更方便搜索引擎的搜索，用只包含结构化内容的 HTML 代替嵌套的标记，搜索引擎将更有效地搜索到内容。
- table 布局中，垃圾代码会很多，一些修饰的样式及布局的代码混合一起，很不直观。而 div 更能体现样式和结构相分离，结构的重构强。
- 可以将许多网页的风格格式同时更新。不用再一页一页地更新了。可以将站点上所有的网页风格都使用一个 CSS 文件进行控制，只要修改这个 CSS 文件中相应的行，那么整个站点的所有页面都会随之发生变动。

8.1.4 创建 DIV

<div>简而言之就是一个区块容器标记，即<div>与</div>之间相当于一个容器，可以容纳段落、标题、表格、图片，乃至章节、摘要和备注等各种 HTML 元素。因此，可以把<div>与</div>中的内容视为一个独立的对象，用于 CSS 控制。声明时只需要对<div>进行相应的控制，其中的各种标记元素都会因此而改变。

```
<!DOCTYPE html PUBLIC "-//W3C//DTD XHTML 1.0 Transitional//EN" "http://www.w3.org/TR/xhtml1/DTD/xhtml1-transitional.dtd">
<html xmlns="http://www.w3.org/1999/xhtml">
<head>
<meta http-equiv="Content-Type" content="text/html; charset=utf-8" />
<title>div 标记示例</title>
<style>
div{
font-size:18px;
font-weight:bold;
color:red;
border:2px solid red;
background-color:blue;
text-align:center;
width:300px;
height:100px;
}
</style>
</head>
<body>
<div >这是第一个 DIV 标记</div>
</body>
</html>
```

如上例所示，新建一个 DIV 标记并使用 CSS 样式对 DIV 块中的内容进行了格式化，其效果如图 8-1 所示。

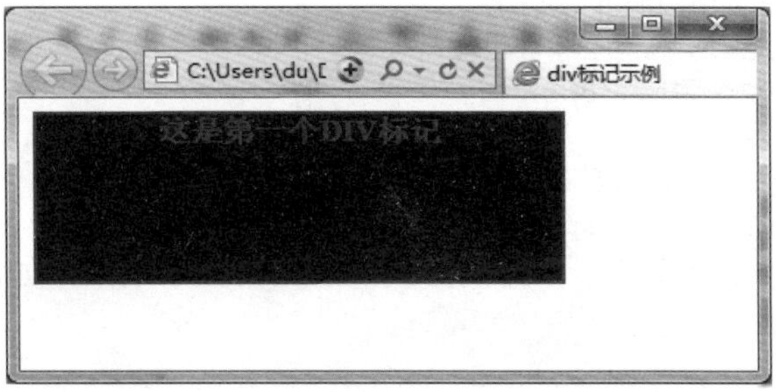

图 8-1

8.2 DIV+ CSS 布局的 4 大核心

DIV+CSS 是网站标准中常用的术语之一，CSS 和 DIV 的结构被越来越多的人采用，它的好处很多，可以使结构简洁，定位更灵活，CSS 布局的最终上的是搭建完善的页面架构。

8.2.1 盒子模型的概念

如果要熟练应用 DIV+CSS 网页布局技术，首先要对盒子模型有充分的理解。盒子模型是 CSS 布局网页时非常重要的概念，只有掌握了盒子模型以及其中每个元素的使用方法，才能真正地布局网页中各个元素的位置。

所有页面中的元素都可以看作一个装了东西的盒子，盒子里面的内容到盒子的边框之间的距离即填充（padding），盒子本身有边框（border），而盒子边框外和其他盒子之间，还有边界（margin）。

一个盒子由 4 个独立部分组成，如图 8-2 所示。

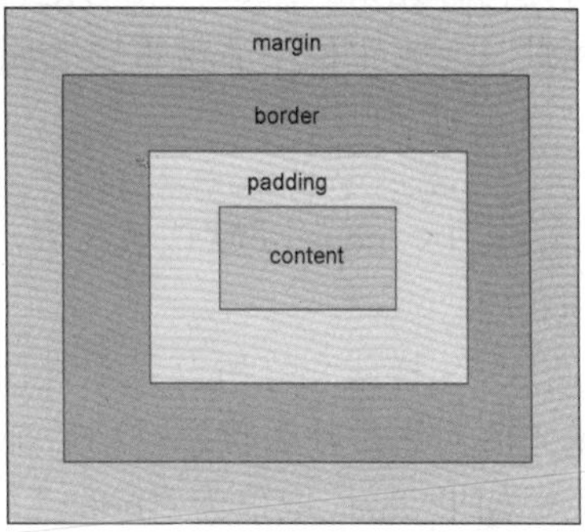

图 8-2

- 第 1 部分是最外面边界（marging）。
- 第 2 部分是边框（border），边框可以有不同的样式。
- 第 3 部分是填充（padding），填充用来定义内容区域与边框（border）之间的空白。
- 第 4 部分是内容区域（content）。

填充、边框和边界都分为上、下、左、右四个方向，即可分别定义，也可以统一定义。当使用 CSS 定义盒子的 width 和 height 时，定义的并不是内容区域、填充、边框和边界所占的总区域。实际上定义的是内容区域 content 的 widht 和 height。为了计算盒子所占的实际区域必须加上 padding、border 和 margin。

实际宽度=左边界+左边框+左填充+内容宽度（width）+右填充+右边框+右边界

实际高度=上边界+上边框+上填充+内容高度（height）+下填充+下边框+下边界

8.2.2 标准流

标准流就是标签的排列方式，就像流水一样，排在前面的标签内容前面出现，排后面的标签内容后面出现。

```
<div class="sty2">中国城市</div>
<span id="st" class="sty1">贵州</span>
<span class="sty2">贵阳</span>
<br/>
<span class="sty3 shan">广东</span>
<span class="sty3">广州</span>
```

上面的 HTML 代码是标签的一个排列方式，网页的显示效果，如图 8-3 所示，它是以标签的排列方式来呈现的。

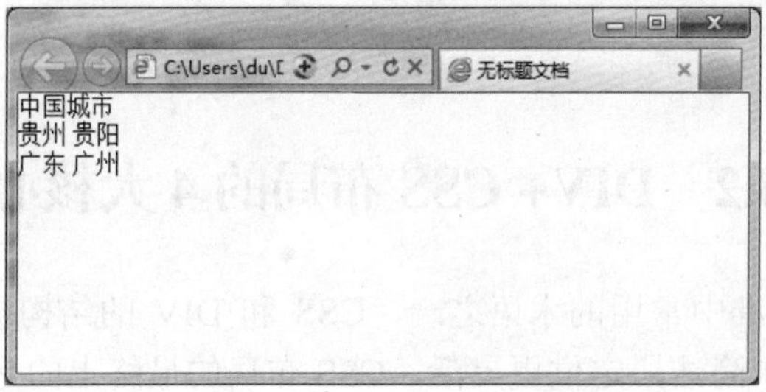

图 8-3

8.2.3 float 定位

float 属性定义元素在哪个方向浮动。以往这个属性应用于图像，使文本围绕在图像周围，不过在 CSS 样式中，任何元素都可以浮动。浮动元素会生成一个块级框，而不论它本身是何种元素。float 是相对定位，它会随着浏览器的大小和分辨率的变化而改变。float 浮动属性是元素定位中非常重要的属性，在网页设计中常使用 DIV 元素的 float 属性来定位，定义格式如下：

```
float:none|left|right
```

其中，none 是默认值，表示对象不浮动；left 表示对象浮动到左边；right 表示对象浮动到右边。

CSS 样式允许所有元素进行浮动 float，不管是段落、列表还是图像都可以进行浮动。无论先前元素是什么状态浮动后都成为块级元素，浮动元素的宽度默认为 auto。

如果 float 取值为“none”或没有设置元素的 float 属性时，不会发生任何浮动，块元素独占一行，紧随其后的块元素将在新行中显示，如下代码所示：

```
<!DOCTYPE html PUBLIC "-//W3C//DTD XHTML 1.0 Transitional//EN" "http://www.w3.org/TR/xhtml1/DTD/xhtml1-transitional.dtd">
<html xmlns="http://www.w3.org/1999/xhtml">
<head>
<meta http-equiv="Content-Type" content="text/html; charset=utf-8" />
<title>没有设置 Float 属性</title>
<style>
#div_a{
width:200px;height:100px;border: 2px solid red;margin:20px;background:green;
}
#div_b{
width:200px;height:100px;border:  2px  solid  black;margin:20px;background-color:blue;
```

```
    }
</style>
</head>
<body>
<div id="div_a">这是第一个 DIV 内容</div>
<div id="div_b">这是第二个 DIV 内容</div>
</body>
</html>
```

在浏览器中查看效果如图 8-4 所示，可以看到由于没有设置 DIV 的 float 属性，因此每个 DIV 独占一行，两个 DIV 分两行显示。

对上面代码进行简单修改，使用 float:left 对 div_a 和 div_b 应用向左浮动属性，其代码如下所示。在浏览器中浏览效果如图 8-5 所示。

```
<!DOCTYPE html PUBLIC "-//W3C//DTD XHTML 1.0 Transitional//EN" "http://www.w3.org/TR/xhtml1/DTD/xhtml1-transitional.dtd">
<html xmlns="http://www.w3.org/1999/xhtml">
<head>
<meta http-equiv="Content-Type" content="text/html; charset=utf-8" />
<title>设置二个 Float 属性为左浮动</title>
<style>

#div_a{
width:200px;height:100px; float:left; border: 2px solid red;margin:20px;background:green;
}
#div_b{
width:200px;height:100px;float:left; border: 2px solid black;margin:20px;background-color:blue;
    }
</style>
</head>
<body>
<div id="div_a">这是第一个 DIV 内容</div>
<div id="div_b">这是第二个 DIV 内容</div>
</body>
</html>
```

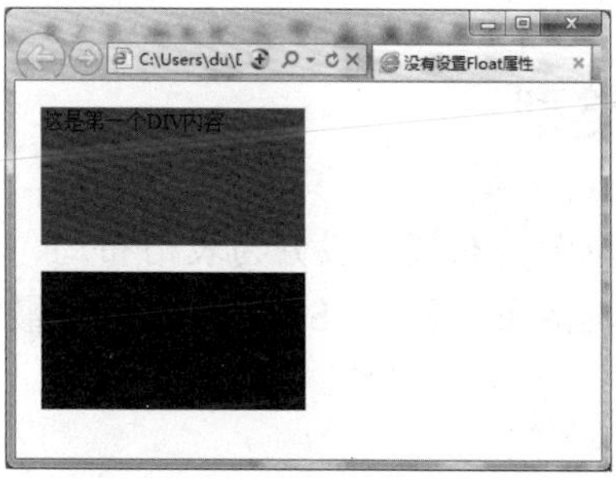

图 8-4

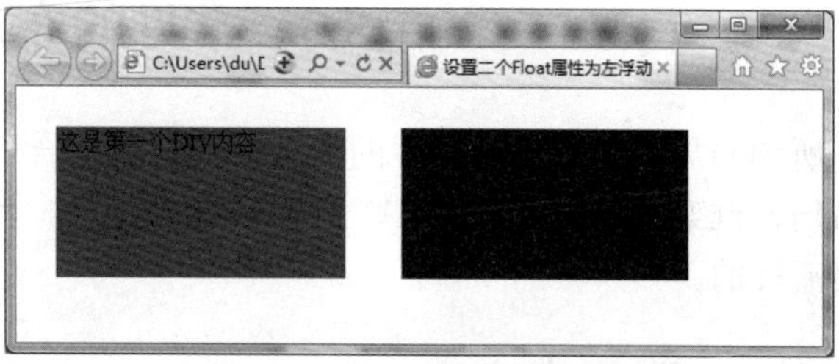

图 8-5

8.2.4 Position 定位

Position 定位意思为位置、状态或安置。在 CSS 布局中，position 属性非常重要，很多特殊容器的定位必须用 position 完成。position 属性共有 4 个属性值：static、absolute、fixed 和 relative，static 是默认值，代表无定位。

定位（Position）允许用户精确定义元素框出现的相对位置，可以相对于它通常出现的位置，相对于其上级元素，相对于另一个元素，或者对于浏览器视窗本身。每个显示元素都可以用定位的方法来描述，而其位置由此元素的包含块来决定的。

定义格式如下：

```
position: static | absolute | fixed |relative
```

其中，static 是默认值，无特殊定位，遵循 HTML 定位规则；absolute 表示采用绝对定位，需要同时使用 left、right、top 和 bottom 等属性进行绝对定位。而其层叠通过 z-index 属性定义，此时对象不具有边框，但仍有填充和边框；fixed 表示当页面滚动时，元素保持在浏览器视区内，其行为类似 absolute；relative 表示采用相对定位，对象不可层叠，但将依据 left、right、top 和 bottom 等属性设置在页面中的偏移位置。

8.2.5 DIV+CSS 布局理念

一般网页都要放置一个大框作为网页中所有内容的父框，在其内容又分成头、体和脚 3 个主要部分，有时候也可以省略头、体的父框，但这两个部分确实是存在的，如图 8-6 所示。

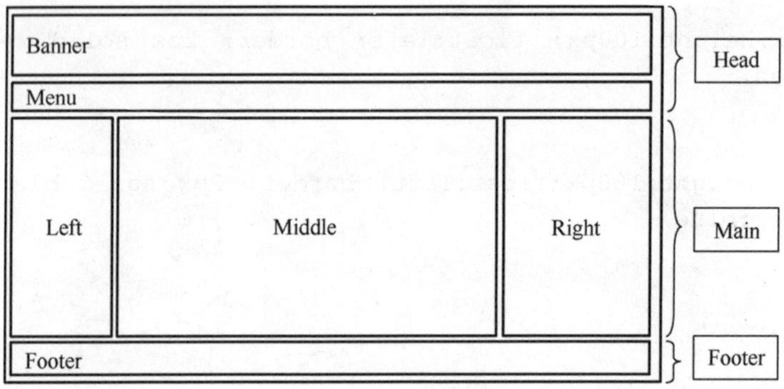

图 8-6

实际布局时并不一定要分出这 3 个部分，比如 Head 部分，就直接使用 Banner 和 Menu 两个 DIV 层，Main 部分也是如此。只有 Footer 部分，由于没有子层，结构简单，则直接应用。

8.3 常见的布局类型

所谓布局，就是将网页中的各个板块放置在合适的位置。布局一般分为表格布局、绘制层布局、框架布局和 CSS+DIV 布局模型等几种。其中表格布局和 CSS+DIV 布局是最常用和最流行的。

8.3.1 一列固定宽度

一列式布局是所有布局的基础，也是最简单的布局形式。一列固定宽度中，宽度的属性值是固定像素。下面举例说明一列固定宽度的布局方法，具体步骤如下：

➢ 在 HTML 文档的<head>与</head>之间相应的位置输入定义的 css 样式代码，如下所示。

```
<style>
#Layer{
background-color:green;
    border:3px solid red;
    width:500px;
    height:300px;
}
</style>
```

➢ 然后在 HTML 文档的<body>与</body>之间的正文中输入以下代码，给 DIV 使用“Layer”作为 id 名称。

```
<div id="Layer">DIV 一列固定宽度</div>
```

➢ 在浏览器中浏览。由于是固定宽度，因此无论怎样改变浏览器窗口大小，DIV 的宽度都不会改变，如图 8-7 和图 8-8 所示。

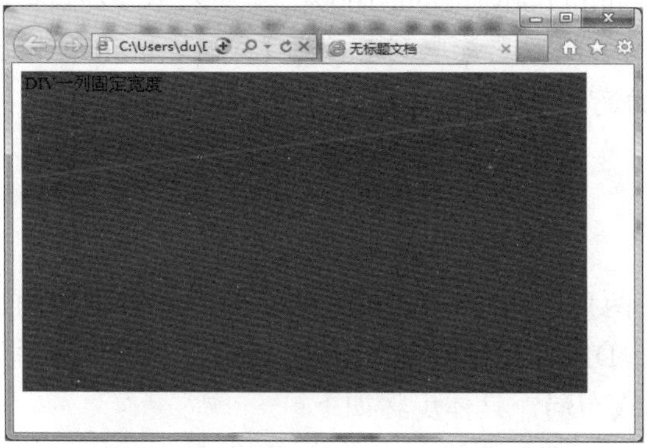

图 8-7

图 8-8

8.3.2 一列自适应

自适应布局是网页设计中常见的一种布局形式，自适应的布局能够根据浏览器窗口的大小，自动改变其宽度值和高度值，是一种非常灵活的布局形式。良好的自适应布局网站对不同分辨率的显示器都能提供最好的显示效果。自适应布局需要将宽度由固定值改为百分比。具体如下列所示：

```
<style>
html,body{ height:100%; }
#Layer{
background-color:green;
    border:3px solid red;
    width:70%;
    height:70%;
}
</style>
<body>
<div id="Layer">DIV 一列自适应宽度</div>
</body>
```

这里将 DIV 的宽度值和高度值都设置为“70%”，从浏览效果中可以看到，DIV 的宽度已经变为了浏览器的 70%。当扩大或缩小浏览器窗口在小时，其宽度和高度还将维持在浏览器当前的宽度 70%，如图 8-9 和图 8-10 所示。

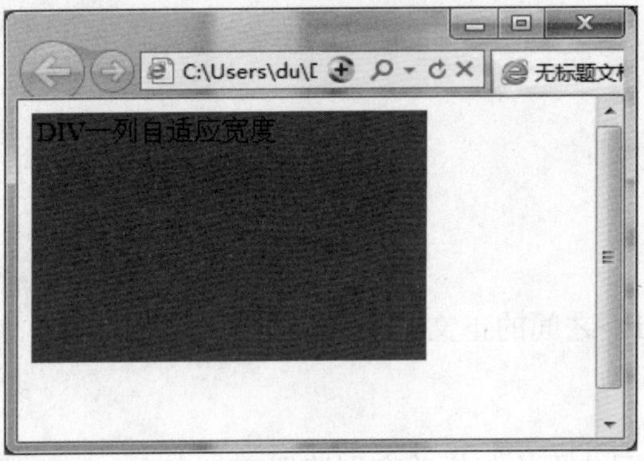

图 8-9

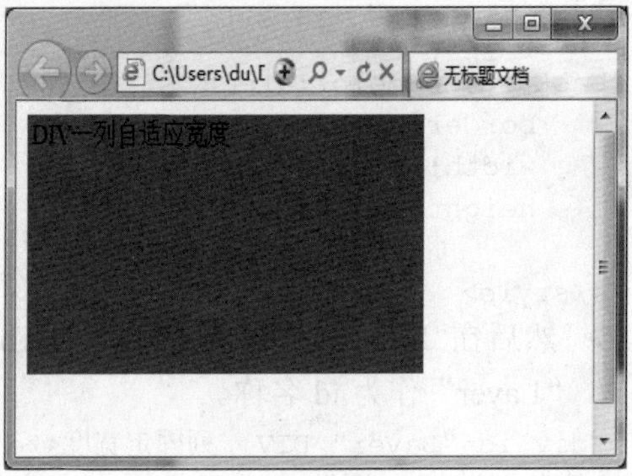

图 8-10

注意：在上面的 CSS 代码中，必须要添加 html,body{height:100%;}，如果不添加该句将看不到高度在浏览器中所占的百分比。这是因为当浏览器读取到 Layer 样式时，html 和 body 还没有载入页面，所以无从得知 html 和 body 的高度。

8.3.3 两列固定宽度

两列固定宽度布局的制作方法非常简单。两列的布局需要用到两个 DIV，分别将两个 DIV 的 id 设置为“left”和“right”，表示两个 DIV 的名称。首先为它们制定宽度，然后让两个 DIV 在水平线中并排显示，从而形成两列式布局，具体步骤如下：

➢ 在 HTML 文档的<head>与</head>之间相应的位置输入定义的 CSS 样式代码，如下所示。

```
<style>
#left{
background-color:green;
    border:2px solid red;
    width:500px;
    height:300px;
    float:left;
}
#right{
background-color:blue;
    border:2px solid gray;
    width:500px;
    height:300px;
    float:left;
}
</style>
```

➢ 然后在 HTML 文档的<body>与</body>之间的正文中输入以下代码，给 DIV 使用“left”和“right”作为 id 名称。

```
<div id="left">DIV两列固定宽度 left</div>
<div id="right">DIV两列固定宽度 right</div>
```

➢ 在浏览器中浏览，如图 8-11 所示两列固定宽度布局。

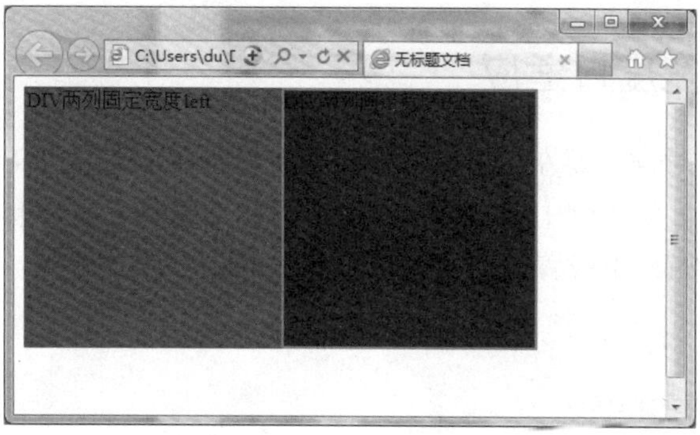

图 8-11

8.3.4　两列宽度自适应

下面使用两列宽度自适应性，来实现左右栏宽度能够做到自适应，设置自适应主要通过宽度的百分比值设置，CSS 代码修改如下：

```
<style>
html,body{ height:100%; }
#left{
background-color:green;
    border:2px solid red;
    width:50%;
    height:300px;
    float:left;
}
#right{
background-color:blue;
    border:2px solid gray;
    width:40%;
    height:300px;
    float:left;
}
</style>
```

这里主要修改了左栏宽度为 50%，右栏宽度为 30%。在浏览器中浏览效果如图 8-12 和图 8-13 所示，无论怎样改变浏览器窗口大小，左右两栏的宽度与浏览器窗口的百分比都不改变。

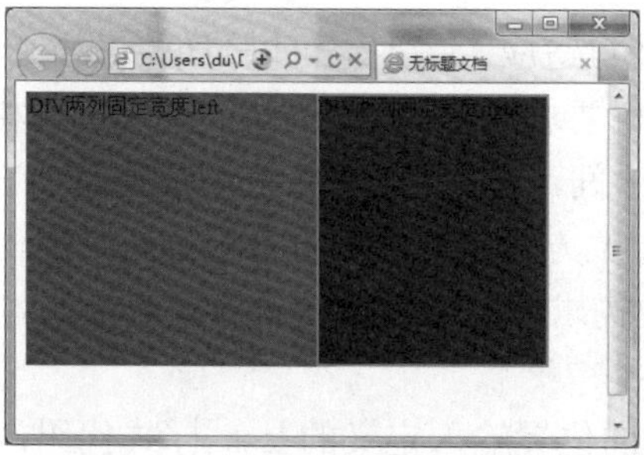

图 8-12

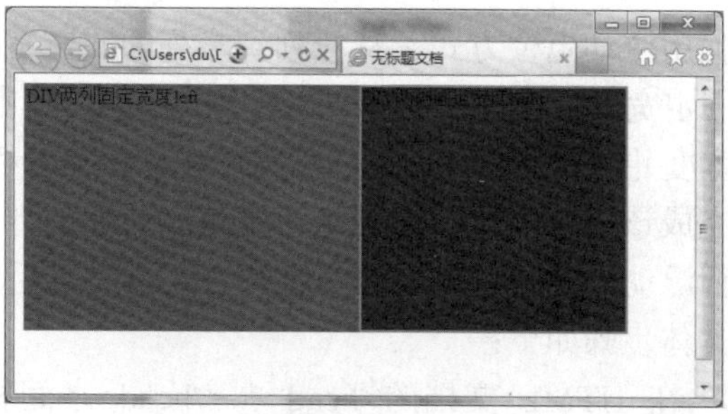

图 8-13

8.3.5 两列右列宽度自适应

在实际应用中，有时候需要左栏固定，右栏根据浏览器窗口大小自适应，在 CSS 中只需要设置左栏的宽度即可。如上例中左右栏都采用了百分比实现了宽度自适应，这里只需要将左栏宽度设置为固定值，右栏不设置任何宽度值，并且右栏不浮动即可，CSS 样式代码如下：

```
<style>
#left{
background-color:green;
    border:2px solid red;
    width:200px;
    height:200px;
    float:left;
}
#right{
background-color:blue;
    border:2px solid gray;
    height:200px;
}
</style>
```

这样，左栏将呈现 200px 宽度，而右栏将根据浏览器窗口大小自动适应，如图 8-14 和图 8-15 所示。

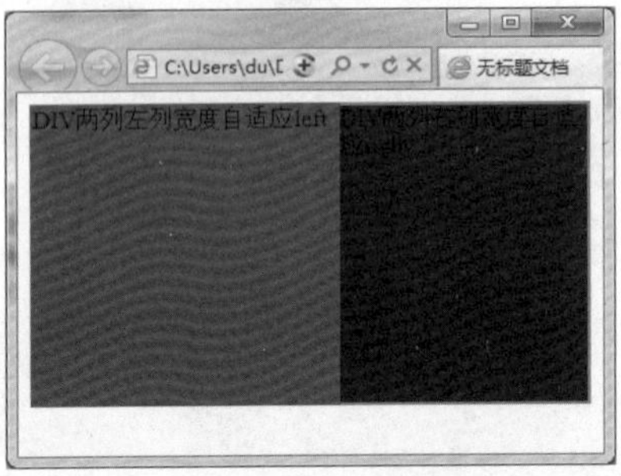

图 8-14

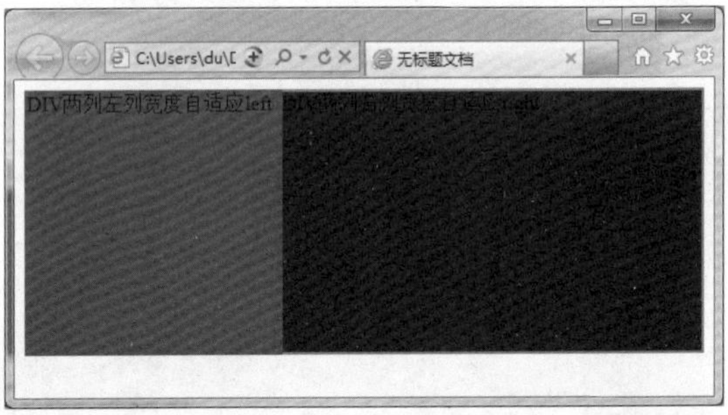

图 8-15

8.3.6 三列浮动中间宽度自适应

使用浮动定位方式，从一列到多列的固定宽度及自适应，基本上可以简单完成，包括三列的固定宽度。在这里设计一个三列式布局，其中左栏要求固定宽度，并居左显示，右栏要求固定宽度并居右显示，而中间栏需要在左栏和右栏的中间，根据左右栏的间距变化自动适应。

完成该要求需要使用到绝对定位。前面的浮动定位方式主要由浏览器根据对象的内容自动进行浮动方向的调整，但是这种方式不能满足定位需求时，就需要使用绝对定位。

具体步骤如下：

- 在 HTML 文档的<head>与</head>之间相应的位置输入定义的 css 样式代码，如下所示。

```
<style>
```

```
body{
margin:0px;
}
#left{
background-color:green;
    border:2px solid red;
    width:100px;
    height:200px;
    position:absolute;
    left:0px;
    top:0px;
}
#content{
    background-color:yellow;
    border: 2px solid black;
    height:200px;
    margin-left:100px;
    margin-right:100px;
}
#right{
background-color:blue;
    border:2px solid gray;
    width:100px;
    height:200px;
    position:absolute;
    right:0px;
    top:0px;
}
</style>
```

➢ 然后在 HTML 文档的<body>与</body>之间的正文中输入以下代码，给 div 使用“left”和“right”作为 id 名称。

```
<div id="left">左列</div>
<div id="content">中间内容</div>
<div id="right">右列</div>
```

➢ 在浏览器中浏览，如图 8-16 和图 8-17 所示两列固定宽度布局。

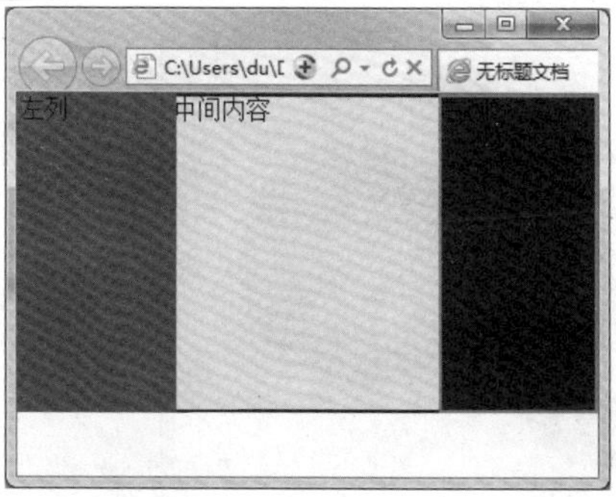

图 8-16

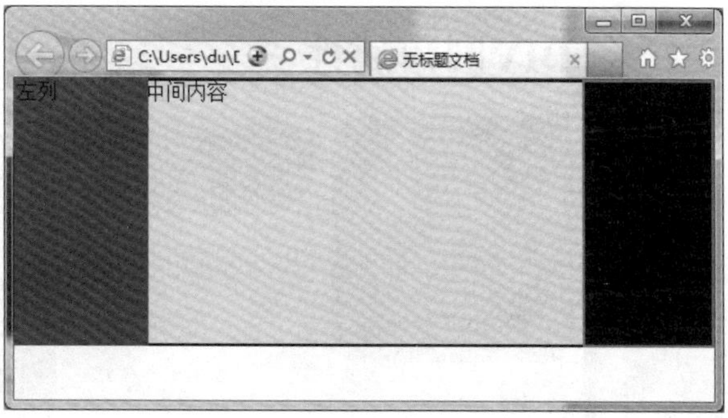

图 8-17

习题与操作练习

一、填空题

1）CSS 链接外部样式的写法为：________。
2）CSS 基本语法-标记选择器为：________。
3）css 基本语法-id 选择器
网页为：________。
对应的 CSS 为：________。
4）CSS 基本语法-类别选择器
网页为：________。
对应的 CSS 为：________。
5）改变元素的外边距用________，改变元素的内边距用________。
6）设置 CSS 属性 float 的值为________时可取消元素的浮动。
7）文字居中的 CSS 代码是________。

二、上机操作题

一、利用<div>标签和 CSS 样式表，制作如图 8-18 所示页面。

1．训练要点

- HTML 文档基本结构。
- 内部样式表的使用。
- 样式规则的编写。
- CSS 选择器的使用。

2．操作提示

- 页面的主体由 4 个 DIV 构成。
- 对各个 DIV 进行浮动操作，设置背景色，同时使用 DIV 的 border-radius 属性设置边角的半径值。

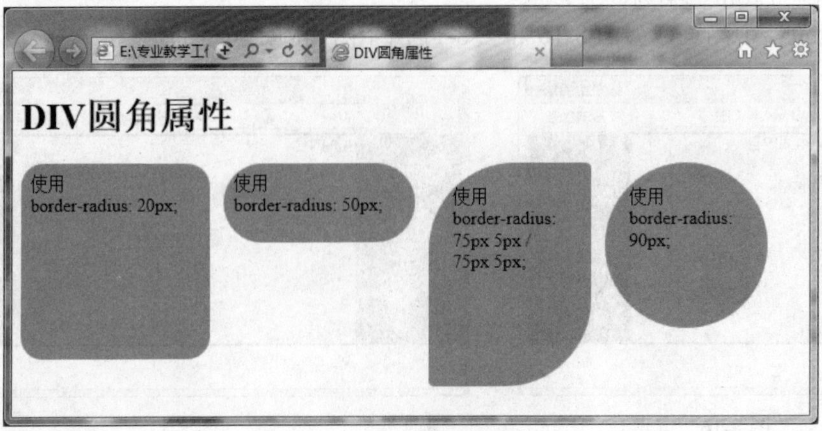

图 8-18

二、利用<div>标签和 CSS 样式表，制作如图 8-19 所示页面。

1．训练要点

- HTML 文档基本结构。
- 外部样式表的使用。
- 样式规则的编写。
- 各类型 CSS 选择器的使用。

2．操作提示

- 新建外部样式表文件 style.css，使用 link 元素连接到 HTML 文档。
- 页面的主体由 3 部分组成：header 用于放置顶部图片；wrapper 作为中间的整部分；footer 作为页脚。
- 其中，wrapper 包含内容区 content_area、左边区 left_side、右边区 right_side。
- left_side、right_side、footer 层区域添加指定的背景颜色。

图 8-19

第9章

动态网站设计基础

Dreamweaver 对动态网页设计提供了非常出色的支持，无论是网页的创建还是数据库程序的编写，均能通过可视化的方式完成，动态网页开发人员甚至不用编写任何程序代码，就可以使用 Dreamweaver 快速创建具有各种功能的应用程序。

9.1 动态网页概述

9.1.1 动态网页的概念和特点

所谓动态网页，就是该网页文件不仅含有 HTML 标记，而且含有程序代码，这种网页的扩展名一般会根据不同的程序设计语言来确定，如 ASP 文件的扩展名为.asp。动态网页能够根据不同的时间、不同的来访者显示不同的内容，也可以根据浏览者的即时操作和请求，使其内容发生相应变化。如常见的新闻发布系统、留言系统、购物系统就是用动态网页来实现的。

动态网页具有以下特点：

1）动态网页一般以数据库技术为基础，可以大大降低网站维护的工作量。

2）采用动态网页技术的网站可以实现更多的功能，如用户注册、用户登录、在线调查、用户管理、订单管理等。

3）动态网页实际上并不是独立存在于服务器上的网页文件，只有当用户请求时，服务器才返回一个完整的网页。

4）动态网页对搜索引擎检索存在着一定的问题。搜索引擎一般不可能从一个网站的数据库中访问全部网页，因此采用动态网页的网站在进行搜索引擎推广时需要做一定的技术处理才能适应搜索引擎的要求。

动态网页，并不是动态视觉特效。在一些网页上经常看到的滚动字幕、Flash 动画特效等，只是网页具体内容的各种表现形式。在很多时候，网页设计师都会采用静动结合的模式。在同一个站点内，根据功能模块进行划分，发挥两者各自的优势，取长补短。

9.1.2 ASP 语言简介

ASP（Active Server Pages）是一个 Web 服务器端的脚本编写环境。借助它可以创建具有交互性的 Web 服务应用程序，例如用户管理、站内搜索等。

ASP 使用的 ActiveX 技术基于开放设计环境，把对象进行封装，通过程序来调用。ASP 本身封装了一些基本组件，程序员也自己开发了更多的实用组件，这使得动态网页有了无限的扩展潜力。ASP 具有如下几个特点：

1）无需进行编译，直接解释执行。

2）无需用户端的浏览器支持，运行在服务器端。

3）面向对象，组件引用很方便，也可任意定制服务器组件进行扩充。

4）兼容性好，能使用任何 ActiveX scripting 语言。

使用 ASP 的一个最大好处在于可以借助 ADO（Active Data Object）这种新型的数据访问模型极为方便地访问数据库，从而也实现了基于交互性的网站系统开发。网页浏览者可以通过浏览器来输入、更新和删除站点数据库服务器中的数据。通过使用 ASP 内置的 File Access 组件，可以读写站点服务器上的文件，来实现访客计数器、在线提醒等功能。甚至可以实现多个主页间共享信息，来开发复杂的商务站点应用程序。

ASP 的工作原理很简单。当浏览器打开 ASP 网页时，Web 服务器就会根据请求生成相应的 HTML 代码，再返还给客户端浏览器，网页浏览者就看到了动态生成的网页，如图 9-1 所示。

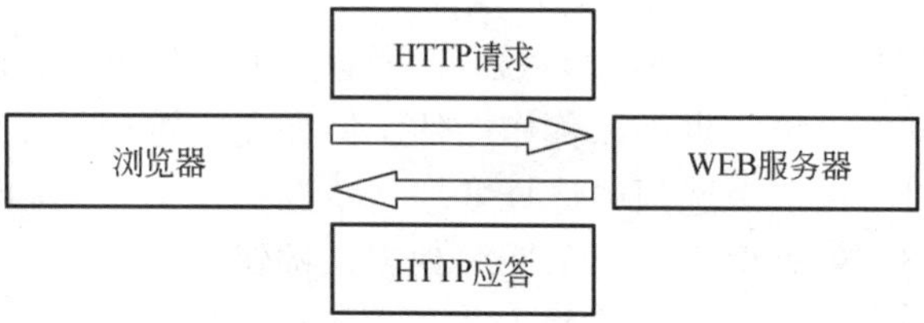

图 9-1

借助于 ASP，服务端可接收网页浏览者提交的信息并做出及时的反应，网页设计师不必再去花费过多的精力去对网页文件进行更新。当用户填写好表单数据并提交 HTTP 请求时，可以要求站点服务器去执行一个特意为表单所设定的应用程序，该程序会分析表单的输入数据，根据不同的数据内容，将相应的执行结果以 HTML 格式传送给浏览器。

在处理数据库数据时，Web 服务器接收浏览器的请求，使用 ODBC 把对数据库的命令请求通过网络传送到数据库服务器，然后再从数据库服务器接收数据，并把产生的反馈数据反馈给浏览器，如图 9-2 所示。

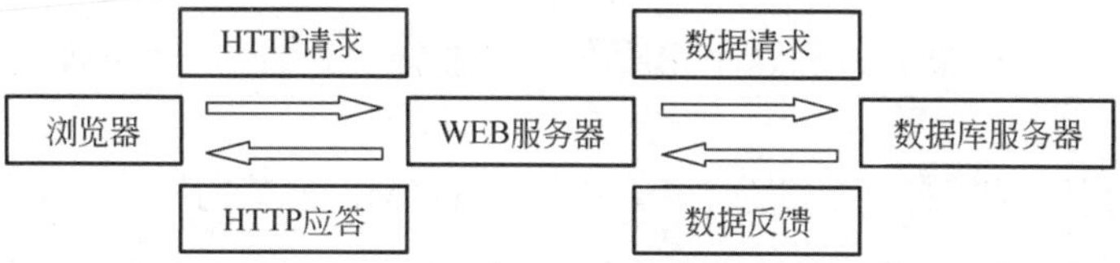

图 9-2

9.2　表单及其应用

表单在生活中的应用随处可见，例如我们在商店填写购物单、在邮局填写包裹单、在银行填写存款单等。表单在互联网上的应用更为普遍，注册邮箱，登录论坛、博客，通过 Web

页收发邮件都需要填写表单。互联网中表单的作用可以概括为：为了实现浏览网页的用户同Internet服务器之间的交互，通过表单将用户的信息发送到Internet服务器上，以供处理。

9.2.1 表单简介

表单是Internet上用户同服务器进行信息交互的主要工具。利用表单，Internet服务器可以从用户处搜集信息，例如收集用户资料、问卷调查等；利用表单，用户可以向服务器提交申请，挖掘有用信息，例如Web页邮箱登录、Web页搜索等，图9-3和图9-4分别了Internet中表单的一些具体应用。

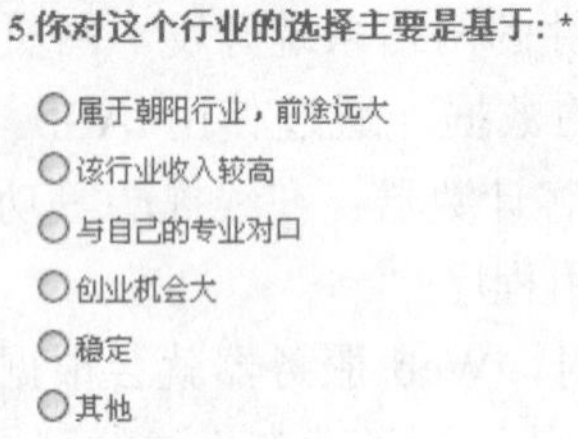

图9-3

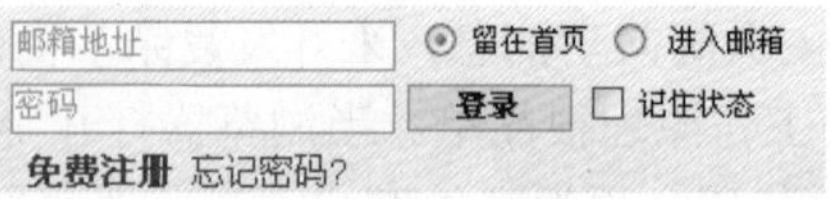

图9-4

实现用户与服务器的交互，一方面客户端需要搜集用户信息的表单对象；另一方面需要有处理这些信息的服务器端应用程序，服务器应用程序通常是指服务器端的脚本程序。

表单中包含多种表单对象，也可以称作控件。例如文本框用于输入文字，复选框用于在多个选项中选择多项，单选按钮用于在多个选项中选择其一，列表框用于显示选项列表，按钮用于发送命令等。在Dreamweaver CS5中，表单对象位于“插入”工具栏的“表单”类别中，如图9-5所示。

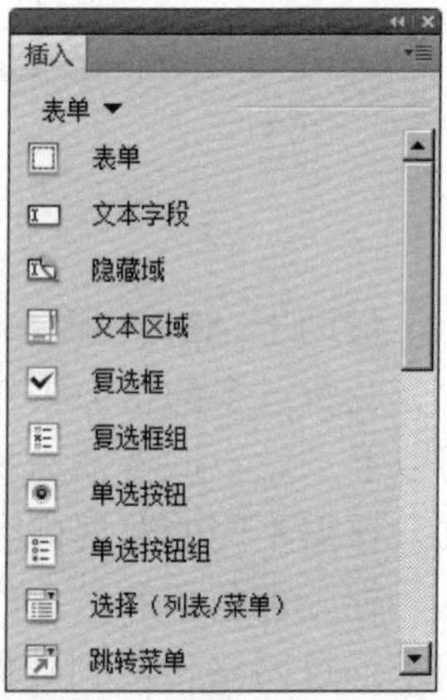

图9-5

9.2.2 创建HTML表单

1. 创建HTML表单的主要步骤

1）打开一个页面，将插入点放在希望表单出现的位置。

2）选择“插入”>“表单”，或选择“插入”面板中的“表单”类别，然后单击“表单”图标。在“设计”视图中，表单以红色的虚轮廓线显示。如果看不到这个轮廓线，可选择“查看”>“可视化助理”>“不可见元素”。

3）在属性检查器（“窗口”>“属性”）中设置HTML表单的属性，如图9-6所示。

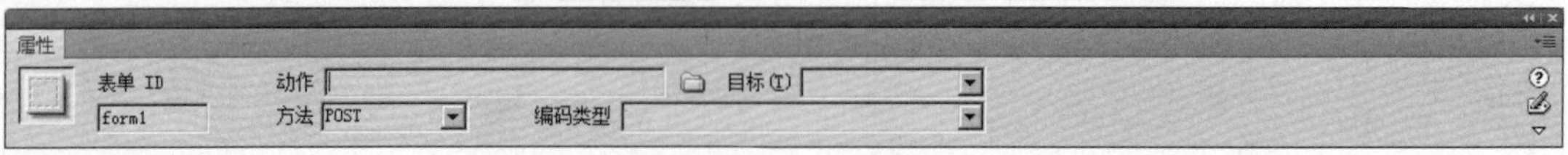

图9-6

1）在“文档”窗口中，单击表单轮廓以将其选定。

2）在“表单名称”框中，键入标识该表单的唯一名称。此后，就可以使用脚本语言

（如 JavaScript 或 VBScript）引用或控制该表单了。

3）在“动作”框中，键入路径或者单击文件夹图标导航到将要处理表单数据的页面或脚本。

4）在“方法”弹出菜单中，指定将表单数据传输到服务器的方法。设置以下任一选项：

默认值：使用浏览器的默认设置将表单数据发送到服务器。通常，默认值为 GET 方法。

GET：将值附加到请求该页面的 URL 中。建议不要使用 GET 方法发送长表单，因为 URL 的长度限制在 8192 个字符以内。如果发送的数据量太大，数据将被截断，从而会导致意外的或失败的处理结果。

POST：在 HTTP 请求中嵌入表单数据。如果要收集机密用户名和密码、信用卡号或其他机密信息，POST 方法比 GET 方法更安全。但是，由 POST 方法发送的信息是未经加密的，容易被黑客获取。若要确保安全性，可通过安全的连接与安全的服务器相连。

5）在“MIME 类型”弹出菜单中，指定对提交给服务器进行处理的数据使用 MIME 编码类型，（可选）。

默认设置 application/x-www-form-urlencode，的通常与 POST 方法一起使用。如果要创建文件上传域，需指定 multipart/form-data MIME 类型。

6）在“目标”弹出菜单中，指定一个窗口来显示被调用程序返回的数据（可选）。

_blank 在未命名的新窗口中打开目标文档。

_parent 在显示当前文档的窗口的父窗口中打开目标文档。

_self 在提交表单时所在的同一窗口中打开目标文档。

_top 在当前窗口的窗体内打开目标文档。此值可用于确保目标文档占用整个窗口，即使原始文档显示在框架中时也是如此。

2. 在页面中插入表单对象

1）将插入点置于表单中显示表单对象的位置。

2）在“插入”>“表单”菜单中或者在“插入”面板的“表单”类别中选择表单对象。

3）填写“输入标签辅助功能属性”对话框。该操作可以使表单对象具有辅助功能，并可以在以后更改辅助功能属性。

4）设置对象的属性。

5）在属性检查器中为该对象输入名称。每个文本域、隐藏域、复选框和列表、菜单对象必须具有可在表单中标识其自身的唯一名称。表单对象名称不能包含空格或特殊字符，可以使用字母数字字符和下划线“_”的任意组合。

6）若要为页面中的文本域、复选框或单选按钮对象添加标签，可在相应对象旁边单击，然后键入标签文字。为文本域指定的标签是用于存储该域值（输入的数据）的变量名，这是发送给服务器进行处理的值。

3. 调整表单的布局

可以使用换行符、段落标记、预格式化的文本或表格来设置表单的格式。不能将一个表单插入另一个表单中（即标签不能交迭），但是可以在一个页面中包含多个表单。设计表单时，记住要用描述性文本来标记表单域，以使用户知道要回答哪些内容。例如，“键入您的名字”表示请求输入名字信息。

表单的基本语法及格式为：

```
<form  name="表单名" action="URL" method="get|post">
 ......
 </form>
```

表单的 HTML 标记为<form>，其主要属性的含义如下：

name 属性：表单的名字，在一个网页中用于唯一识别一个表单。

action 属性：用于定义将表单数据发送到什么地方，相当于属性面板中的“动作”。

method 属性：用于定义编译和发送表单数据的方法，属性值可以为 get|post，相当于属性面板中的“方法”。

9.2.3 常用表单对象

1．文本域

文本域接受任何类型的字母、数字、文本等输入内容。文本可以单行或多行显示，也可以以密码域的方式显示。

选中文本域，其“属性”面板如图 9-7 所示。

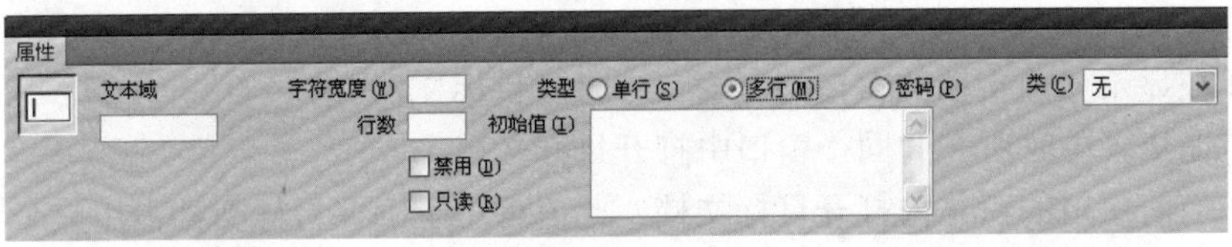

图 9-7

字符宽度：指定域中最多可显示的字符数。此数字可以小于“最多字符数”。例如，如果“字符宽度”设置为 20（默认值），而用户输入了 100 个字符，则在该文本域中只能看到其中的 20 个字符。虽然在该域中无法看到剩余的字符，但域对象可以识别它们，而且它们会被发送到服务器进行处理。

最多字符数：指定用户在单行文本域中最多可输入的字符数。可以使用“最多字符数”将邮政编码的输入限制为 5 位数字，将密码限制为 10 个字符等。如果将“最多字符数”框保留为空白，则用户可以输入任意数量的文本。如果文本超过域的字符宽度，文本将滚动显示。如果用户的输入超过了最多字符数，则表单会发出警告声。

行数：设置多行文本域的域高度（在选中了“多行”选项时可用）。

禁用：禁用文本区域。

只读：使文本区域成为只读文本区域。

初始值：指定在首次加载表单时域中显示的值。例如，可以通过在域中包含说明或示例值的形式，指示用户在域中输入信息。

类：可以将 CSS 规则应用于对象。

类型：指定域为单行、多行还是密码域。

1）单行：生成一个 input 标签且其 type 属性设置为 text。“字符宽度”设置映射为 size 属性，“最多字符数”设置映射为 maxlength 属性。代码格式为：

```
<input type="text"name="文本框名称"size="文本框宽度"maxlength="最长字符数"value="初始值">
```

2）多行：生成一个 textarea 标签。“字符宽度”设置映射为 cols 属性，“行数”设置映射为 rows 属性。代码格式为：

```
<textarea name="多行文本域名称"value="初始值"rows="行数"cols="列数">
</textarea>
```

3）密码：生成一个 input 标签且其 type 属性设置为 password。“字符宽度”和“最多字符数”设置与单行文本域中的属性相同。当用户在密码文本域中键入时，输入内容显示为项目符号或星号，以保护它不被其他人看到。代码格式为：

```
<input type="password"name="密码框名称"size="密码框宽度"maxlength="最长字符数
"value="初始值">
```

2. 复选框

复选框允许在一组选项中选择多个选项。其属性面板如图 9-8 所示。

图 9-8

选定值：设置在该复选框被选中时发送给服务器的值。例如，在一项调查中，可以将值 4 设置为表示非常同意，将值 1 设置为表示强烈反对。

初始状态：确定在浏览器中加载表单时，该复选框是否处于选中状态。

类：为对象应用 CSS 规则。

代码格式为：

```
<input type="checkbox"value="复选框选定值"name="复选框名称"checked（初始状态）>
```

3. 单选按钮

单选按钮代表互相排斥的选择。单选按钮通常以组为单位使用的，在同一组中的单选按钮必须使用相同的名称。在某单选按钮组（由两个或多个共享同一名称的按钮组成）中选择一个按钮，就会取消选择该组中的其他所有按钮。其属性面板如图 9-9 所示。

图 9-9

选定值：设置在该单选按钮被选中时发送给服务器的值。

初始状态：确定在浏览器中加载表单时，该单选按钮是否处于选中状态。

类：将 CSS 规则应用于对象。

代码格式为：

```
<input type="radio"value="单选按钮选定值"name="单选按钮名称"checked（初始状态）>
```

4. 列表/菜单（选择）

列表/菜单（选择）在一个滚动列表中显示选项值，用户可以从该滚动列表中选择多个选项。“列表”选项在一个菜单中显示选项值，用户只能从中选择单个选项。

在下列情况下使用菜单：只有有限的空间但必须显示多个内容项，或者要控制返回给服务器的值。对于菜单而言，用户可以具体设置某个菜单返回的确切值。列表/菜单属性面板如图 9-10 所示。

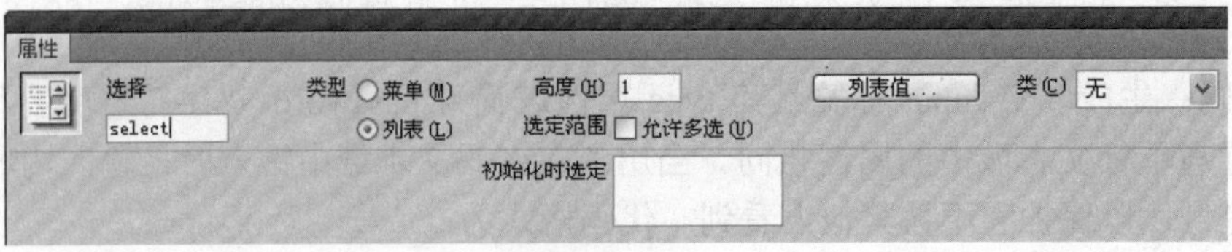

图 9-10

选择：为该菜单或列表指定一个名称，该名称必须是唯一的。

类型：指定该对象被单击时是显示菜单选项，还是显示列表选项。如果希望表单在浏览器中显示时仅有一个选项可见，则选择“菜单”选项。若要显示其他选项，用户必须单击向下箭头。选择“列表”选项可以在浏览器显示表单时列出一些或所有选项，以便用户可以选择多个项。

高度：设置菜单中显示的项数（仅“列表”类型）。

选定范围：指定用户是否可以从列表中选择多个项（仅“列表”类型）。

类：可以将 CSS 规则应用于对象。

初始化时选定：设置列表中默认选定的菜单项。

列表值：打开一个对话框，可通过它向表单菜单添加项，如图 9-11 所示。

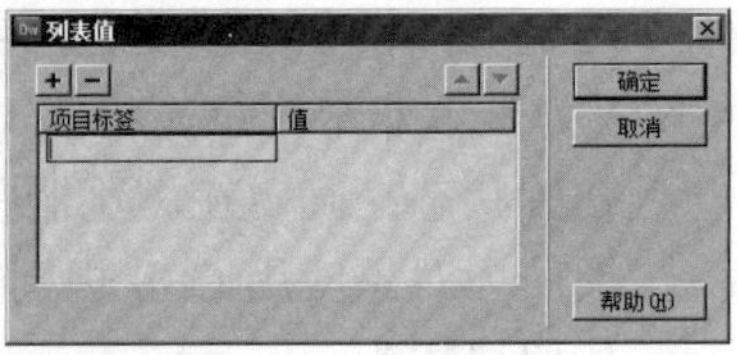

图 9-11

- 使用加号（+）和减号（–）按钮添加和删除列表中的项。
- 输入每个菜单项的标签文本和可选值。列表中的每项都有一个标签（在列表中显示的文本）和一个值（选中该项时，发送给处理应用程序的值）。如果没有指定值，则改为将标签文字发送给处理应用程序。
- 使用向上和向下箭头按钮重新排列列表中的项。菜单项在菜单中出现的顺序与在“列表值”对话框中出现的顺序相同。在浏览器中加载页面时，列表中的第一个项是选中的项。

代码格式为：

```
<select name="列表/菜单名称" size="显示的列表项数" >
    <option value="选项值" selected>选项显示内容</option>
    <option value="选项值" >选项显示内容</option>
    ......
</select>
```

列表与菜单方式的主要区别在于，前者在<select>中的 size 属性取大于 1 的值，此值表示在选择栏中不拖动滚动条便可以显示选项的数目。

5．文件域

文件域使用户可以浏览到其计算机上的某个文件并将该文件作为表单数据上传。文件域的外观与其他文本域类似，只不过，文件域还包含一个“浏览”按钮。用户可以手动输入要上传的文件的路径，也可以使用“浏览”按钮定位并选择该文件。其属性面板如图 9-12 所示。

图 9-12

文件域名称：指定该文件域对象的名称。

字符宽度：指定域中最多可显示的字符数。

最多字符数：指定域中最多可容纳的字符数。如果用户通过浏览来定位文件，则文件名和路径可超过指定的“最多字符数”的值。但是，如果用户尝试键入文件名和路径，则文件域最多仅允许键入“最多字符数”值所指定的字符数。

注意：表单标签中必须设置 ENCTYPE="multipart/form-data"来保证文件被正确编码。另外，表单的传送方式必须设置为 POST。

6. 按钮

使用按钮可将表单数据提交到服务器，或者重置表单。还可以指定其他已在脚本中定义的处理任务。例如，可使用按钮根据指定的值计算所选商品的总价。其属性面板如图 9-13 所示。

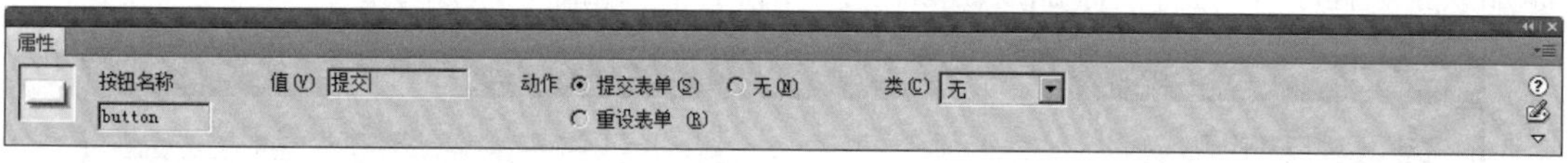

图 9-13

按钮名称：为该按钮指定一个名称，“提交”和“重置”是两个保留名称。

值：确定按钮上显示的文本。

动作：确定单击该按钮时发生的动作。提交表单，在用户单击该按钮时提交表单数据以进行处理，该数据将被提交到在表单的“动作”属性中指定的页面或脚本。重置表单，在单击该按钮时清除表单内容。无，指定单击该按钮时要执行的动作。例如，可以添加一个 JavaScript 脚本，使得当用户单击该按钮时，打开另一个页面。

类：将 CSS 规则应用于对象。

“提交”按钮代码格式为：<input type="submit" name="按钮名" value="按钮上显示的文字">

9.3 搭建 Web 服务器

Web 服务器并不特指某一台具体的物理计算机，从概念上讲，Web 服务器是一种软件，它能够管理各种 Web 文件，并对向 Web 服务器提出 HTTP 请求的客户端进行 HTTP 响应，将响应的结果在客户端的浏览器中进行显示。在大多数情况下，Web 服务器和浏览器位于不同的机器上，但它们也可以在同一台计算机上并存。

比较常见的 Web 服务器有 Apache、TomCat 和 IIS。作为同是微软产品的 IIS 和 ASP，两者的结合能够发挥较好的效能，因此，我们在此以 IIS 作为要使用的 Web 服务器。

9.3.1 安装 IIS

IIS（Internet Information Services，互联网信息服务），是由微软公司提供的基于运行 Microsoft Windows 的互联网基本服务。IIS 的核心功能包括：创建和维护 HTTP 连接、读取 HTTP 请求和写 HTTP 响应、编辑 HTTP 头信息、获取客户端认证信息、管理异步的连接、映射 URL 到物理地址、管理和运行应用程序、传输文件。其中 ASP 扩展了 IIS 的基本功能，能够创建更丰富的 Web 应用程序开发环境。

在 Windows 2000 Server 和 Windows 2000 Advanced Server 以及 Windows 2003 等版本的操作系统中，IIS 组件是随着操作系统的安装一起安装完成的。但在 Windows 2000 Professional 和 Windows XP Professional 版本的操作系统中，默认安装是不带 IIS 组件的。因此，在没有安装 IIS 组件的 Windows 操作系统中，必须在 Windows 操作系统安装完成以后，通过添加 Windows 组件的方式重新安装 IIS 组件。其中，Windows 2000 Professional 中安装的 IIS 版本是 IIS5.0，Windows XP Professional 中安装的 IIS 版本是 IIS5.1，Windows 2003 Server 中安装的 IIS 版本是 IIS6.0。下面，我们以 Windows XP Professional 为例，说明 IIS5.1 的安装过程。

从“开始”菜单执行“设置”中的“控制面板”，在打开的“控制面板”对话框中双击“添加或删除程序”，打开“添加或删除程序”对话框，如图 9-14 所示。

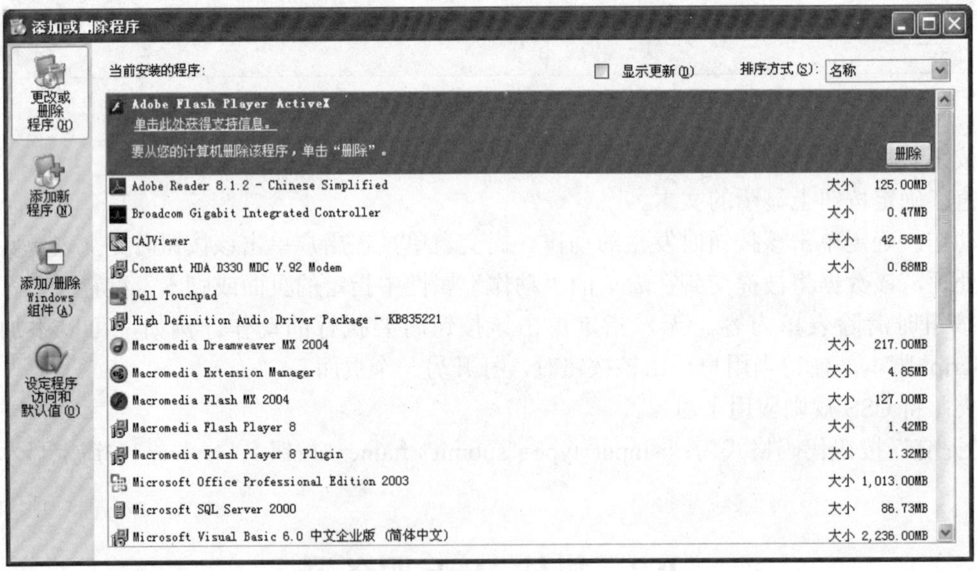

图 9-14

在“添加或删除程序”对话框中，单击“添加/删除 Windows 组件”选项，打开“Windows 组件向导”对话框，如图 9-15 所示。选中“Internet 信息服务（IIS）”，如要查看 IIS 组件包含的子组件内容，可单击右下角的“详细信息”按钮，打开如图 9-16 所示的“Internet 信息服务（IIS）”对话框，可选择是否安装其中的 Internet 信息服务组件的子组件。完成后，单击图 9-16 中的“确定”按钮，将返回到图 9-15 所示的对话框，然后按照 Windows 组件安装向导的提示，完成 IIS 组件的安装。

注意： 在安装 IIS 的过程中，需要 Windows XP Professional 操作系统安装系统盘才能完成安装。

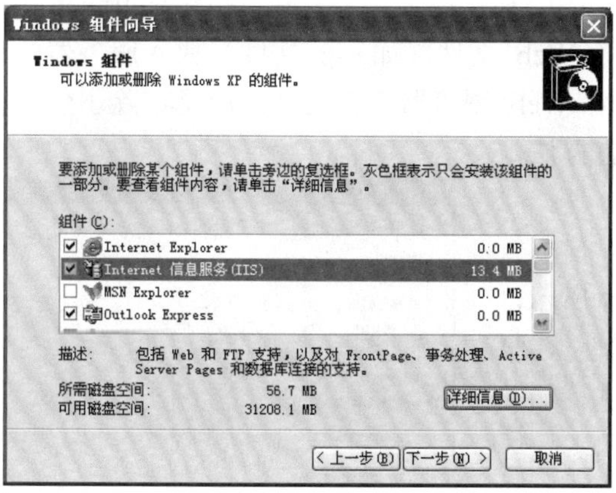

图 9-15

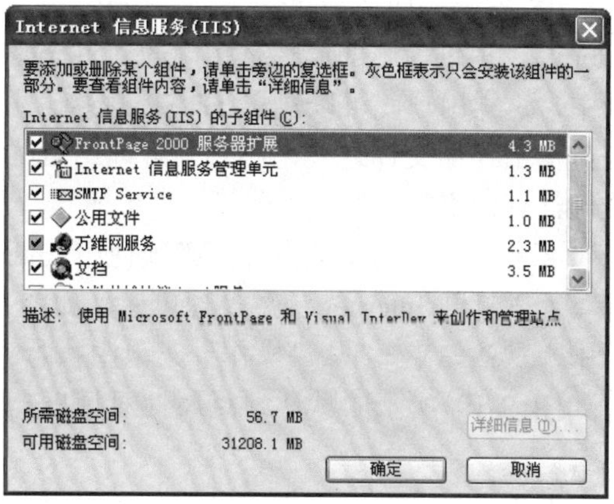

图 9-16

9.3.2 配置 Web 服务器

IIS5.1 一旦安装成功，在启动 Windows XP 操作系统时，默认状态下，IIS 也随之启动。要查看 IIS 的服务内容，配置相应的管理选项，并进行相关的操作，可通过 Internet 信息服务管理单元来完成。

Internet 信息服务管理单元提供了一些服务器管理选项，用于控制网站或 FTP 站点的内容以及对这些站点的访问。例如，在将站点上载到 Intranet 或 Internet 之前要对站点进行测试，则可以使用此工具测试设置并查看设置在最终服务器上的精确效果。

要打开 Internet 信息服务管理单元，主要有两种方法：

1）从“开始”菜单中打开“控制面板”，在“控制面板”窗口中打开“管理工具”，如图 9-17 所示，然后在“管理工具”窗口中打开“Internet 信息服务”管理单元，如图 9-18 所示。

图 9-17

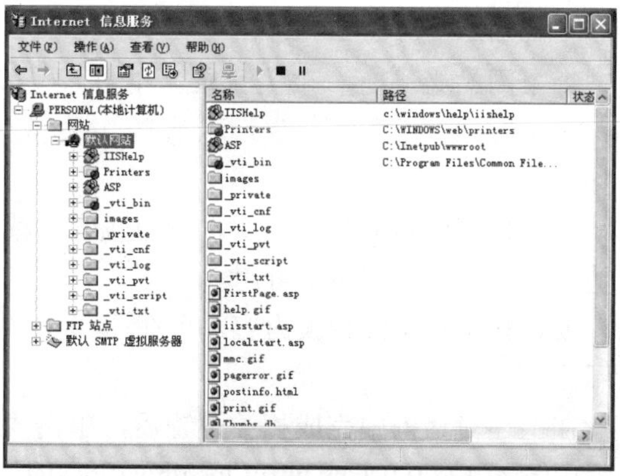

图 9-18

2）从“开始”菜单的“运行”对话框中执行命令 Inetmgr，同样可打开“Internet 信息服务”管理单元。

在此，我们主要关心 ASP 应用程序的运行环境和其他与 ASP 应用程序相关的问题，所以下面就 Web 服务器的配置步骤做出说明。

IIS 安装完成后，包含一个默认站点，支持 ASP 开发技术。无论站点位于 Intranet 还是 Internet，提供内容的原理是相同的。首先必须将 Web 文件（如.asp 文件）放入服务器的目录中，这样用户就可以建立 HTTP 连接，并使用 Web 浏览器查看文件。但是，除了仅仅在服务器上存储文件之外，还必须管理站点的部署方法，合理计划站点的发展。

要配置站点的相关内容，必须使用 Internet 信息管理单元。打开 Internet 信息管理单元，如图 9-18 所示，选中“默认站点”，从“操作”菜单中执行“属性”，打开如图 9-19 所示的默认站点属性对话框，并进行相关设置。

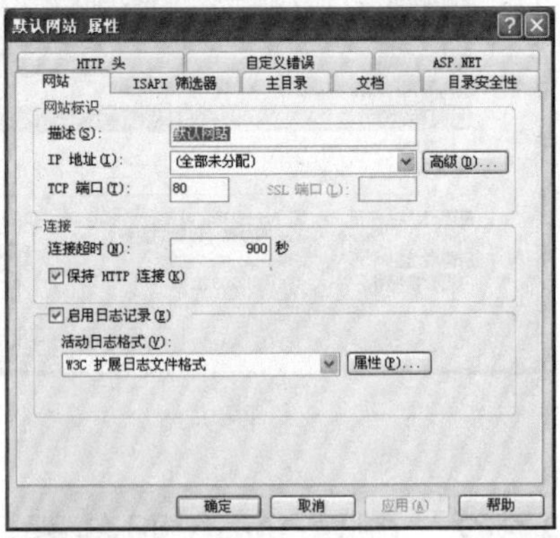

图 9-19

要正确地在该对话框中完成相关设置，首先需要我们了解一下“网站”“主目录”选项卡中的有关内容。

1. 网站

IP 地址：计算机的主 IP 地址，系统自动设置一个默认的 Web 站点并绑定在该地址上。如果未指定特定的 IP 地址，此站点将响应所有分配给此计算机且没有分配给其他站点的 IP 地址，这将使此网站成为默认网站。

TCP 端口：确定正在运行服务的端口。端口号是必需的，此文本框不能为空，默认为 80。可以将此端口更改为任意唯一的 TCP 端口号；但是，客户端必须事先知道“应请求此端口号”，否则，请求将不能连接到服务器。

连接超时：设置服务器断开非活动用户之前应保持连接的时间长度（以秒为单位）。这确保了在 HTTP 协议无法关闭某个连接时，能够关闭所有的连接。

保持 HTTP 连接：允许客户端与服务器保持打开的连接，而不是根据每个新请求重新打开客户端连接。该选项默认为启用，禁用它，可能会降低服务器性能。

2. 主目录

每个网站必须有一个主目录。主目录是发布网页的中心位置，默认位置为“c:\inetpub\wwwroot”，它包含带有欢迎内容的主页或索引文件，并且包含与所在站点其他网页的链接。

对主目录内容的访问权限，一般包含“读取”“记录访问”“索引资源”三项是可用的，其他的权限一般设置为不可用。

要设置主目录的相关内容，可在图 9-19 中单击“主目录”选项卡，显示结果如图 9-20 所示。

在上述对话框中完成相关设置后，单击“确定”按钮关闭该对话框，然后在浏览器的地址栏中输入 127.0.0.1 或 http://localhost/localstart.asp，若出现 IIS 欢迎内容的主页，就说明 IIS 服务器安装成功了。

其次，值得注意的是应用程序的设置问题。要使用 ASP 技术开发 Web 应用程序，设置其中使用的主脚本语言，需在图 9-20 中单击“配置”按钮，打开“应用程序配置”对话框，并单击其中的“选项”，在图 9-21 中可看到这里默认的 ASP 语言为 VBScript。

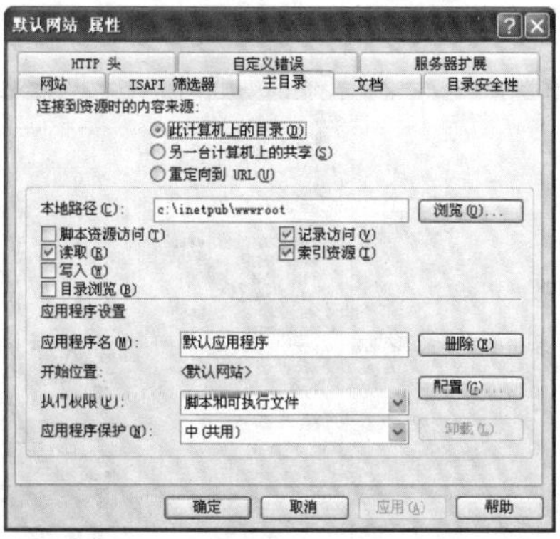

图 9-20

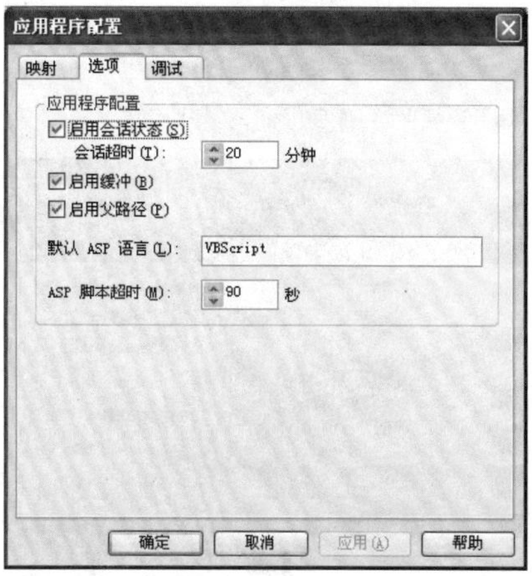

图 9-21

在设置了网站的 IP 地址和 TCP 端口号，并将网页文件上传或复制到设定的主目录以后，就可以通过浏览器访问 Web 站点了。

如果 Web 站点和浏览器在同一台计算机上，假设在站点的主目录下有名为 index.asp 的文件，则可通过在 Internet Explorer 浏览器的地址栏，使用如下形式的 URL 访问：

http://127.0.0.1/index.asp 或 http://localhost/index.asp

如果要通过 Internet 或 Intranet 访问网站，假设申请到的 IP 地址为 192.168.10.1，且具有 Web 访问的权限，被分配的域名为 website.org.cn，则可以在浏览器地址栏中通过使用如下形式的 URL 访问该 Web 站点：

http://192.168.10.1/index.asp 或 http://website.org.cn/index.asp

注意：IIS 5.1 不仅仅是一个通过 HTTP 提供 WWW 服务的 Web 服务器，还能够提供服务支持 FTP（File Transfer Protocol，文件传输协议）和 SMTP（Simple MailTransfer Protocol，简单邮件传输协议）。

9.3.3 创建和运行第一个 ASP 网页

在安装和配置好 Web 服务器，并对 ASP 的工作原理和工作方式有了基本了解之后，我们使用 Dreamweaver 来创建第一个 ASP 网页。

启动 Dreamweaver CS5，在“起始页”中选择“ASP VBScript”，如图 9-22 所示；或者选择“文件”菜单中的“新建”命令，弹出“新建文档”对话框，然后在“类别”栏选择“动态页”，进而选择“ASP VBScript”，如图 9-23 所示，单击“创建”按钮。应用这两种方法都可创建 ASP 文档。

进入 Dreamweaver“文档”窗口后，在其代码窗口<body>和</body>中键入如下代码，

```
<%
 Dim dtmHour
 dtmHour = Hour(Now())
 If dtmHour < 12 Then
   strGreeting = "早上好！"
 Else
   strGreeting = "您好！"
```

```
  End If
%>
<%= strGreeting %>
```

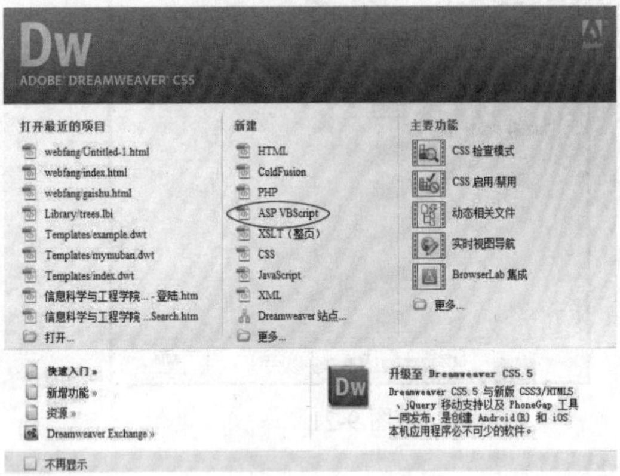

图 9-22

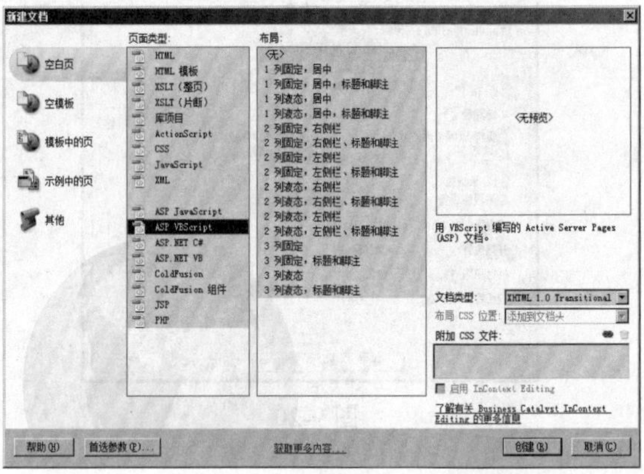

图 9-23

将该代码段保存到文件名为 welcome.asp 的网页文件中，保存的位置为 Web 服务器的主目录，如图 9-24 所示。然后按〈F12〉键进行预览，便可以看到在您的浏览器中显示的结果如图 9-25 所示。如果现在的时间为 13 点，则在浏览器窗口中显示“您好！”。

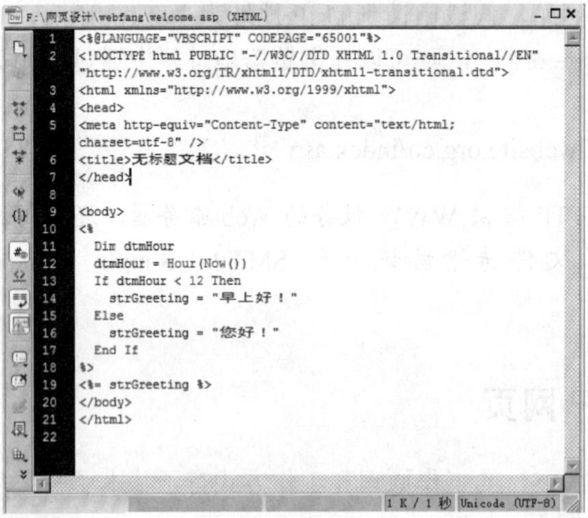

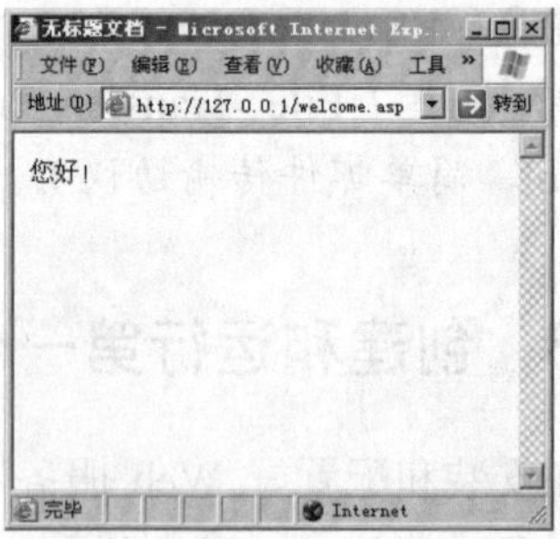

图 9-24　　　　图 9-25

在浏览器窗口中，选择“查看”菜单中的“源文件”命令，在<body>标记之间只看到“您好！”，说明 ASP 在服务器端执行包含在“<% %>”中的命令，将执行结果输出到客户端浏览器。

9.4　创建数据库连接

动态页面设计最能发挥其优势的领域是存取数据库中的数据。制作数据库应用程序时，首先建立数据库连接，然后通过这个数据库连接建立记录集，最后对记录集进行查询、读取或者写入，以实现对数据库的访问。建立数据库的连接方式有多种，这里介绍一下通过

DSN 方式建立数据库连接。

9.4.1 创建 ODBC 连接

设置 DSN 最常用的方法是在 Windows 操作系统的控制面板中进行设置。进入控制面板，双击“管理工具”图标，出现“管理工具”窗口，该窗口中有一个“数据源（ODBC）”图标，如图 9-26 所示。

双击“ODBC 数据源”，打开“ODBC 数据源管理器”对话框，选择“系统 DSN”选项卡，如图 9-27 所示。

图 9-26

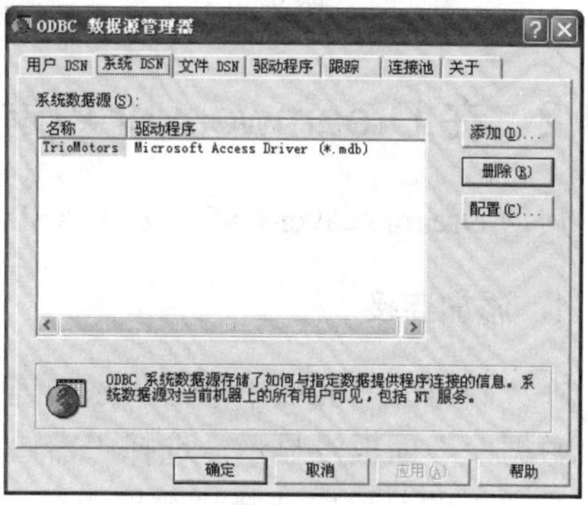

图 9-27

在图 9-27 中单击“添加”按钮，出现“创建新数据源”对话框，如图 9-28 所示。选择某种数据库，这里选择 Driver do Microsoft Access（*.MDB），单击“完成”按钮，弹出“ODBC Microsoft Access 安装”对话框，如图 9-29 所示。在“数据源名”文本框中输入“myfirstdsn”，然后单击“选择”按钮，系统弹出“选择数据库”对话框，如图 9-30 所示。

图 9-28

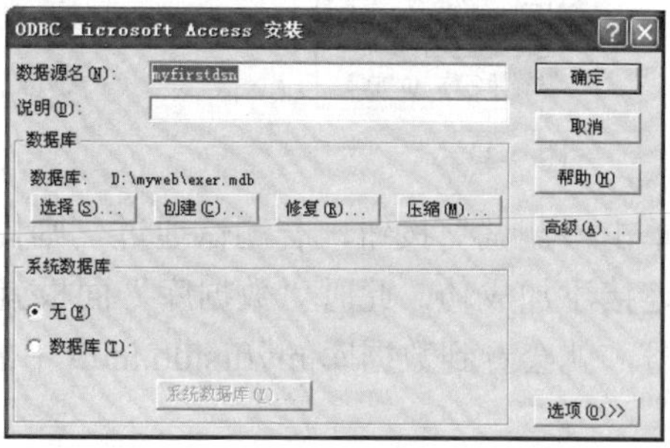

图 9-29

在图 9-30 中，选择数据库的存放位置，并选择数据库，这里选择 myfirstdb.mdb。选定数据库后，单击“确定”按钮，回到“ODBC Microsoft Access 安装”对话框，如图 9-31 所示，此时会看到添加后的 DSN。

单击“确定”按钮，这样就建立好了系统 DSN，建好的 DSN 名为“myfirstdsn”。以后如果需要使用建立的数据库，就可以直接引用“myfirstdsn”，而不必考虑它的实际物理路径了。

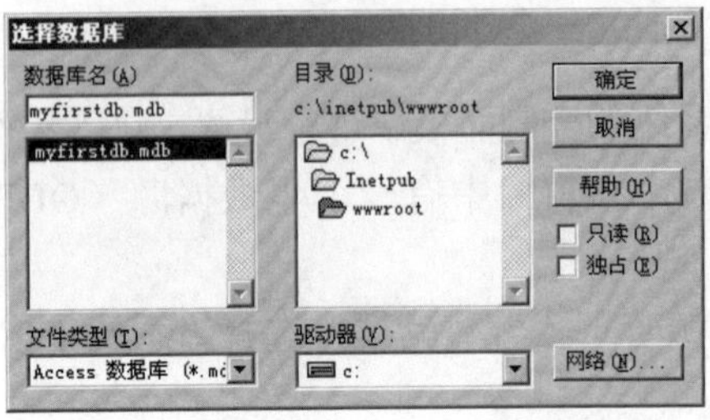

图 9-30

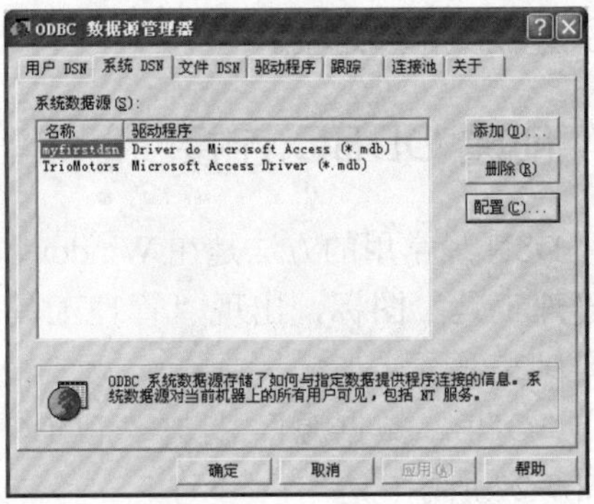

图 9-31

9.4.2 在 Dreamweaver 中建立数据库连接

启动 Dreamweaver CS5，创建 ASP 文档，将该文档保存为 myfirstdb.asp。

1. 添加连接

在“数据库”面板中单击“添加连接”按钮，显示菜单选项，如图 9-32 所示。(注意：若“数据库”面板没显示，选择“窗口”菜单中的“数据库”命令)。

从弹出的菜单中选择“数据源名称（DSN)”，弹出“数据源名称（DSN)”对话框，在“连接名称”文本框中输入“myfirstdata”，在“数据源名称（DSN)”文本框中选择“myfirstdsn”，如图 9-33 所示。

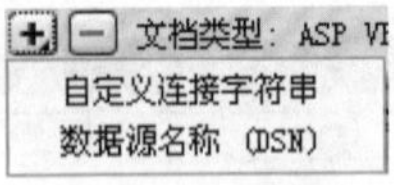

图 9-32

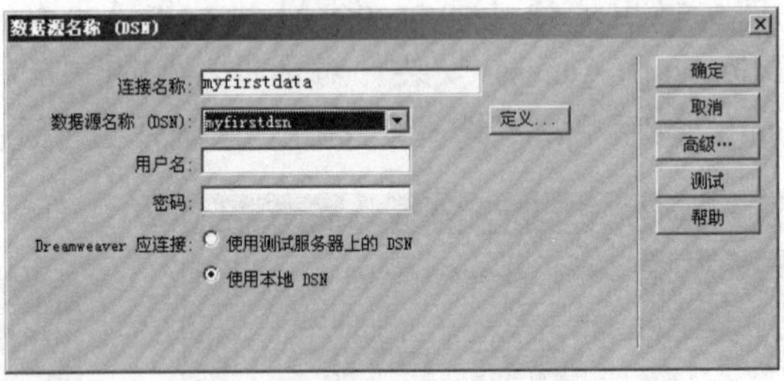

图 9-33

单击“测试”按钮，若测试通过，则提示如图 9-34 所示对话框。单击两次“确定”按钮，连接添加成功，此时“数据库”面板就会显示新定义的连接“myfirstdata”，单击它前面的加号，就会看到数据库 myfirstdb.mdb 中的 maintable 表，如图 9-35 所示。

图 9-34

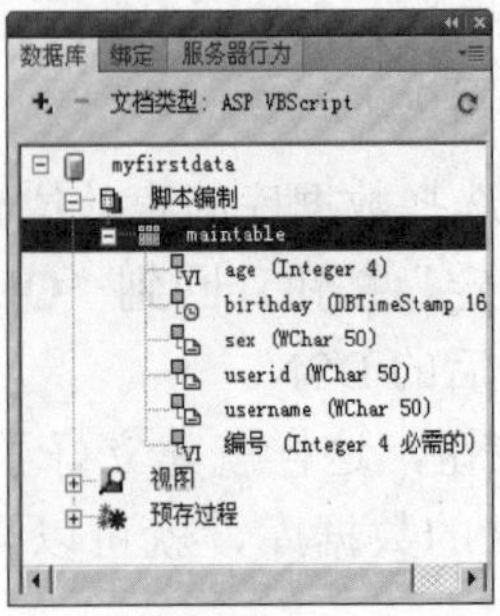

图 9-35

9.5 编辑数据表记录

9.5.1 创建记录集

记录集是通过 Select 命令从数据库中查询出来的数据集合的。在创建了数据库连接之后，就可以建立记录集，并对记录集进行查询、读取或者写入，以实现对数据库的访问了。这里介绍一下通过 Dreamweaver CS5 提供的图形方式建立记录集并动态显示记录集的方法。

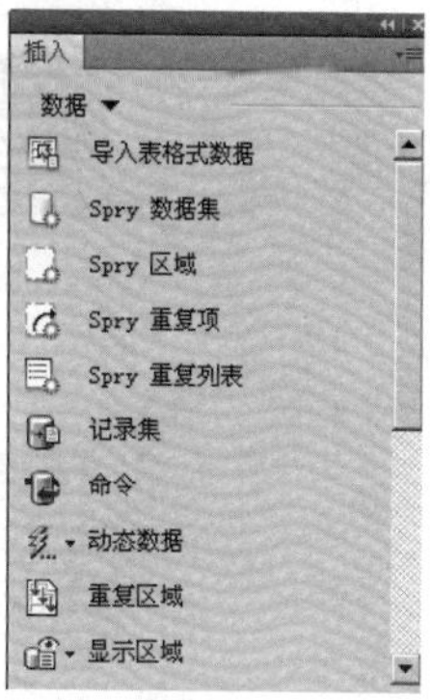

图 9-36

1. 创建记录集

1）选择“插入”面板中的“数据”类别，如图 9-36 所示。

2）单击“记录集”按钮，弹出“记录集”对话框，如图 9-37 所示。在“名称”文本框中输入“myfirstRecordset”，在“连接”列表框中选择“myfirstdata”，在“表格”列表框中选择“maintable”，在“列”选项组中选择“选定的”，然后按住〈Ctrl〉键不放依次选择 username、userid、sex 和 age 字段。最后单击“确定”按钮，完成记录集的创建，此时“绑定”面板如图 9-38 所示。

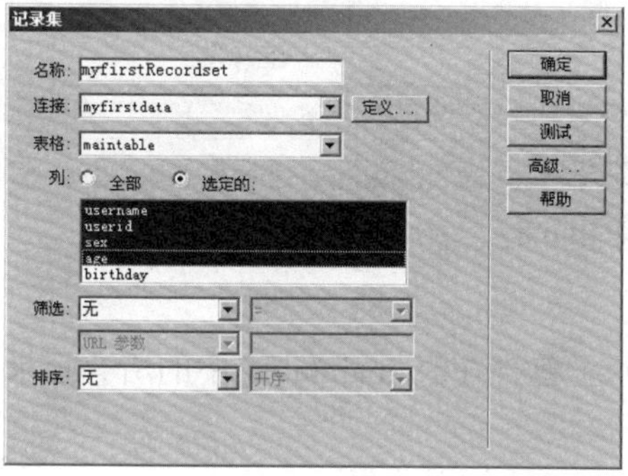

图 9-37

图 9-38

2. 使用动态表格显示记录集

1）插入动态表格

单击“插入”面板“数据”类别中的“动态数据”按钮，弹出列表菜单，如图 9-39 所示。选择“动态表格”，弹出“动态表格”对话框，如图 9-40 所示。在“记录集”中选择“myfirstRecordset”，将“显示”设置为“所有记录”。

2）修改动态表格的外观

在图 9-40 中单击“确定”按钮，就实现了动态表格和记录集“myfirstRecordset”的绑定，并完成了动态表格的插入，设计视图中会显示如图 9-41 所示动态表格的外观。

在动态表格的外观图中，第一行是静态文本，是表中的字段名，将会在网页中原样显示；第二行是动态文本，会根据数据库中的内容变化动态显示。

为了显示更加直观，可将第一行中的静态文本 username、userid、sex 和 age 分别修改为姓名、学号、性别和年龄，如图 9-42 所示。

图 9-39

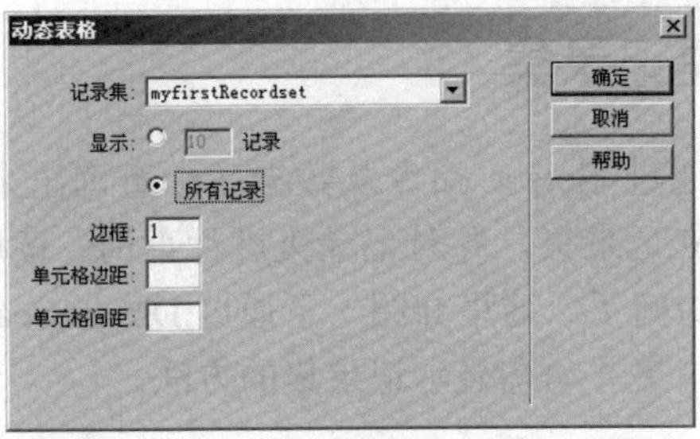

图 9-40

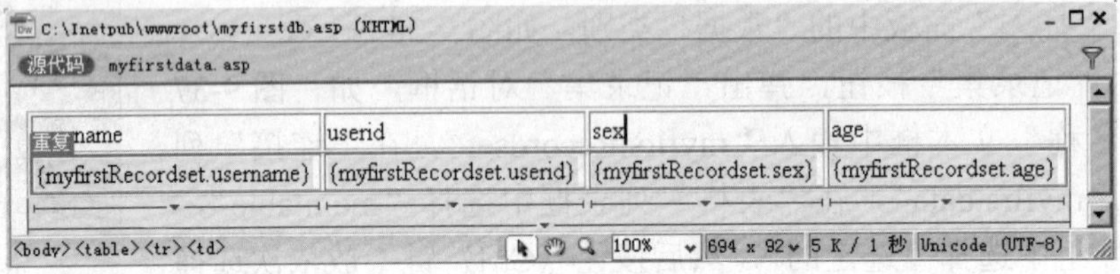

图 9-41

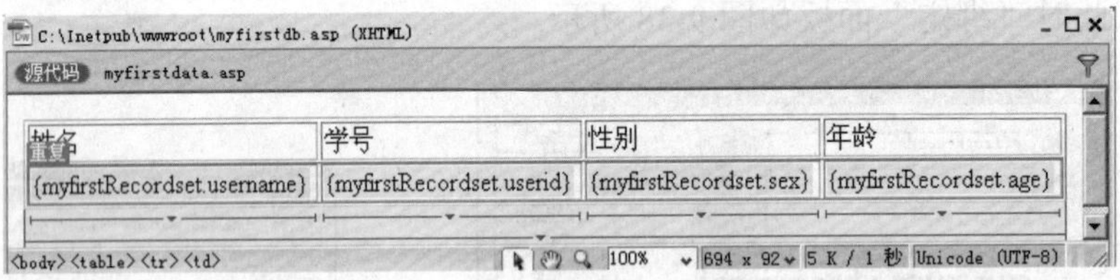

图 9-42

3）记录集在网页中显示

保存文件，按〈F12〉键，网页上显示了包含在表 maintable 中的所有记录，显示结果如图 9-43 所示。

图 9-43

9.5.2 插入记录

通过记录集不但可以实现数据库中记录的显示，还可以向数据库是写入数据，下面介绍一下插入数据库记录的方法。

1．建立数据采集表单

创建一个 ASP 文档，将该文档保存为 insertrecord.asp。在设计视图中插入一个 7 行 2 列的表格，然后设计如图 9-44 所示的表单网页，设置表单名称为“dataform”。网页中各元素设置如下：

学号：文本字段、字符宽度 10、最多字符数 8、类型“单行”，命名为 text_sid。
姓名：文本字段、字符宽度 20、最多字符数 8、类型“单行”，命名为 text_sname。
性别：文本字段、字符宽度 4、最多字符数 2、类型“单行”，命名为 text_sex。
出生日期：文本字段、字符宽度 10、最多字符数 8、类型“单行”，命名为 text_birthday。
学院：文本字段、字符宽度 20、最多字符数 18、类型“单行”，命名为 text_dname。
提交按钮：插入按钮、动作为“提交表单”。
重置按钮：插入按钮、动作为“重置表单”。

另外，再建立一个名 insertok.htm 文件，内容如图 9-45 所示。

图 9-44

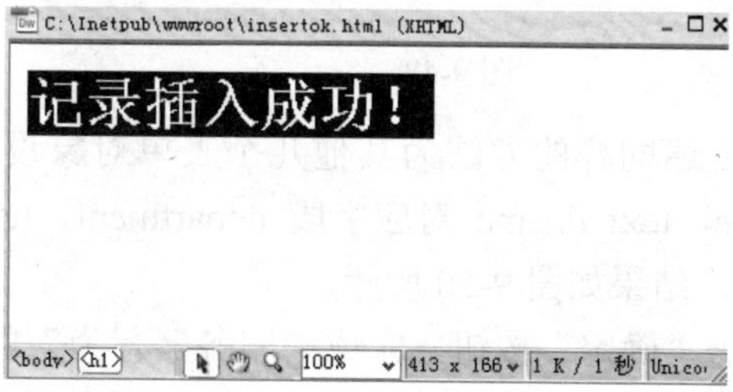

图 9-45

2．添加数据的服务器行为

在“数据库”面板中单击“服务器行为”选项卡，然后单击“添加”按钮，显示菜单选项，如图 9-46 所示（注意：若“数据库”面板没显示，选择“窗口”菜单中的“数据库”命令）。

从弹出的菜单中选择“插入记录”，弹出“插入记录”对话框，如图 9-47 所示。

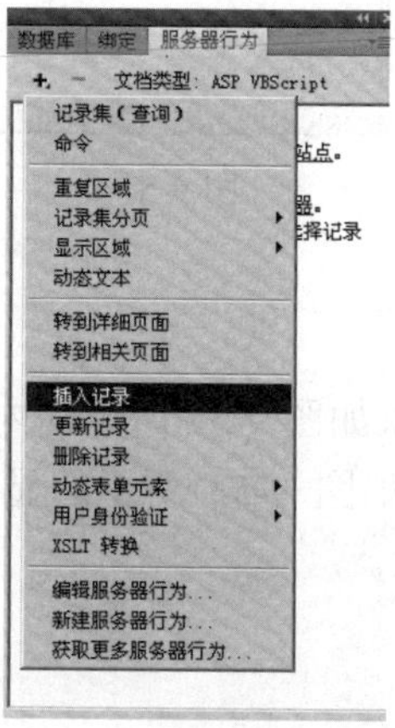

图 9-46

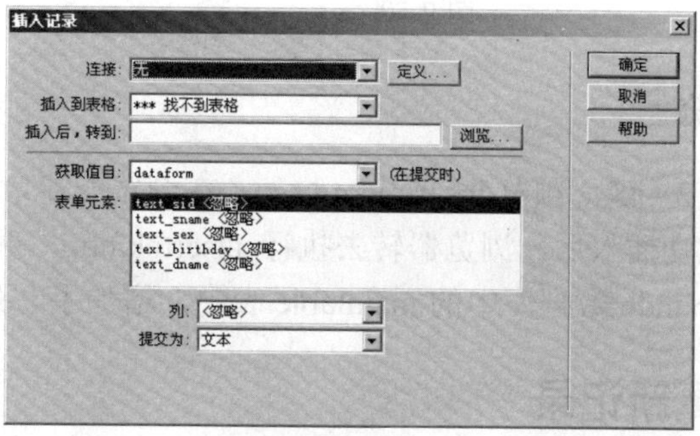

图 9-47

在“插入记录”对话框中，设置“连接”项为“myfirstdata”，“插入到表格”项为“maintable”，在“插入后，转到”项为刚建立的文件 insertok.html。设置完成后，“插入记录”对话框如图 9-48 所示。

在图 9-48 所示的对话框中，在“获取值自”下拉列表中选择 dataform 选项，然后通过“表单元素”和“列”建立表单上各元素与表中字段的一一对应关系。创建方法如下：

选择“表单元素”中的“text_sid<忽略>”，然后在“列”下拉列表框选择“userid”，如图 9-49 所示。这样，表单中名为 text_sid 文本框中的内容将插入到数据表的 userid 字段中。

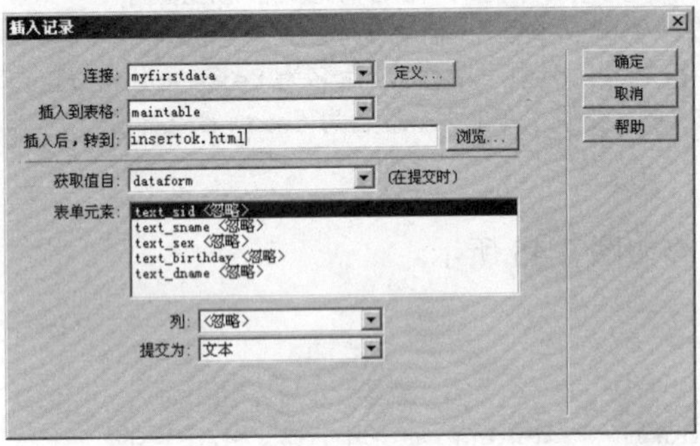

图 9-48

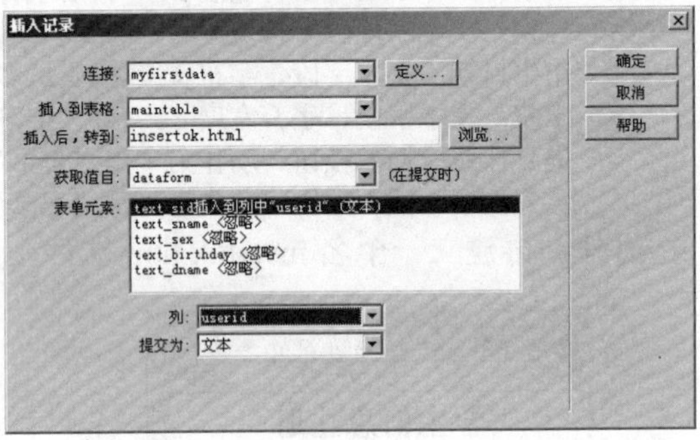

图 9-49

用上述同样的方法为其他几个表单对象设置对应的数据表字段：text_sname 对应字段 username，text_dname 对应字段 department，text_sex 对应字段 sex，text_birthday 对应字段 birthday。结果如图 9-50 所示。

单击“确定”按钮，完成“服务器行为”的添加，此时“服务器行为”面板上增加了一个“插入记录”动作，如图 9-51 所示。同时网页表单上出现一个标记，表示该表单上添加了一个服务器行为。

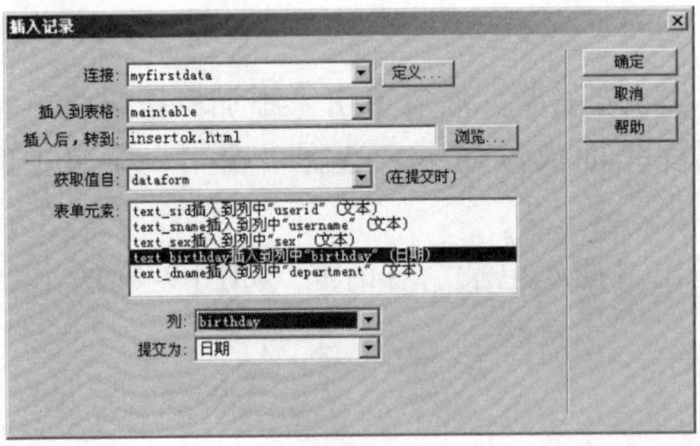

图 9-50

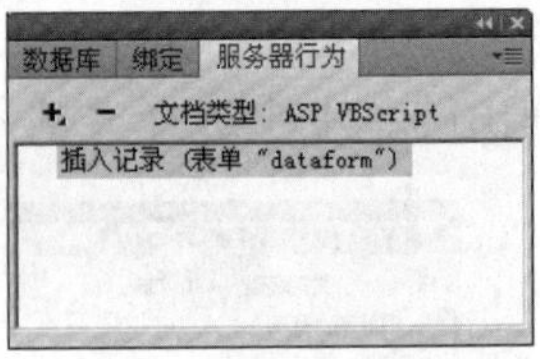

图 9-51

3. 预览

按〈F12〉键，预览 insertrecord.asp，在浏览器窗口中输入如图 9-52 所示的内容。

记录成功插入后，浏览器转去执行 insertok.htm，并显示如图 9-53 所示的显示信息。此时 myfirstdb.mdb 数据库中的 maintable 表中，增加了一条记录。

9.5.3 更新记录

新建一个 ASP 文档，将该文档保存为 updaterecord.asp。

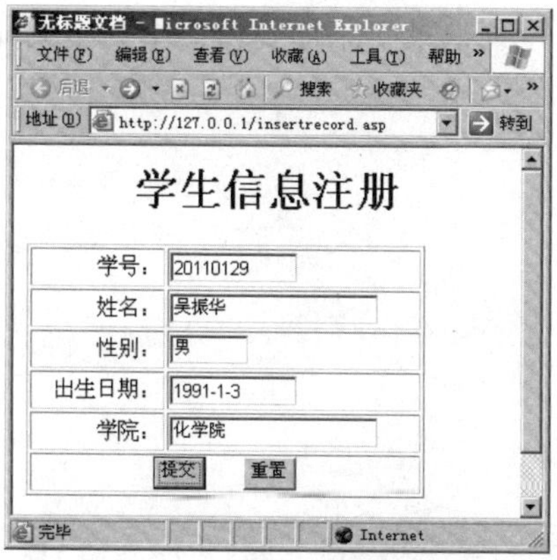

图 9-52

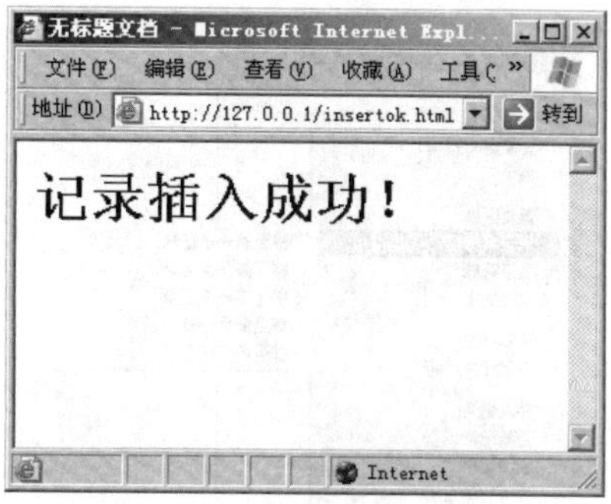

图 9-53

1. 建立记录集

建立记录集，记录集名称为“rsupdate”，连接选择“myfirstdata”，表格选择“maintable”，列选择“全部”，其他选项默认，如图 9-54 所示。

2. 建立记录集分页表单

设计如图 9-55 所示的表单网页，设置表单名称为“dataform”。网页中各元素设置如下：

学号：文本字段、字符宽度 10、最多字符数 8、类型“单行”，命名为 text_sid。
姓名：文本字段、字符宽度 20、最多字符数 8、类型“单行”，命名为 text_sname。
性别：文本字段、字符宽度 4、最多字符数 2、类型“单行”，命名为 text_sex。
出生日期：文本字段、字符宽度 10、最多字符数 8、类型“单行”，命名为 text_birthday。
学院：文本字段、字符宽度 20、最多字符数 18、类型“单行”，命名为 text_dname。
提交按钮：插入按钮、动作为“提交表单”。

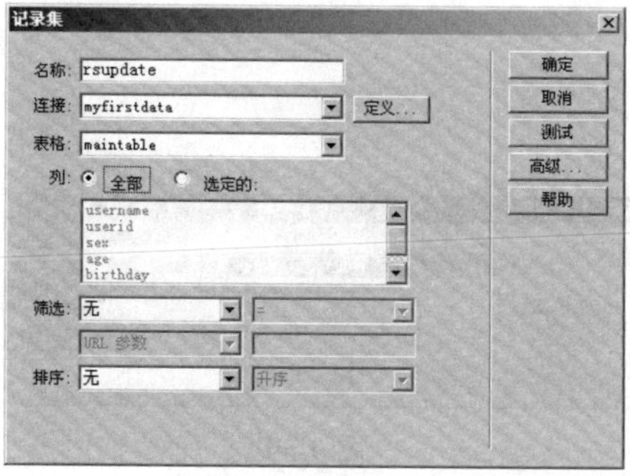

图 9-54

图 9-55

将光标定位在“提交”按钮所在行的上一行，在“服务器行为”面板中单击“添加”按钮，显示菜单选项，在弹出的菜单中选择“记录集分页”，如图 9-56 所示。（注意：若“服务器行为”面板没显示，选择“窗口”菜单中的“服务器行为”命令）。

选择“移至第一条记录”，此时会弹出如图 9-57 所示的对话框。

单击“确定”按钮，会在“文档”窗口的选定行中插入显示文字为“第一页”的一个链接，表示当单击该链接时，会显示记录集“rsupdate”中的第一条记录，用同样的方法将

“移至前一条记录”“移至下一条记录”“移至最后一条记录”添加到窗口中。结果如图 9-58 所示。

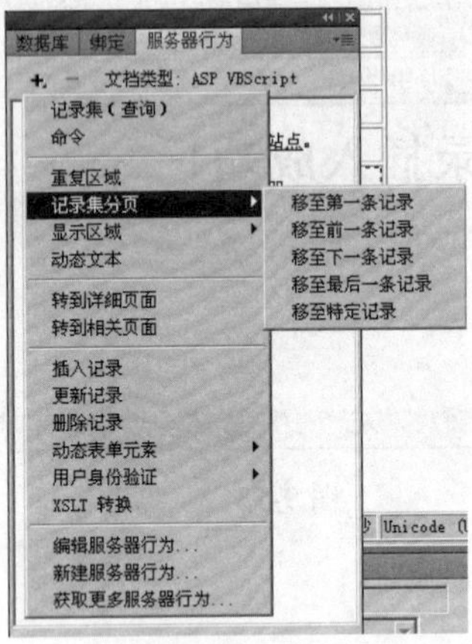

图 9-56

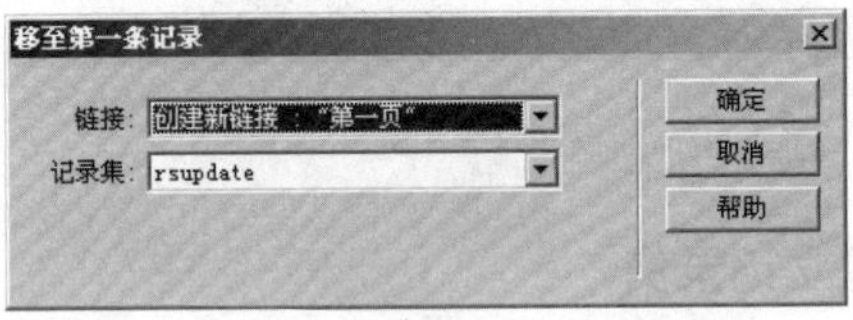

图 9-57

3．建立动态文本域

在修改数据时，数据库中的数据需要在表单上显示，如何让数据库中的数据在网页表单上动态显示呢？这就需要把表单元素设置成动态文本域。

选定表单的“学号”文本框，在“服务器行为”面板中单击“添加”按钮，显示菜单选项，从弹出的菜单中选择“动态表单元素”中的“动态文本字段”，这时会弹出如图 9-59 所示的“动态文本字段”对话框。单击按钮，弹出“动态数据”对话框，如图 9-60 所示。

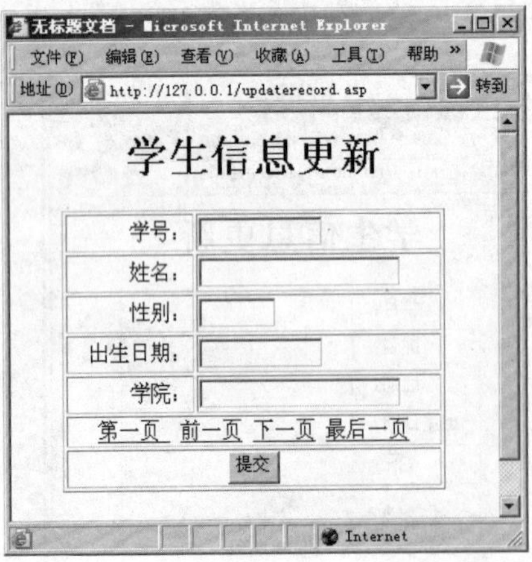

图 9-58

图 9-59

在“动态数据”对话框选中 userid，单击“确定”按钮，“动态文本字段”对话框如图 9-61 所示。

单击“确定”按钮后，学号文本即设置为动态文本字段。当修改了学号中的值后，提交时，将修改表 uscrid 字段中相应记录的值。

用同样的方法为表单中其他元素设置动态文体字段，设置完成后的表单如图 9-62 所示。

设置动态文体字段后，“服务器行为”面板会增加“动态文本域…”这样相应的项目，双击相应项目，可以实现动态文体字段的修改。

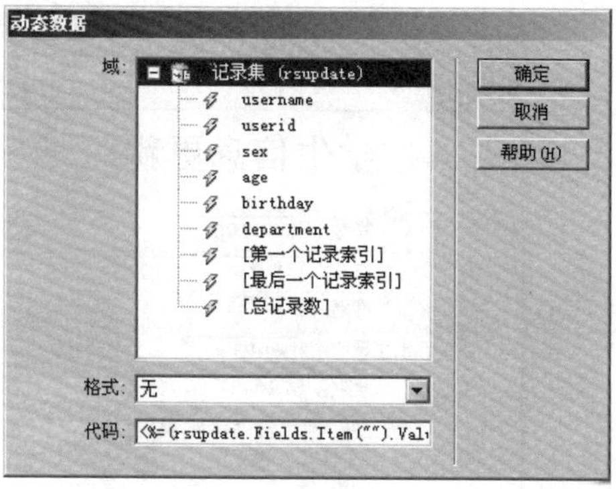

图 9-60

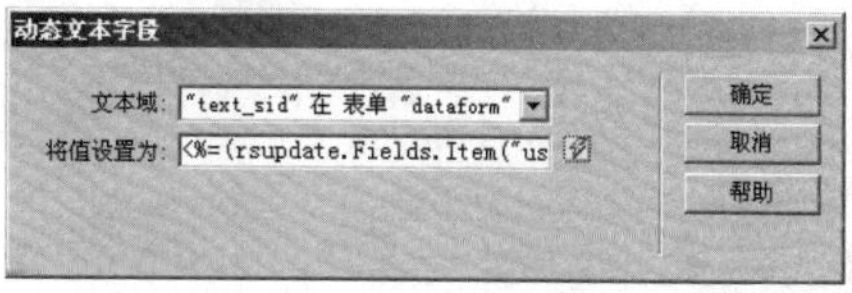

图 9-61

另外，再建立一个名 updateok.htm 文件，内容如图 9-63 所示。

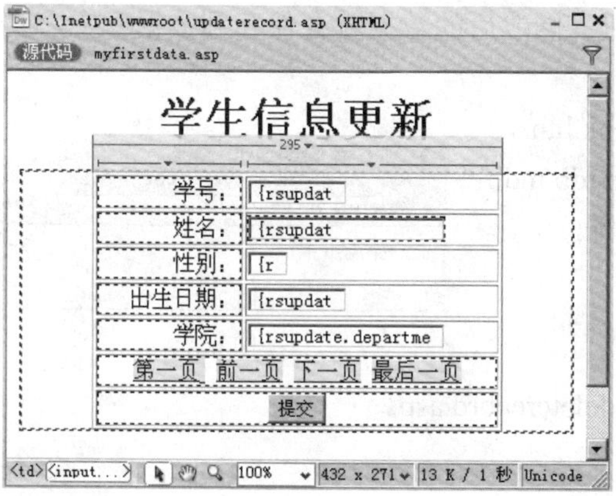

图 9-62

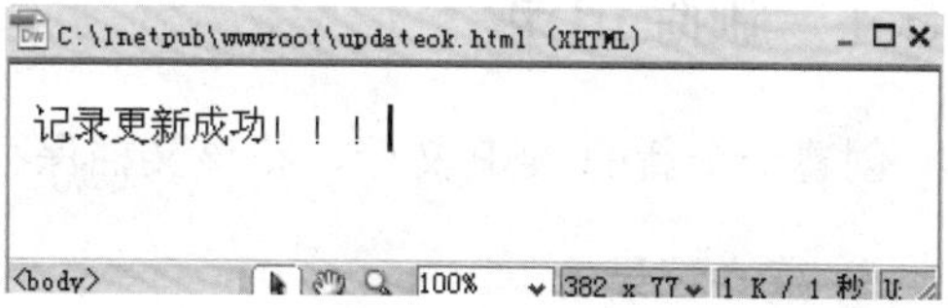

图 9-63

4．设置记录更新

在“服务器行为”面板中单击“添加”按钮，显示菜单选项，从弹出的菜单中选择“更新记录”命令，弹出“更新记录”对话框。

在“更新记录”对话框中，设置“连接”项为“myfirstdata”，“要更新的表格”项为“maintable”，“选取记录自”项为“rsupdate”，“唯一键列”项为“userid”，“在更新后，转到”项为刚建立的文件 updateok.html，“获取值自”项为 dataform 选项。然后通过“表单元素”和“列”建立表单上各元素与表中字段的一一对应关系，设置方法同插入记录相同。设置完成后，如图 9-64 所示。

单击“确定”按钮，完成“服务器行为”的添加，此时“服务器行为”面板上增加了一个“更新记录”动作。同时网页表单上出现一个标记，表示该表单上添加了一个服务器行为。

5．预览

按〈F12〉键，预览 updaterecord.asp，在浏览器窗口中显示如图 9-65 所示的内容。

通过“第一页”“前一页”“下一页”和“最后一页”链接，可实现对数据库中数据记录的浏览。

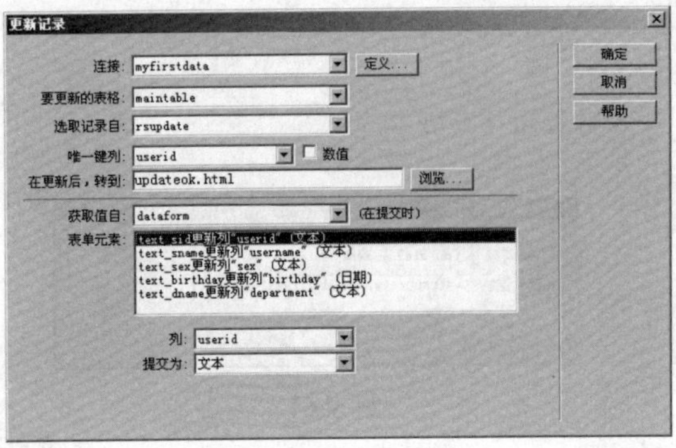

图 9-64

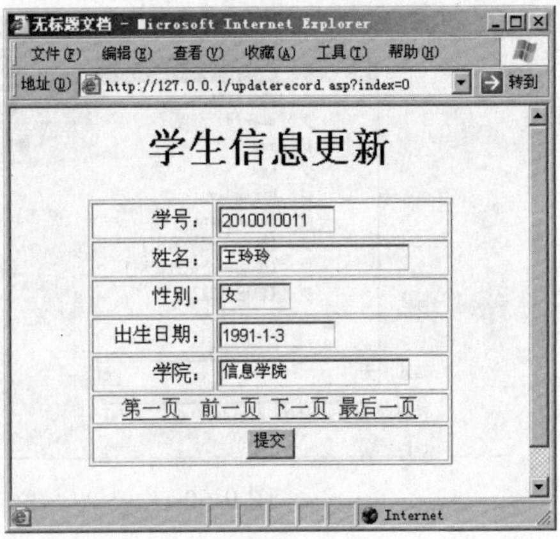

图 9-65

若修改了相应字段值后，单击“提交”按钮，修改后的数据就会保存到数据库中，实现数据的更新。

数据成功修改后，浏览器转去执行 updateok.htm，并显示如图 9-66 所示的显示信息。此时在 myfirstdb.mdb 数据库中的 maintable 表中，相应记录会进行更新。

图 9-66

9.5.4 删除记录

创建一个新的 ASP 文档，将该文档保存为 deleterecord.asp。

1. 建立记录集

建立记录集，记录集名称为“rsdelete”，连接选择“myfirstdata”，表格选择“maintable”，列选择“全部”，其他选项默认。

2. 建立记录集分页表单及设置动态文本字段

设置方法和要求与“更新数据库记录”相同，只把“提交”按钮的标签修改为“删除”。表单如图 9-67 所示。

3. 设置删除记录

在“服务器行为”面板中单击“添加”按钮，显示菜单选项，从弹出的菜单中选择“删除记录”命令，弹出“删除记录”对话框。

在“删除记录”对话框中，设置“连接”项为“myfirstdata”，“从表格中删除”项为“maintable”，“选取记录自”项为“rsupdate”，“唯一键列：”项为“userid”，“提交此表单以删除”项为“dataform”，“删除后，转到”框设置为空。设置完成后，如图 9-68 所示。

4. 预览

按〈F12〉键，预览 deleterecord.asp，在浏览器窗口中显示数据库中的内容。通过“第一页”“前一页”“下一页”和“最后一页”链接，可实现对数据库中数据记录的浏览，找到要删除的记录，单击“删除”按钮即可完成删除操作。若要删除学号为“2010010012”的记录，如图 9-69 所示，单击“删除”后，则自动显示下一条记录的内容，如图 9-70 所示。

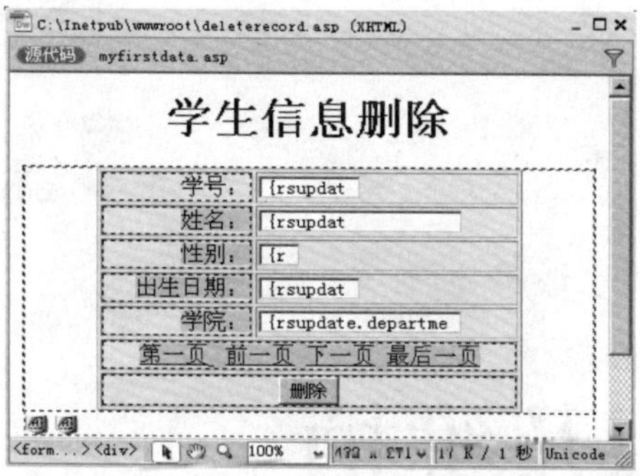

图 9-67

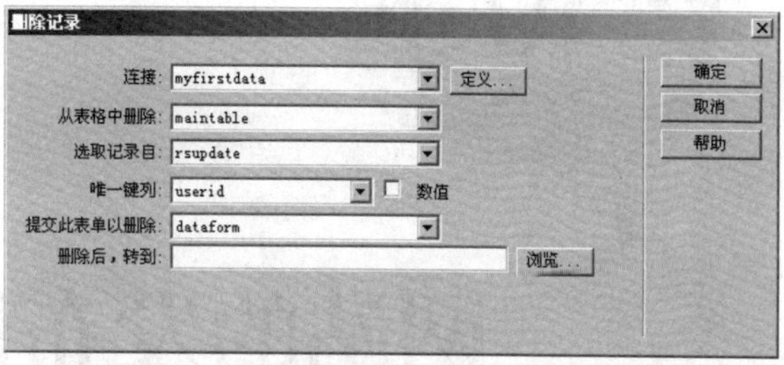

图 9-68

图 9-69

图 9-70

习题与操作练习

一、简答题

1. 简述静态网页与动态网页的有哪些不同点？
2. 什么是 ASP？试用图形说明 ASP 网页的处理流程？
3. 试举例说明 server 对象的 MapPath 方法的功能及基本用法？
4. 利用 ADO 对数据库进行存取访问有哪几种方法？分别适用于什么类型的数据库？
5. 若想在本地计算机上测试 IIS 的 ASP 引擎是否安装成功，应在浏览器地址中输入何种形式的 URL？
6. 简述 response 对象和 request 对象的功能

第10章 网站的发布以及维护

10.1 网站的发布

上传（Upload）是FTP中的一个文件传输功能。通过FTP，既能将文件从网络上复制下来（Download），也可以把本地机上的文件传到服务器上去。

1．上传主页的必备条件

- 申请的账号是否开通：在网站中申请好主页空间后，管理员一般会用E-mail方式通知账号是否已经开通，并告之申请的用户名、密码以及上传主页的服务器名
- 在自己的硬盘上制作主页：可以在自己的硬盘上新建一个目录，把制作的主页放入该目录下，其中首页文件名使用index.html。

2．上传主页的方式

上传主页的方式有很多，但主要有两种方式，一种是传统的FTP上传，另一种是在线Web上传。相比而言，后一种更简单，但局限性也大，对于上传目录稍微多一些，稍微复杂一些的网站来说较不方便。

- FTP上传：使用FTP软件上传，比如：Cute FTP、FTP Commander、网络传神等
- Web上传：找到上传空间，注册用户名及密码，上传本地磁盘的站点。

3．CuteFTP实用技巧

CuteFTP就是由Globalscape公司开发的一款专业的老牌FTP软件，在任何一款FTP软件中，主机名、用户名、用户密码、远端目录、本地目录等都是必不可少的要素。

- 文件定时自动传输：

CuteFTP内建计划调度程序，可以按用户指定日期和时间自动传送文件。这个功能就非常有用。每天你只需将HTML等文件修改好，拟定具体上传时间，到时CuteFTP就会自动拨号、上传、断线、关机。一切不需要我们的干预。

1）选择拨号上网或局域网（图10-1）。

2）选中要上传的文件，保存到队列中（图10-2）。

3）选择“传送”菜单/“按计划任务传送”命令。

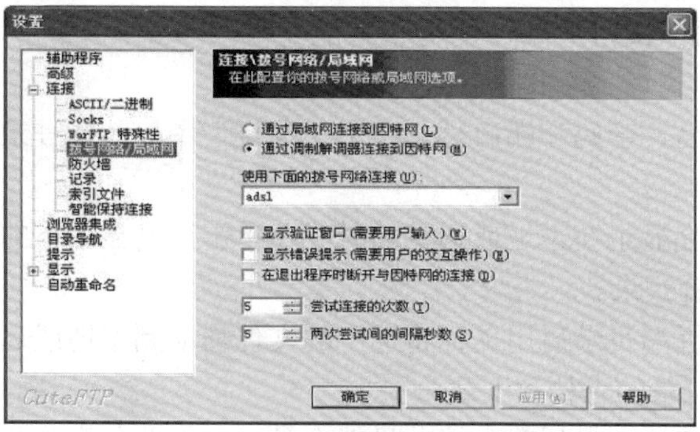

图 10-1

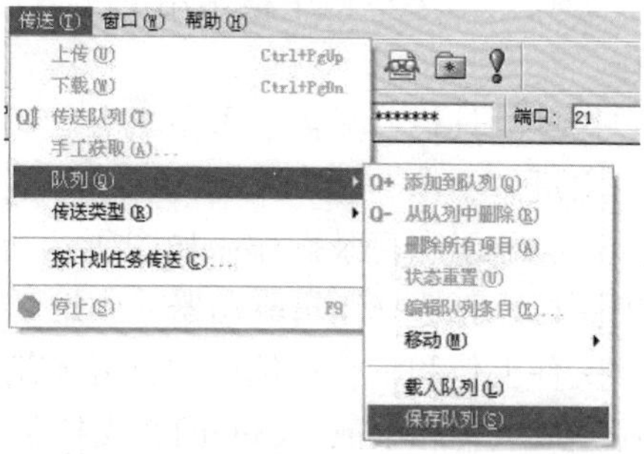

图 10-2

1）CuteFTP 5.0 MX 软件界面。

图 10-3 是软件运行后默认的界面，在设置中可以改变界面的显示形式，例如可以将本地目录和远端目录上下摆放，依照个人喜好而异，在下面的介绍中，我们以软件默认为例。

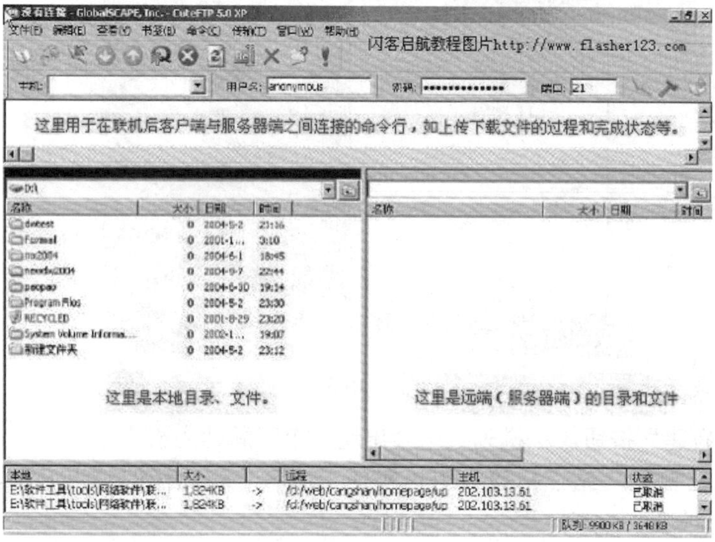

图 10-3

2）CuteFTP 5.0 MX 常用工具和基本状态如图 10-4 所示。

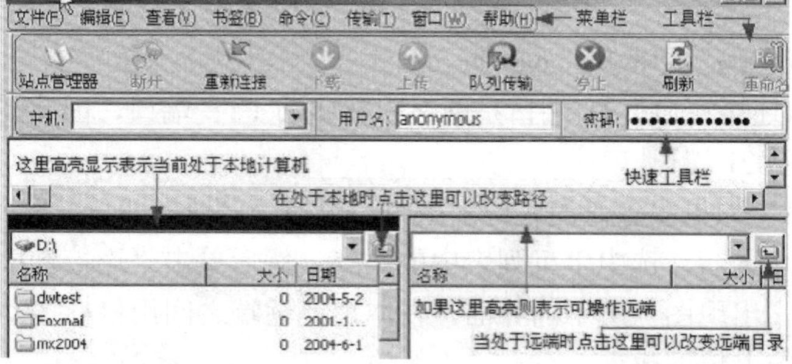

图 10-4

菜单栏：同所有软件一样，菜单栏几乎包含了软件的所有命令和功能。在基本使用中几乎不使用它。

工具栏：菜单栏中最常用的工具的图标按钮形式，使用它就能完成基本操作中的所有工作。

快速工具栏：只需填入主机名、用户名、密码和端口号，单击“连接”图标就能登录相应的主机。

高亮显示和目录操作：如图所示当高亮显示在本地或远端的时候，单击高亮显示下的文件夹图标即可选择逻辑驱动器（本地）或者目录。

文件上传和下载：选中并打开本地和远端目录后用鼠标将选中的文件拖动到本地或远端即可完成上传和下载。CuteFTP 支持整个目录的上传和下载。

提示：当我们选用虚拟主机的时候，连接主机后就直接并只能登录到网络服务商分配给我们的目录下，我们只能在该目录下进行建立和删除子文件夹以及文件的上传、下载、删除等操作。

3）使用站点管理器（图 10-5）。

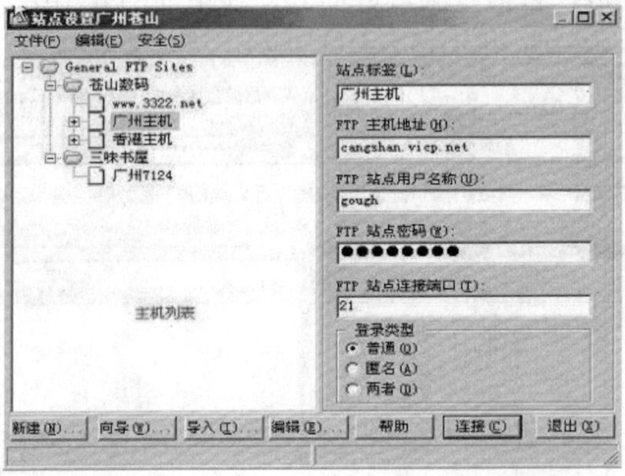

图 10-5

（a）单击“新建”按钮，主机列表中会出现一个“新建主机”。

（b）在界面右侧的“站点标签”中填入便于您区分和记忆的站点名称，主机列表中的“新建主机”随之改变。

（c）“FTP 主机地址”中填写网络服务商提供给用户的域名或 IP，请注意，这里不带有网络协议，如不带有“http://”根据服务商不同，主机地址也可能叫做主机名。

（d）“FTP 站点用户名称”即网路服务商给用户的用户名，根据服务商不同，也可能叫做用户帐号、帐号等。

（e）“FTP 站点密码”即密码（password）。

（f）“FTP 站点连接端口”21 端口是网络中默认的 FTP 端口，因此在服务商没有特别说明的情况下，这里是 21 端口。

（g）“登录类型”如果服务商没有特别指明，选择“普通”即可。

当完成站点管理之后，选中主机列表中的站点，然后单击“连接”按钮即可实现本机与服务器主机的连接，出现图一所示的界面，在本地或远端之间用鼠标拖动文件或文件夹即可实现文件、文件夹的上传下载。

● 使用快速连接

快速连接是临时登录某个 FTP 站点最好的方法，它可明显缩短连网状态的操作时间，如图 10-6 所示。

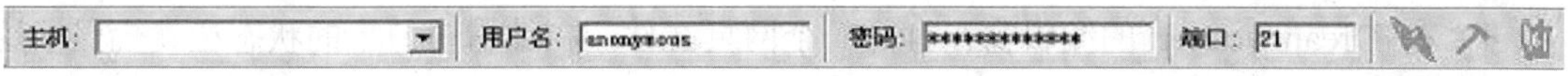

图 10-6

有些临时的站点可能只需要连接一次，所以不打算将它们添加到站点列表中。此时我们可以选择“FTP>快速连接”（小闪电）菜单或按〈Ctrl+F4〉快捷键，在弹出的对话框中临时填写一个 FTP 服务器的地址，然后进行连接。

FTP 能自动改变文件的扩展名，假如 HTML 编辑软件保存的文件扩展名不正确或不合意，都可以让 CuteFTP 在上传它们时自动修改，如图 10-7 所示。

● 定制 CuteFTP 工具栏：

可以在工具栏添加、重排常用工具按钮，如图 10-8 所示。

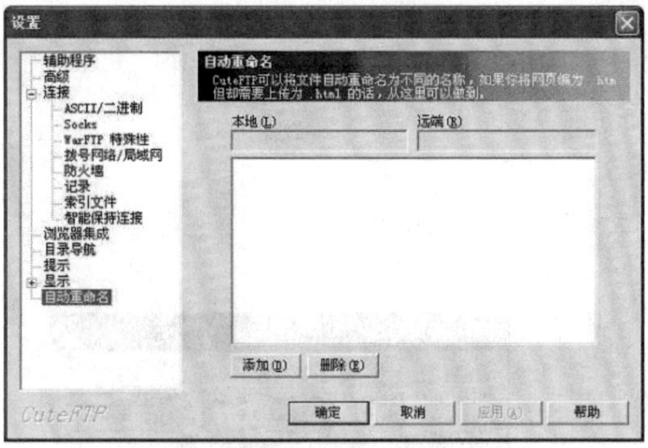

图 10-7

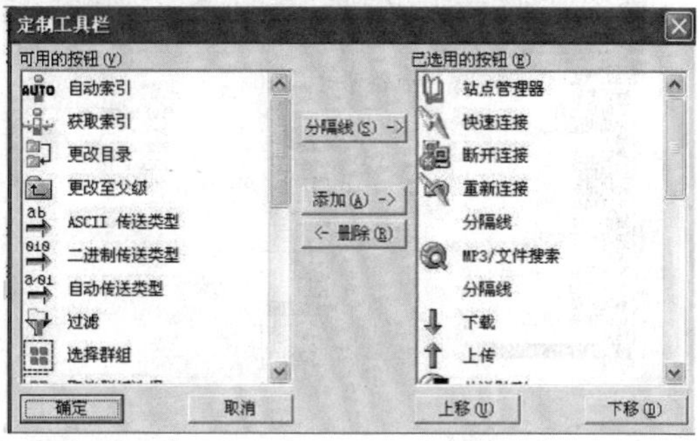

图 10-8

CuteFTP 的文件移动操作如下。

1）使用“站点管理”登录到一个 FTP 站点。

2）再次打开 CuteFTP，使桌面上同时打开两个 CuteFTP 窗口。

3）第二次启动 CuteFTP 时，登录另一个 FTP 站点。

4）从一个 CuteFTP 窗口的远程文件列表中选择文件，并直接拖放到另一个 CuteFTP 窗口的远程文件列表中，文件就能移动到自己的站点上了。

10.2 网站的测试

使用我们所学的 Dreamweaver 软件，不需要上传主页就可以轻松地对自己的主页进行测试。它能对网页下载时间、浏览器兼容性、网页链接、文本拼写等方面进行测试。最后，我们可以根据测试结果对主页进行相应的修改，然后再进行上传

1. 下载时间测试（图 10-9）

同一主页不同速率的 Modem 下其下载速度是不同的，我们可以选择不同速率的 Modem 对主页进行测试：

1）执行主菜单“编辑/参数选择”。

2）在对话框中选择“分类/状态栏/链接速度”（14.4、28.8、33.6、56、64、128、1500 等 7 个参数供选择）。

3）若想测试网页在 56K 下的下载时间，参数选 56。

4）在 Dreamweaver 的编辑窗口打开一个网页文件，在编辑窗口下的状态栏就会显示这个网页文件的大小及下载时间。

2．浏览器兼容性测试

无论用什么工具软件设计制作的网页，都希望在各种不同的浏览器下有同样的效果。但是，由于浏览器的兼容性问题，一些在 IE 下很好的网页有可能在其他浏览器下不能正常显示。为了使网页在目前主流浏览器下获得兼容，可以用 Dreamweaver 来对网页兼容性进行测试，方法如下：

1）在“站点管理器/编辑/全选”选整个网页文件夹（对全部网页进行测试）。

2）选择“文件/检查目标浏览器”，如图 10-10 所示。

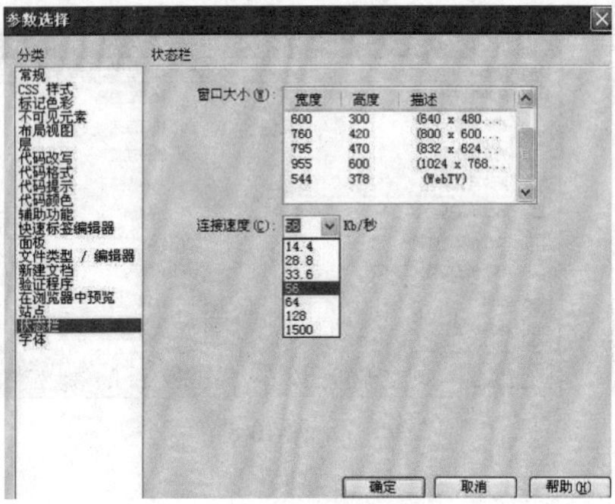

图 10-9

图 10-10

3）可以选择不同的目标浏览器对它进行测试，一般选择 Microsoft Internet Explorer5 和 Netscape Navigator6 这两个目前使用较广的浏览器。单击“检查”按钮即可进行测试。

网页链接测试示例：

1）在 Dreamweaver 中选择“站点管理器/文件/检查链接”命令，如图 10-11 所示。

2）选择“检查链接”命令后，将自动进行测试并生生测试报告，如图 10-12 所示。

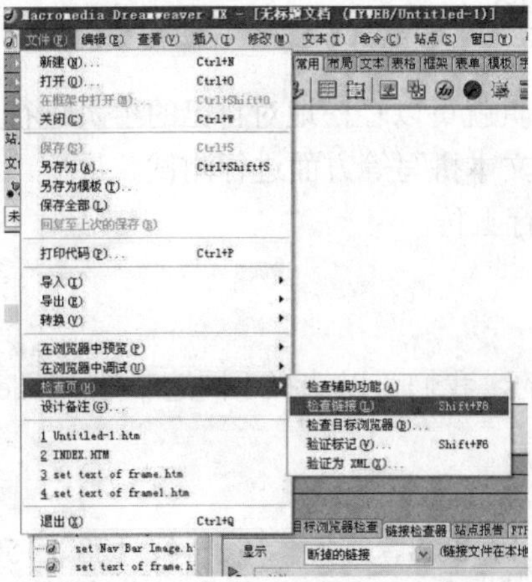

图 10-11

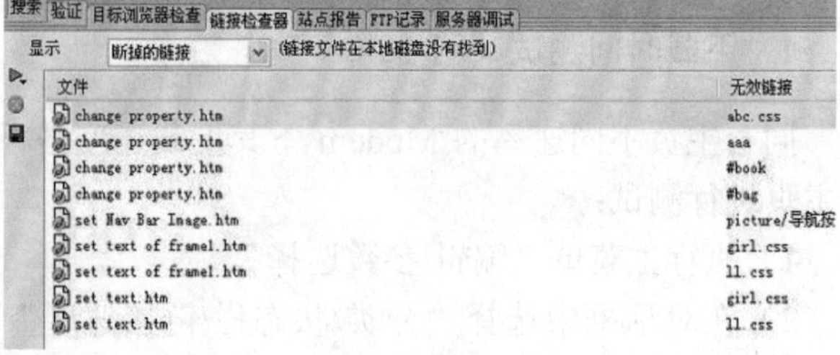

图 10-12

3. 拼写检查

图 10-13

拼写检查能对主页中的英文文档进行校对。

1）在站点管理器中双击要校对的网页文件夹将其打开。

2）选择“文本/检查拼写”命令，即可对网页中的英文文档进行拼写校验，如图 10-13 所示。

3）如果有单词拼写错误，会提示“忽略”还是“更改”。

10.3　网站宣传与推广的一般方法

1）到各大搜索引擎中注册、登记。

2）在比较出名的 ISP 主页上注册。

3）参加各种广告交换组织。

4）与相关网站做友情链接。

5）利用电子邮件群送发消息。

6）通过新闻媒体进行宣传。

7）利用留言板进行宣传。

8）利用电子邮件发出通知。

9）在聊天室里发出邀请。

10）在新闻组上发布你的主页。

11）使用专门注册工具提交主页。

10.4　网站的维护与更新

网站维护是指网络营销体系中一切与网站后期运作有关的维护工作。与其他媒体一样，网站也是一个媒体，需要经常性的更新维护才会起到既定的商业效果。因此网站运营维护的好坏在很大程度上会直接影响到顾客是否会对企业产生良好的印象，从而成为企业的客户之一。

网站维护是一项专业性较强的工作，其维护的内容也非常之多，有功能改进、页面修改、安全管理、网站推广等，需要懂得相关知识的专业人士来完成。企业也许能够培训一位会使用 Frontpage、Dreamweaver 等软件设计网页的人，但与专业的设计师相比，其制作出的网页效果不可同日而语；企业也能配备数名专业技术人员进行网站维护，但是每月技术人员高额的工资，却增加了企业管理压力、提高了网站运营成本；同时人员的培训等方面也会有一定的问题，可能刚刚培训好的技术人员就跳槽了，企业业务因此而停顿。以上这些情况对于中小企业来说，为这些需求而额外支出几万元甚至十几万是难以承受的其实有很多客户问我们怎样维护网站及公司网站维护方法等问题。

网站维护的目的是为了让用户的网站能够长期稳定地运行在 Internet 上，及时地调整和更新网站内容，在瞬息万变的信息社会中抓住更多的网络商机。

1．网站维护的项目

网站的软硬件维护包括服务器、操作系统和 Internet 联接线路等，以确保网站的 24 小时不间断正常运行。网站内容的更新一个好的网站需要定期或不定期地更新内容，才能不断地吸引更多的浏览者，增加访问量。

2．网站的软硬件维护

计算机硬件在使用中常会出现一些问题，同样，网络设备也同样影响企业网站的工作效率，网络设备管理属于技术操作，非专业人员的误操作有可能导致整个企业网站瘫痪。

没有任何操作系统是绝对安全的。维护操作系统的安全必须不断的留意相关网站，及时的为系统安装升级包或者打上补丁。其他的诸如 SQL Server 等等服务器软件也要及时打上补丁。

服务器配置本身就是安全防护的重要环节。有不少黑客案例是利用了没有正确配置的微软的 IIS 服务而产生的漏洞。

Windows 2000 Server 里面本身已经提供了复杂的安全策略措施。充分利用这些安全策略，可以大大降低系统被攻击的可能性和伤害程度。

3．网站内容更新

建站容易、维护难。对于网站来说，只有不断地更新内容，才能保证网站的生命力，否则网站不仅不能起到应有的作用，反而会对企业自身形象造成不良影响。如何快捷方便地更新网页，提高更新效率，是很多网站面临的难题。现在网页制作工具不少，但为了更新信息而日复一日地编辑网页，对信息维护人员来说，疲于应付是普遍存在的问题。

内容更新是网站维护过程中的一个瓶颈。网站的建设单位可以考虑从以下五个方面入手，使网站能长期顺利地运转。

第一，在网站建设初期，就要对后续维护给予足够的重视，要保证网站后续维护所需资金和人力。很多单位是以外包项目的方式建设网站的，建设时很舍得投入资金。可是网站发布后，维护力度不够，信息更新工作迟迟跟不上。网站建成之时，便是网站失败的开始。

第二，要从管理制度上保证信息渠道的通畅和信息发布流程的合理性。网站上各栏目的信息往往来源于多个业务部门，要进行统筹考虑，确立一套从信息收集、信息审查到信息发布的良性运转的管理制度。既要考虑信息的准确性和安全性，又要保证信息更新的及时性。要解决好这个问题，领导的重视是前提。

第三，在建设过程中要对网站的各个栏目和子栏目进行尽量细致的规划，在此基础上确定哪些是经常要更新的内容，哪些是相对稳定的内容。由承建单位根据相对稳定的内容设计网页模板，在以后的维护工作中，这些模板不用改动，这样既省费用，又有利于后续维护。

第四，对经常变更的信息，尽量用结构化的方式（如建立数据库、规范存放路径）管理起来，以避免数据杂乱无章的现象。如果采用基于数据库的动态网页方案，则在网站开发过程中，不但要保证信息浏览环境的方便性，还要保证信息维护环境的方便性。

第五，要选择合适的网页更新工具。信息收集起来后，如何“写到”网页上去，采用不同的方法，效率也会大大不同。例如使用 Notepad 直接编辑 HTML 文档与用 Dreamweaver 等可视化工具相比，后者的效率自然高得多。倘若既想把信息放到网页上，又想把信息保存起来以备以后再用，那么采用能够把网页更新和数据库管理结合起来的工具效率会更高。

而使用信息发布系统，网站管理人员无需懂得任何的网页制作技术，只要了解基本的计算机文本处理方法，就能利用动态网页技术，方便地在网站上定制信息格式，更新或维护信息内容信息发布系统的具体功能包括：

1）添加、修改及删除信息。

2）按不同栏目对信息分类，易于信息的管理及查找。

3）信息可按标题、发布日期、关键字等不同分类进行查询。

4）可将网站维护人员输入的信息即时自动按照模板生成页面，发布到网站前台。

使用信息发布系统具有显著的优越性，它不仅操作简单，实时性强，而且由于使用了计算机系统代替人手完成所有的信息发布过程，避免了许多人为的技术性错误，确保了网站的稳定性和安全性。

网站搜索引擎友好性分析实验

一、实验目的

通过对部分选定网站搜索引擎进行友好性分析，深入研究网站建设的专业性对搜索引擎的影响，对于发现的问题，提出相应的改进建议。

二、实验上机准备工作

微机：每人 1 台；电脑接入国际互联网软件：Windows 7，Office 2010，IE 浏览器，360 浏览器

三、实验内容和步骤

（1）从备选网站中选定一个企业网站；

（2）浏览该网站并确认该网站最相关的 2—3 个核心关键词（比如主要产品名称、所在行业等）；

（3）用每个关键词分别在搜索引擎 google 和百度进行检索，了解该网站在搜索结果中的表现，如排名、网页标题和摘要信息内容等，同时记录同一关键词检索结果中与被选企业同行的其他竞争者的排名和摘要信息情况；

（4）根据有关信息分析被调查网站的搜索引擎友好性。

附：本实验备选网站网址（10 个）

www.hisense.com.cn

www.shanshan.com.cn

www.changhong.com

www.mengniu.com.cn

www.gsygroup.com.cn

www.wahaha.com.cn

www.yeshu.com

www.hongdou.com.cn

www.youngor.com

www.shuanghui.com.cn

四、实验报告步骤

通过调查中获得的信息分析网站设计对网站搜索引擎友好性的影响，可重点突出某些关键因素，如网站结构的影响、网站内容文本信息量及核心关键词的影响等，如果利用同一关键词进行检索，同一网站在不同搜索引擎中的表现有较大差异，请分析问题产生原因并提出合理的建议。